MEMORIZE ANSWERS

'답'만 외우는
양식
조리기능사
CBT 필기

기출문제 + 모의고사 14회

KB210897

시대에듀

답만 외우는 **양식조리기능사** 필기

Always with you

사람이 길에서 우연하게 만나거나 함께 살아가는 것만이 인연은 아니라고 생각합니다.
책을 펴내는 출판사와 그 책을 읽는 독자의 만남도 소중한 인연입니다.
시대에듀는 항상 독자의 마음을 헤아리기 위해 노력하고 있습니다.
늘 독자와 함께하겠습니다.

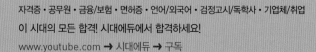

머리말

급속한 경제 성장과 국민 소득의 증대로 국민들의 생활은 풍족해진 반면, 바쁜 일과와 식생활 형태의 변화 등으로 오히려 국민 건강은 위협받고 있는 실정이다. 그러므로 풍요롭고 안락한 사회가 보장되려면 먼저 국민 전체의 건강이 보장되어야 한다.

한 나라의 문화수준은 그 나라 국민들의 식생활에서 비교되는 만큼 식생활과 관련하여 위생적이고 균형 있는 영양관리가 절실히 요구되며, 건강한 식생활 문화를 이끌어 갈 조리기능사의 사회적 요구도 증가하고 있다.

21세기 유망직종 중 하나인 조리사가 되기 위해서는 국가기술자격법에 의한 조리기능사 자격을 획득한 후 조리사 면허를 취득해야 한다. 이에 조리사를 꿈꾸는 수험생들이 한국산업인력공단에서 실시하는 조리기능사 자격시험에 효과적으로 대비할 수 있도록 다음과 같은 특징을 가진 도서를 출간하게 되었다.

본 도서의 특징

1. 자주 출제되는 기출문제의 키워드를 분석하여 정리한 빨간키를 통해 시험에 완벽하게 대비할 수 있다.
2. 정답이 한눈에 보이는 기출복원문제 7회분과 해설 없이 풀어보는 모의고사 7회분으로 구성하여 필기시험을 준비하는 데 부족함이 없도록 하였다.
3. 명쾌한 풀이와 관련 이론까지 꼼꼼하게 정리한 상세한 해설을 통해 문제의 핵심을 파악할 수 있다.

이 책이 조리기능사를 준비하는 수험생들에게 합격의 안내자로서 많은 도움이 되기를 바라면서 수험생 모두에게 합격의 영광이 함께하기를 기원하는 바이다.

편저자 올림

시험안내

개 요

양식조리의 메뉴 계획에 따라 식재료를 선정, 구매, 검수, 보관 및 저장하며 맛과 영양을 고려하여 안전하고 위생적으로 조리 업무를 수행하며 조리기구와 시설을 위생적으로 관리, 유지하여 음식을 조리, 제공하는 전문인력을 양성하기 위하여 자격제도를 제정하였다.

시행처

한국산업인력공단(www.q-net.or.kr)

자격 취득 절차

필기 원서접수
- **접수방법** : 큐넷 홈페이지(www.q-net.or.kr) 인터넷 접수
- **시행일정** : 상시 시행(월별 세부 시행계획은 전월에 큐넷 홈페이지를 통해 공고)
- **접수시간** : 회별 원서접수 첫날 10:00 ~ 마지막 날 18:00
- **응시 수수료** : 14,500원
- **응시자격** : 제한 없음

필기시험
- **시험과목** : 양식 재료관리, 음식조리 및 위생관리
- **검정방법** : 객관식 4지 택일형, 60문항(60분)

필기 합격자 발표
- **발표방법** : CBT 필기시험은 시험 종료 즉시 합격 여부 확인 가능
- **합격기준** : 100점 만점에 60점 이상

실기 원서접수
- **접수방법** : 큐넷 홈페이지 인터넷 접수
- **응시 수수료** : 29,600원
- **응시자격** : 필기시험 합격자

실기시험
- **시험과목** : 양식조리 실무
- **검정방법** : 작업형(70분 정도)
- **채점** : 채점기준(비공개)에 의거 현장에서 채점

최종 합격자 발표
- **발표일자** : 회별 발표일 별도 지정
- **발표방법** : 큐넷 홈페이지 또는 전화 ARS(1666-0100)를 통해 확인

자격증 발급
- **상장형 자격증** : 수험자가 직접 인터넷을 통해 발급 · 출력
- **수첩형 자격증** : 인터넷 신청 후 우편배송만 가능
  ※ 방문 발급 및 인터넷 신청 후 방문 수령 불가

검정현황

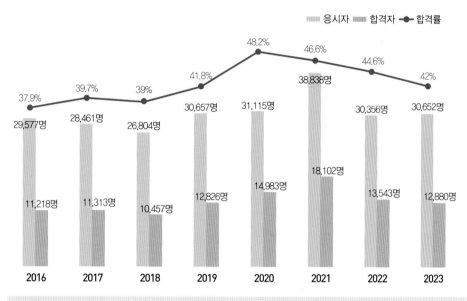

■ 응시자 ■ 합격자 ─●─ 합격률

	2016	2017	2018	2019	2020	2021	2022	2023
합격률	37.9%	39.7%	39%	41.8%	48.2%	46.6%	44.6%	42%
응시자	29,577명	28,461명	26,804명	30,657명	31,115명	38,838명	30,356명	30,652명
합격자	11,218명	11,313명	10,457명	12,826명	14,983명	18,102명	13,543명	12,880명

필기시험

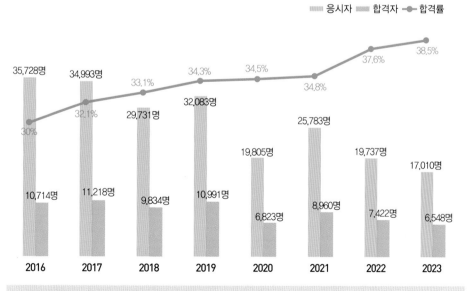

■ 응시자 ■ 합격자 ─●─ 합격률

	2016	2017	2018	2019	2020	2021	2022	2023
합격률	30%	32.1%	33.1%	34.3%	34.5%	34.8%	37.6%	38.5%
응시자	35,728명	34,993명	29,731명	32,083명	19,805명	25,783명	19,737명	17,010명
합격자	10,714명	11,218명	9,834명	10,991명	6,823명	8,960명	7,422명	6,548명

실기시험

시험안내

출제기준

필기 과목명	주요항목	세부항목	세세항목	
양식 재료관리, 음식조리 및 위생관리	음식 위생관리	개인 위생관리	• 위생관리기준	• 식품위생에 관련된 질병
		식품 위생관리	• 미생물의 종류와 특성 • 살균 및 소독의 종류와 방법 • 식품의 위생적 취급기준	• 식품과 기생충병 • 식품첨가물과 유해물질
		작업장 위생관리	• 작업장 위생 위해요소 • 식품안전관리인증기준(HACCP) • 작업장 교차오염 발생요소	
		식중독 관리	• 세균성 및 바이러스성 식중독 • 화학적 식중독	• 자연독 식중독 • 곰팡이 독소
		식품위생 관계 법규	• 식품위생법령 및 관계 법규 • 농수산물 원산지 표시에 관한 법령 • 식품 등의 표시·광고에 관한 법령	
		공중보건	• 공중보건의 개념 • 역학 및 질병관리	• 환경위생 및 환경오염 관리 • 산업보건 관리
	음식 안전관리	개인 안전관리	• 개인 안전사고 예방 및 사후조치 • 작업 안전관리	
		장비·도구 안전작업	• 조리장비·도구 안전관리 지침	
		작업환경 안전관리	• 작업장 환경관리 • 화재예방 및 조치방법 • 산업안전보건법 및 관련 지침	• 작업장 안전관리
	음식 재료관리	식품재료의 성분	• 수분 • 지질 • 무기질 • 식품의 색 • 식품의 맛과 냄새 • 식품의 유독성분	• 탄수화물 • 단백질 • 비타민 • 식품의 갈변 • 식품의 물성
		효소	• 식품과 효소	
		식품과 영양	• 영양소의 기능 및 영양소 섭취기준	
	음식 구매관리	시장조사 및 구매관리	• 시장조사 • 식품 재고관리	• 식품 구매관리
		검수관리	• 식재료의 품질 확인 및 선별 • 조리기구 및 설비 특성과 품질 확인 • 검수를 위한 설비 및 장비 활용방법	
		원가	• 원가의 의의 및 종류	• 원가분석 및 계산

필기 과목명	주요항목	세부항목	세세항목
양식 재료관리, 음식조리 및 위생관리	양식 기초 조리실무	조리 준비	• 조리의 정의 및 기본 조리조작 • 기본조리법 및 대량 조리기술 • 기본 칼 기술 습득 • 조리기구의 종류와 용도 • 식재료 계량방법 • 조리장의 시설 및 설비관리
		식품의 조리원리	• 농산물의 조리 및 가공 · 저장 • 축산물의 조리 및 가공 · 저장 • 수산물의 조리 및 가공 · 저장 • 유지 및 유지 가공품 • 냉동식품의 조리 • 조미료와 향신료
		식생활 문화	• 서양 음식의 문화와 배경 • 서양 음식의 분류 • 서양 음식의 특징 및 용어
	양식 스톡 조리	스톡 조리	• 스톡 재료 준비 • 스톡 조리 • 스톡 완성
	양식 전채 · 샐러드 조리	전채 · 샐러드 조리	• 전채 · 샐러드 재료 준비 • 전채 · 샐러드 조리 • 전채 · 샐러드 요리 완성
	양식 샌드위치 조리	샌드위치 조리	• 샌드위치 재료 준비 • 샌드위치 조리 • 샌드위치 완성
	양식 조식 조리	조식 조리	• 달걀 요리 조리 • 조찬용 빵류 조리 • 시리얼류 조리
	양식 수프 조리	수프 조리	• 수프 재료 준비 • 수프 조리 • 수프 요리 완성
	양식 육류 조리	육류 조리	• 육류 재료 준비 • 육류 조리 • 육류 요리 완성
	양식 파스타 조리	파스타 조리	• 파스타 재료 준비 • 파스타 조리 • 파스타 요리 완성
	양식 소스 조리	소스 조리	• 소스 재료 준비 • 소스 조리 • 소스 완성

CBT 응시 요령

기능사 종목 전면 CBT 시행에 따른

CBT 완전 정복!

"CBT 가상 체험 서비스 제공"

한국산업인력공단
(http://www.q-net.or.kr) 참고

01 수험자 정보 확인

시험장 감독위원이 컴퓨터에 나온 수험자 정보와 신분증이 일치하는지를 확인하는 단계입니다. 수험번호, 성명, 생년월일, 응시종목, 좌석번호를 확인합니다.

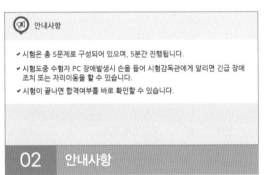

02 안내사항

시험에 관한 안내사항을 확인합니다.

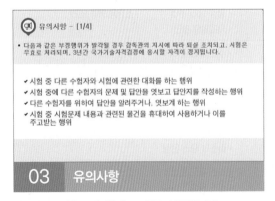

03 유의사항

부정행위에 관한 유의사항이므로 꼼꼼히 확인합니다.

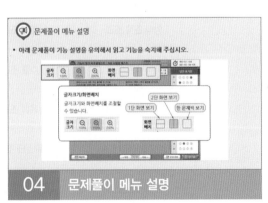

04 문제풀이 메뉴 설명

문제풀이 메뉴의 기능에 관한 설명을 유의해서 읽고 기능을 숙지해 주세요.

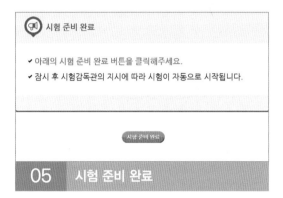

05 시험 준비 완료

시험 안내사항 및 문제풀이 연습까지 모두 마친 수험자는 시험 준비 완료 버튼을 클릭한 후 잠시 대기합니다.

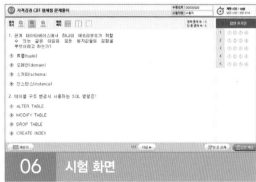

06 시험 화면

시험 화면이 뜨면 수험번호와 수험자명을 확인하고, 글자크기 및 화면배치를 조절한 후 시험을 시작합니다.

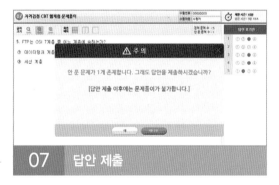

07 답안 제출

[답안 제출] 버튼을 클릭하면 답안 제출 승인 알림창이 나옵니다. 시험을 마치려면 [예] 버튼을 클릭하고 시험을 계속 진행하려면 [아니오] 버튼을 클릭하면 됩니다. 답안 제출은 실수 방지를 위해 두 번의 확인 과정을 거칩니다. [예] 버튼을 누르면 답안 제출이 완료되며 득점 및 합격여부 등을 확인할 수 있습니다.

CBT 완전 정복 Tip

내 시험에만 집중할 것
CBT 시험은 같은 고사장이라도 각기 다른 시험이 진행되고 있으니 자신의 시험에만 집중하면 됩니다.

이상이 있을 경우 조용히 손을 들 것
컴퓨터로 진행되는 시험이기 때문에 프로그램상의 문제가 있을 수 있습니다. 이때 조용히 손을 들어 감독관에게 문제점을 알리며, 큰 소리를 내는 등 다른 사람에게 피해를 주는 일이 없도록 합니다.

연습 용지를 요청할 것
응시자의 요청에 한해 연습 용지를 제공하고 있습니다. 필요시 연습 용지를 요청하며 미리 시험에 관련된 내용을 적어놓지 않도록 합니다. 연습 용지는 시험이 종료되면 회수되므로 들고 나가지 않도록 유의합니다.

답안 제출은 신중하게 할 것
답안은 제한 시간 내에 언제든 제출할 수 있지만 한 번 제출하게 되면 더 이상의 문제풀이가 불가합니다. 안 푼 문제가 있는지 또는 맞게 표기하였는지 다시 한 번 확인합니다.

이 책의 100% 활용법

STEP 1
답이 한눈에 보이는 문제를 보고 정답을 외운다.

기출문제 풀이는 합격으로 가는 지름길입니다. 기출복원문제의 정답을 외워 최신 경향을 파악하고, 상세한 해설로 이론 학습을 대신합니다.

STEP 2
부족한 내용은 빨간키로 보충 학습한다.

시험에 꼭 나오는 핵심 포인트만 정리하였습니다. 시험장에서 마지막으로 보는 요약집으로도 활용할 수 있습니다.

제 **1**회 | **기출복원문제**

01 중금속에 의한 중독과
것은?
① 납 중독 - 빈혈,
장애
② 수은 중독 - 급성
③ 카드뮴 중독 - 폐
④ 비소 중독 - 사지

① 수은 중독 : 빈혈, 색소
② 카드뮴 중독 : 골연화증
③ 비소 중독 : 피부이상,

03 미숙한 매실이나 살구씨에 존재하는 독성
분은?

① 라이코린
② 하이오사이어마인
③ 리 신
④ **아미그달린**

해설
청산배당체인 아미그달린은 살구씨나 미숙한 매실에 들어 있다.

02 식품첨가물을 보존
표현한 것은?

① 산도 조절
② **미생물에 의한 부패 방지**
③ 산화에 의한 변색 방지
④ 가공과정에서 파괴되는 영양소 보충

해설
보존료는 세균이나 곰팡이 등 미생물에 의한 부패를 방지하기 위해 사용되는 첨가물로서, 식품첨가물로서

① 토양의 오염을 방지하고 특히 동물의 살균을 철저히 해야 한다.
② 쥐나 곤충 및 오류의 접근을 막아야 한다.
③ 어패류를 저온에서 보존하여 생식하지 않는다.
④ **화농성 질환자의 식품 취급을 금지한다.**

해설
포도상구균은 자연계에 널리 분포되어 있는 세균으로 식품을 오염시키며, 방광염 등 화농성 질환을 일으킬 수 있는 원인균이다.

제1회 : 기출복원문제 3

CHAPTER **01** | **음식 위생관리**

■ 미생물의 종류와 특성

① 바이러스(Virus)
- 살아 있는 세포에만 증식하며 순수배양이 불가능
- 미생물 중에서 크기가 가장 작으며 경구감염병의 원인이 됨

② 세균(Bacteria)
- 형태에 따라 구균(구형, Cocci), 간균(막대형, Bacilli), 나선균
- 세포벽의 염색성에 따라 그람 양성균과 그람 음성균으로 구

- 누룩곰팡이, 푸른곰팡이, 빵곰팡이 등

③ 효모(Yeast)
- 형태는 구형, 달걀형, 타원형, 소시지형 등이 있음
- 출아법으로 증식하며 균사를 만들지 않음
- 공기의 존재와 무관하게 자람(통성 혐기성)
- pH 4∼6에서 잘 증식하며 내산성이 높음

④ 스피로헤타(Spirochaeta)
- 형태는 나선형으로 운동성이 있음
- 단세포 생물과 다세포 생물의 중간
- 매독의 병원체가 됨

■ 식품과 미생물

① 미생물의 크기 : 곰팡이 > 효모 > 스피로헤타 > 세균 > 리케차 > 바이러스
② 미생물 발육에 필요한 조건 : 영양소, 수분, 온도, 산소, 수소이온농도
③ 식품위생감시의 지표미생물 : 대장균군

2

STEP 3
실전처럼 모의고사를 풀어본다.

해설의 도움 없이 시간을 재며 실제 시험처럼 모의고사 문제를 풀어봅니다.

STEP 4
어려운 문제는 반복 학습한다.

어려운 내용이 있다면 상세한 해설을 참고합니다. 14회분 문제 풀이를 최소 3회독 합니다.

STEP 5
시대에듀 CBT 모의고사로 최종 마무리한다.

시험 전날 시대에듀에서 제공하는 온라인 모의고사로 자신의 실력을 최종 점검합니다. (쿠폰번호 뒤표지 안쪽 참고)

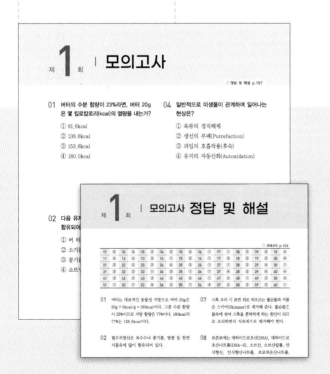

목 차

빨리보는 간단한 키워드

답만 외우는 양식조리기능사

빨 간 키

빠르게 퍼지는

간단한

키워드

당신의 시험에 빨간불이 들어왔다면!
최다빈출키워드만 모아놓은 합격비법 핵심 요약집 빨간키와 함께하세요!
그대의 합격을 기원합니다.

01 | 음식 위생관리

▌ 미생물의 종류와 특성

① 바이러스(Virus)
- 살아 있는 세포에만 증식하며 순수배양이 불가능
- 미생물 중에서 크기가 가장 작으며 경구감염병의 원인이 됨

② 세균(Bacteria)
- 형태에 따라 구균(구형, Cocci), 간균(막대형, Bacilli), 나선균(나선형, Spirillum)으로 구분
- 세포벽의 염색성에 따라 그람 양성균과 그람 음성균으로 구분
- 콜레라, 장티푸스, 디프테리아, 결핵, 백일해 등

③ 리케차(Rickettsia)
- 세균과 바이러스의 중간에 속하며, 형태는 원형과 타원형이 있음
- 발진티푸스, 발진열 등

④ 곰팡이(Mold)
- 공기를 좋아하는 호기성으로 약산성 pH 5~6에서 가장 잘 자람
- 장류, 주류, 치즈 등의 발효식품 제조에 이용되는 것도 있음
- 누룩곰팡이, 푸른곰팡이, 털곰팡이 등

⑤ 효모(Yeast)
- 형태는 구형, 달걀형, 타원형, 소시지형 등이 있음
- 출아법으로 증식하며 균사를 만들지 않음
- 공기의 존재와 무관하게 자람(통성 혐기성)
- pH 4~6에서 증식하고 내산성이 높음

⑥ 스피로헤타(Spirochaeta)
- 형태는 나선형으로 운동성이 있음
- 단세포 생물과 다세포 생물의 중간
- 매독의 병원체가 됨

▌ 식품과 미생물

① 미생물의 크기 : 곰팡이 > 효모 > 스피로헤타 > 세균 > 리케차 > 바이러스
② 미생물 발육에 필요한 조건 : 영양소, 수분, 온도, 산소, 수소이온농도
③ 식품위생검사의 지표미생물 : 대장균군

④ 생육 온도에 따른 미생물의 분류

미생물	최적온도(℃)	발육 가능온도(℃)
저온균	15~20	0~25
중온균	25~37	15~55
고온균	50~60	40~70

⑤ 호기성 세균 : 산소가 있어야 발육 가능한 세균(초산균, 고초균, 결핵균 등)

⑥ 혐기성 세균 : 산소가 없어도 발육 가능한 세균
- 통성혐기성 세균 : 산소의 유무에 상관없이 발육하는 세균(대장균, 효모 등)
- 편성혐기성 세균 : 산소를 절대적으로 기피하는 세균(보툴리누스균, 파상풍균 등)

식품과 기생충

① 매개물에 의한 분류
- 채소를 매개로 감염되는 기생충 : 회충, 구충, 요충, 편충, 동양모양선충 등

  ◇ 자주 출제되는 오답
  사상충(×) → 동물이 매개

- 육류를 매개로 감염되는 기생충 : 유구조충, 무구조충 등
- 어패류를 매개로 감염되는 기생충 : 폐디스토마(폐흡충), 간디스토마(간흡충)

② 기생충의 중간숙주
- 중간숙주가 제1중간숙주와 제2중간숙주로 두 가지인 기생충
  - 간흡충(간디스토마) : 쇠우렁이(제1중간숙주)와 붕어·잉어 등의 민물고기(제2중간숙주 → 피낭유충으로 존재)
  - 폐흡충(폐디스토마) : 다슬기(제1중간숙주)와 게·가재(제2중간숙주)
  - 긴촌충(광절열두조충) : 물벼룩(제1중간숙주)과 송어·연어(제2중간숙주)
- 유구조충(갈고리촌충)의 숙주 : 돼지
- 무구조충(민촌충)의 숙주 : 소
- 음식물 섭취와 관계가 있는 기생충 : 회충, 광절열두조충, 요충

살균 및 소독

① 살균과 소독의 정의
- 살균 : 약한 살균력, 병원성 미생물의 생활력 파괴
- 멸균 : 강한 살균력, 미생물을 완전히 사멸 처리함
- 소독 : 살균과 멸균
- 방부 : 병원성 미생물의 발육과 그 작용을 저지 또는 정지시켜 부패나 발효를 방지하는 조작

② 소독방법
- 건열멸균법

화 염	불꽃 속에서 20초 이상 접촉(금속류, 유리봉, 도자기류 등)
소 각	사용할 가치가 없는 물건을 태워버리는 것(붕대, 구토물, 분비물 등)

- 습열멸균법

자비소독법	약 100℃의 끓는 물에서 15~20분간 자비(식기류, 행주, 의류)
고압증기멸균법	고압솥을 이용, 2기압 121℃에서 15~20분간 소독(아포를 포함한 모든 균 사멸. 고무제품, 초자기구, 의류, 시약, 배지 등)
저온살균법	62~65℃에서 30분간 가열한 후 급랭(우유, 술, 주스 등)
고온단시간살균법	72~75℃에서 15~20초간 가열한 후 급랭(우유, 과즙 등)
고온장시간살균법	95~120℃에서 30~60분간 가열(통조림)
초고온순간살균법	130~150℃에서 1~2초간 가열한 후 급랭(우유의 살균)

③ 소독제 중 소독의 지표가 되는 것 : 석탄산
④ 역성비누 : 원약을 200~400배 희석하여 0.01~0.1%로 만들어 사용, 양이온 계면활성제·살균제·소독제 등으로 사용, 자극성 및 독성 없음, 무미·무해, 침투력이 약함
⑤ 소독제의 종류와 특성

구 분	사용 농도	살균 대상
석탄산, 크레졸	3%	기구, 손, 발, 의류, 침구, 오물 등
알코올	70% 에탄올	유리, 금속 등의 물건, 손, 피부, 기구
승 홍	0.1%	무균실, 피부
과산화수소	2.5~3.5%	상처, 구내염, 인두염, 입 안 세척, 상처
머큐로크롬	3%	상처, 점막, 피부
폼알데하이드	포르말린 1~1.5%	고무, 가죽, 나무 또는 창고, 건물 등의 실내 소독

⑥ 자외선을 이용한 살균 시 가장 유효한 파장 : 260~280nm 또는 2,600~2,800Å

▌ 식품첨가물
① 식품첨가물 : 식품을 제조·가공·조리 또는 보존하는 과정에서 감미, 착색, 표백 또는 산화방지 등을 목적으로 식품에 사용되는 물질
② 식품첨가물의 종류
- 유동파라핀 : 이형제로 유일하게 허용됨
- 호박산 : 산도조절제
- 착색료 : 타르(Tar)색소, β-카로틴, 동클로로필린나트륨
- 밀가루 계량제 : 과산화벤조일(희석), 과황산암모늄, 이산화염소
- 보존료 : 데하이드로초산, 안식향산(Benzoic Acid), 소브산(Sorbic Acid), 프로피온산(Propionic Acid)

- 조미료 : 사과산나트륨, 5′-이노신산이나트륨, 5′-구아닐산이나트륨, L-글루탐산나트륨
- 사카린나트륨(Sodium Saccharin) : 국내에서 허용된 감미료
- 아질산나트륨 : 사용이 허가된 발색제

③ 첨가물의 구비조건
- 미생물에 대한 증식억제 효과가 클 것
- 미량으로 효과가 클 것
- 독성이 없을 것
- 무미, 무취이고 자극성이 없을 것
- 공기, 빛, 열에 안정적일 것
- 사용이 간편하고, 값이 저렴할 것

유해물질

① 유해성 금속물질
- 카드뮴 : 폐기종, 신장장애, 골연화증 유발, 이타이이타이병의 원인 물질
- 주석 : 과일이나 통조림에서 유래, 화학성 식중독의 원인 물질
- 플루오린(불소) : 만성 중독의 경우 반상치, 골경화증, 체중감소, 빈혈 등을 나타냄
- 수은 : 미나마타병, 지각마비

② 유해성 식품첨가물에 의한 식중독
- 유해성 착색료 : 아우라민, 로다민 B, 파라나이트로아닐린
- 유해성 감미료 : 둘신, 사이클라메이트, 에틸렌글리콜
- 유해성 표백제 : 론갈리트, 형광표백제
- 유해성 보존료 : 플루오린 화합물, 승홍, 붕산, 폼알데하이드

식품안전관리인증기준(HACCP ; Hazard Analysis Critical Control Point)

① 정의 : 식품의 원료 관리, 제조·가공·조리·소분·유통의 모든 과정에서 위해한 물질이 식품에 섞이거나 식품이 오염되는 것을 방지하기 위하여 각 과정의 위해요소를 확인·평가하여 중점적으로 관리하는 기준

② HACCP 도입의 효과

식품업체 측면	소비자 측면
• 자주적 위생관리 체계의 구축 • 위생적이고 안전한 식품의 제조 • 위생관리 집중화 및 효율성 도모 • 경제적 이익 도모 • 회사의 이미지 제고와 신뢰성 향상	• 안전한 식품을 소비자에게 제공 • 식품 선택의 기회를 제공

③ 12절차와 7원칙

단 계	절 차	설 명	비 고
1	HACCP팀 구성	HACCP을 진행할 팀을 설정하고, 수행 업무와 담당을 기재한다.	준비 단계
2	제품설명서 작성	제품설명서에는 제품명, 제품유형 및 성상, 품목제조보고 연월일, 작성연월일, 제품용도, 기타 필요한 사항이 포함되어야 한다.	
3	용도 확인	해당 식품의 의도된 사용방법 및 소비자를 파악한다.	
4	공정흐름도 작성	공정단계를 파악하고 공정흐름도를 작성한다.	
5	공정흐름도 현장 확인	작성된 공정흐름도가 현장과 일치하는지 검증한다.	
6	위해요소(HA) 분석	HACCP팀이 수행하며, 이는 제품설명서에서 원·부재료별로, 그리고 공정흐름도에서 공정·단계별로 구분하여 실시한다.	원칙 1
7	중요관리점(CCP) 결정	해당 제품의 원료나 공정에 존재하는 잠재적인 위해요소를 관리하기 위한 중점 관리요소를 결정한다.	원칙 2
8	중요관리점 한계기준(CL) 설정	한계기준은 CCP에서 관리되어야 할 위해요소를 방지·제거하는, 허용 가능한 안전한 수준까지 감소시킬 수 있는 최대치, 최소치를 말한다.	원칙 3
9	중요관리점 모니터링 체계 확립	중점 관리요소를 효율적으로 관리하기 위한 모니터링 체계를 수립한다.	원칙 4
10	개선조치(CA) 및 방법 수립	모니터링 결과 CCP가 관리상태의 위반 시 개선조치를 설정한다.	원칙 5
11	검증 절차 및 방법 수립	HACCP이 효과적으로 시행되는지를 검증하는 방법을 설정한다.	원칙 6
12	문서화 및 기록 유지	이들 원칙 및 그 적용에 대한 문서화와 기록 유지방법을 설정한다.	원칙 7

▌ 식중독 관리

① 식중독의 종류

• 세균성 식중독

　－ 독소형 식중독 : 포도상구균 식중독(일반 가열 조리법으로 예방하기 어려움), 보툴리누스균 식중독, 세레우스균 식중독

　－ 감염형 식중독 : 살모넬라 식중독, 장염 비브리오 식중독, 병원성 대장균 식중독

• 자연독 식중독

　－ 독버섯 : 무스카린(Muscarine)

　－ 목화씨, 면실유 : 고시폴(Gossypol)

　－ 피마자 : 리신(Ricin)

　－ 감자의 싹과 녹색 부위 : 솔라닌(Solanine)

　－ 독미나리 : 시큐톡신(Cicutoxin)

　－ 섭조개, 대합조개 : 삭시톡신(Saxitoxin)

　－ 모시조개, 굴, 바지락 : 베네루핀(Venerupin)

　－ 복어 : 테트로도톡신[Tetrodotoxin(가장 많이 들어 있는 부분은 난소)]

- 곰팡이 중독
  - 아플라톡신 중독 : 탄수화물이 풍부한 곡류와 땅콩 등의 콩류, 간암 유발
  - 황변미 중독 : 페니실륨속 푸른 곰팡이가 저장 중인 쌀에 번식하여 시트리닌(신장독), 시트레오비리딘(신경독), 아이슬랜디톡신(간장독) 등 독소 생성
  - 맥각 중독 : 에르고톡신, 에르고타민 등의 독소 생성, 간장독 유발

② 황색포도상구균에 의한 식중독
- 잠복기는 1~6시간 정도
- 주요 증상은 구토, 설사, 복통 등
- 장독소(Enterotoxin)에 의한 독소형 식중독
- 화농성 질환자의 식품 취급 금지가 매우 중요

③ 살모넬라 식중독의 예방법 : 식육, 음식물은 60℃에서 30분간 가열하여 섭취

④ 장염 비브리오균에 의한 식중독
- 장염 비브리오균 : 어패류의 생식 시 수양성 설사증상을 일으키는 식중독의 원인균
- 예방법 : 비브리오 중독 유행 시 어패류 생식 금지, 저온저장, 충분한 가열 등

⑤ 클로스트리듐 보툴리눔균에 의한 식중독
- 열에 약하고 아포를 형성하지 않음
- 음식물 섭취 후 12~36시간 이내 발생
- 사시·동공확대·언어장애 등(신경마비 증상), 비교적 높은 치사율
- 주된 원인 식품은 통조림 식품, 소시지 등
- 예방법 : 위생적인 보관 및 가공, 음식물의 가열 살균처리가 필요

⑥ 식중독의 발생 시 보고 순서 : (한)의사 – 시장·군수·구청장 – 시·도지사 및 식품의약품안전처장

⑦ 생선 및 육류의 초기 부패 판정 시 지표가 되는 물질
- 휘발성 염기질소(VBN)
- 암모니아(Ammonia)
- 트라이메틸아민(Trimethylamine)

⑧ 식품의 부패 시 생성되는 물질 : 암모니아, 트라이메틸아민, 아민

▌ 식품위생법

① 정의(법 제2조)
- 식품 : 모든 음식물(의약으로 섭취하는 것은 제외)을 말한다.
- 식품첨가물 : 식품을 제조·가공·조리 또는 보존하는 과정에서 감미, 착색, 표백 또는 산화방지 등을 목적으로 식품에 사용되는 물질을 말한다. 이 경우 기구·용기·포장을 살균·소독하는 데에 사용되어 간접적으로 식품으로 옮겨갈 수 있는 물질을 포함한다.

- 화학적 합성품 : 화학적 수단으로 원소 또는 화합물에 분해반응 외의 화학반응을 일으켜서 얻은 물질을 말한다.
- 기구 : 다음의 어느 하나에 해당하는 것으로서 식품 또는 식품첨가물에 직접 닿는 기계·기구나 그 밖의 물건(농업과 수산업에서 식품을 채취하는 데에 쓰는 기계·기구나 그 밖의 물건 및 「위생용품 관리법」에 따른 위생용품은 제외)을 말한다.
  - 음식을 먹을 때 사용하거나 담는 것
  - 식품 또는 식품첨가물을 채취·제조·가공·조리·저장·소분(완제품을 나누어 유통을 목적으로 재포장하는 것)·운반·진열할 때 사용하는 것
- 용기·포장 : 식품 또는 식품첨가물을 넣거나 싸는 것으로서 식품 또는 식품첨가물을 주고받을 때 함께 건네는 물품을 말한다.
- 공유주방 : 식품의 제조·가공·조리·저장·소분·운반에 필요한 시설 또는 기계·기구 등을 여러 영업자가 함께 사용하거나, 동일한 영업자가 여러 종류의 영업에 사용할 수 있는 시설 또는 기계·기구 등이 갖춰진 장소를 말한다.
- 위해 : 식품, 식품첨가물, 기구 또는 용기·포장에 존재하는 위험요소로서 인체의 건강을 해치거나 해칠 우려가 있는 것을 말한다.
- 영업 : 식품 또는 식품첨가물을 채취·제조·가공·조리·저장·소분·운반 또는 판매하거나 기구 또는 용기·포장을 제조·운반·판매하는 업(농업과 수산업에 속하는 식품 채취업은 제외)을 말한다. 이 경우 공유주방을 운영하는 업과 공유주방에서 식품제조업 등을 영위하는 업을 포함한다.
- 영업자 : 영업허가를 받은 자나 영업신고를 한 자 또는 영업등록을 한 자를 말한다.
- 식품위생 : 식품, 식품첨가물, 기구 또는 용기·포장을 대상으로 하는 음식에 관한 위생을 말한다.
- 집단급식소 : 영리를 목적으로 하지 아니하면서 특정 다수인에게 계속하여 음식물을 공급하는 기숙사, 학교, 유치원, 어린이집, 병원, 사회복지시설, 산업체, 국가, 지방자치단체 및 공공기관, 그 밖의 후생기관 등의 어느 하나에 해당하는 곳의 급식시설로서 대통령령으로 정하는 시설을 말한다.
- 식품이력추적관리 : 식품을 제조·가공단계부터 판매단계까지 각 단계별로 정보를 기록·관리하여 그 식품의 안전성 등에 문제가 발생할 경우 그 식품을 추적하여 원인을 규명하고 필요한 조치를 할 수 있도록 관리하는 것을 말한다.
- 식중독 : 식품 섭취로 인하여 인체에 유해한 미생물 또는 유독물질에 의하여 발생하였거나 발생한 것으로 판단되는 감염성 질환 또는 독소형 질환을 말한다.

② 집단급식소에서 조리한 식품의 매회 1인 분량 보관시간(법 제88조) : 144시간 이상
③ 집단급식소의 범위(영 제2조) : 1회 50명 이상에게 식사를 제공하는 급식소

④ 병든 동물 고기 등의 판매 등 금지(법 제5조) : 누구든지 총리령으로 정하는 질병에 걸렸거나 걸렸을 염려가 있는 동물이나 그 질병에 걸려 죽은 동물의 고기·뼈·젖·장기 또는 혈액을 식품으로 판매하거나 판매할 목적으로 채취·수입·가공·사용·조리·저장·소분 또는 운반하거나 진열하여서는 아니 된다.

⑤ 판매 등이 금지되는 병든 동물 고기(규칙 제4조)
- 「축산물 위생관리법 시행규칙」에 따라 도축이 금지되는 가축전염병
- 리스테리아병, 살모넬라병, 파스튜렐라병 및 선모충증

⑥ 식품위생감시원의 직무(영 제17조)
- 식품 등의 위생적인 취급에 관한 기준의 이행 지도
- 수입·판매 또는 사용 등이 금지된 식품 등의 취급 여부에 관한 단속
- 표시 또는 광고기준의 위반 여부에 관한 단속
- 출입·검사 및 검사에 필요한 식품 등의 수거
- 시설기준의 적합 여부의 확인·검사
- 영업자 및 종업원의 건강진단 및 위생교육의 이행 여부의 확인·지도
- 조리사 및 영양사의 법령 준수사항 이행 여부의 확인·지도
- 행정처분의 이행 여부 확인
- 식품 등의 압류·폐기 등
- 영업소의 폐쇄를 위한 간판 제거 등의 조치
- 그 밖에 영업자의 법령 이행 여부에 관한 확인·지도

자주 출제되는 오답
식품 등의 기준 및 규격에 관한 사항 작성(×)

⑦ 영업의 종류(영 제21조)
- 식품제조·가공업 : 식품을 제조·가공하는 영업
- 즉석판매제조·가공업 : 총리령으로 정하는 식품을 제조·가공업소에서 직접 최종소비자에게 판매하는 영업
- 식품첨가물제조업
  - 감미료·착색료·표백제 등의 화학적 합성품을 제조·가공하는 영업
  - 천연 물질로부터 유용한 성분을 추출하는 등의 방법으로 얻은 물질을 제조·가공하는 영업
  - 식품첨가물의 혼합제재를 제조·가공하는 영업
  - 기구 및 용기·포장을 살균·소독할 목적으로 사용되어 간접적으로 식품에 이행될 수 있는 물질을 제조·가공하는 영업

- 식품운반업 : 직접 마실 수 있는 유산균음료(살균유산균음료를 포함)나 어류·조개류 및 그 가공품 등 부패·변질되기 쉬운 식품을 전문적으로 운반하는 영업. 다만, 해당 영업자의 영업소에서 판매할 목적으로 식품을 운반하는 경우와 해당 영업자가 제조·가공한 식품을 운반하는 경우는 제외한다.
- 식품소분·판매업
  - 식품소분업 : 총리령으로 정하는 식품 또는 식품첨가물의 완제품을 나누어 유통할 목적으로 재포장·판매하는 영업
  - 식품판매업

식용얼음판매업	식용얼음을 전문적으로 판매하는 영업
식품자동판매기영업	식품을 자동판매기에 넣어 그대로 판매하거나 내부에서의 자동적인 혼합·처리과정을 거친 식품을 판매하는 영업. 다만, 소비기한이 1개월 이상인 완제품만을 자동판매기에 넣어 판매하는 경우 제외
유통전문판매업	식품 또는 식품첨가물을 스스로 제조·가공하지 아니하고 식품제조·가공업자 또는 식품첨가물제조업자에게 의뢰하여 제조·가공한 식품 또는 식품첨가물을 자신의 상표로 유통·판매하는 영업
집단급식소 식품판매업	집단급식소에 식품을 판매하는 영업
기타 식품판매업	위의 내용을 제외한 영업으로서 총리령으로 정하는 일정 규모 이상의 백화점, 슈퍼마켓, 연쇄점 등에서 식품을 판매하는 영업

- 식품보존업
  - 식품조사처리업 : 방사선을 쬐어 식품의 보존성을 물리적으로 높이는 것을 업으로 하는 영업
  - 식품냉동·냉장업 : 식품을 얼리거나 차게 하여 보존하는 영업. 다만, 수산물의 냉동·냉장은 제외한다.
- 용기·포장류제조업
  - 용기·포장지제조업 : 식품 또는 식품첨가물을 넣거나 싸는 물품으로서 식품 또는 식품첨가물에 직접 접촉되는 용기(옹기류는 제외)·포장지를 제조하는 영업
  - 옹기류제조업 : 식품을 제조·조리·저장할 목적으로 사용되는 독, 항아리, 뚝배기 등을 제조하는 영업
- 식품접객업
  - 휴게음식점영업 : 주로 다류, 아이스크림류 등을 조리·판매하거나 패스트푸드점, 분식점 형태의 영업 등 음식류를 조리·판매하는 영업으로서 음주행위가 허용되지 아니하는 영업. 다만, 편의점, 슈퍼마켓, 휴게소, 그 밖에 음식류를 판매하는 장소(만화가게 및 인터넷컴퓨터게임시설제공업을 하는 영업소 등 음식류를 부수적으로 판매하는 장소를 포함)에서 컵라면, 일회용 다류 또는 그 밖의 음식류에 물을 부어 주는 경우는 제외한다.
  - 일반음식점영업 : 음식류를 조리·판매하는 영업으로서 식사와 함께 부수적으로 음주행위가 허용되는 영업

- 단란주점영업 : 주로 주류를 조리·판매하는 영업으로서 손님이 노래를 부르는 행위가 허용되는 영업
- 유흥주점영업 : 주로 주류를 조리·판매하는 영업으로서 유흥종사자를 두거나 유흥시설을 설치할 수 있고 손님이 노래를 부르거나 춤을 추는 행위가 허용되는 영업
- 위탁급식영업 : 집단급식소를 설치·운영하는 자와의 계약에 따라 그 집단급식소에서 음식류를 조리하여 제공하는 영업
- 제과점영업 : 주로 빵, 떡, 과자 등을 제조·판매하는 영업으로서 음주행위가 허용되지 아니하는 영업
- 공유주방 운영업 : 여러 영업자가 함께 사용하는 공유주방을 운영하는 영업

⑧ 허가를 받아야 하는 영업 및 허가관청(영 제23조)
- 식품조사처리업 : 식품의약품안전처장
- 단란주점영업과 유흥주점영업 : 특별자치시장·특별자치도지사 또는 시장·군수·구청장

⑨ 영업신고를 하여야 하는 업종(영 제25조제1항)
- 즉석판매제조·가공업
- 식품운반업
- 식품소분·판매업
- 식품냉동·냉장업
- 용기·포장류제조업(자신의 제품을 포장하기 위하여 용기·포장류를 제조하는 경우 제외)
- 휴게음식점영업, 일반음식점영업, 위탁급식영업 및 제과점영업

⑩ 영업신고를 하지 않아도 되는 업종(영 제25조제2항)
- 양곡가공업 중 도정업을 하는 경우
- 수산물가공업(수산동물유 가공업, 냉동·냉장업 및 선상가공업만 해당)의 신고를 하고 해당 영업을 하는 경우
- 축산물가공업의 허가를 받아 해당 영업을 하거나 식육즉석판매가공업 신고를 하고 해당 영업을 하는 경우
- 건강기능식품제조업 및 건강기능식품판매업의 영업허가를 받거나 영업신고를 하고 해당 영업을 하는 경우
- 식품첨가물이나 다른 원료를 사용하지 아니하고 농산물·임산물·수산물을 단순히 자르거나, 껍질을 벗기거나, 말리거나, 소금에 절이거나, 숙성하거나, 가열(살균의 목적 또는 성분의 현격한 변화를 유발하기 위한 목적의 경우는 제외)하는 등의 가공과정 중 위생상 위해가 발생할 우려가 없고 식품의 상태를 관능검사로 확인할 수 있도록 가공하는 경우. 다만, 다음의 어느 하나에 해당하는 경우는 제외한다.
  - 집단급식소에 식품을 판매하기 위하여 가공하는 경우

- 식품의약품안전처장이 기준과 규격을 정하여 고시한 신선편의식품(과일, 야채, 채소, 새싹 등을 식품첨가물이나 다른 원료를 사용하지 아니하고 단순히 자르거나, 껍질을 벗기거나, 말리거나, 소금에 절이거나, 숙성하거나, 가열하는 등의 가공과정을 거친 상태에서 따로 씻는 등의 과정 없이 그대로 먹을 수 있게 만든 식품)을 판매하기 위하여 가공하는 경우
- 농업인과 어업인 및 영농조합법인과 영어조합법인이 생산한 농산물·임산물·수산물을 집단급식소에 판매하는 경우. 다만, 다른 사람으로 하여금 생산하거나 판매하게 하는 경우는 제외한다.

⑪ 식품안전관리인증기준 대상 식품(규칙 제62조제1항)
- 수산가공식품류의 어육가공품류 중 어묵·어육소시지
- 기타수산물가공품 중 냉동 어류·연체류·조미가공품
- 냉동식품 중 피자류·만두류·면류
- 과자류, 빵류 또는 떡류 중 과자·캔디류·빵류·떡류
- 빙과류 중 빙과
- 음료류(다류 및 커피류는 제외)
- 레토르트식품
- 절임류 또는 조림류의 김치류 중 김치(배추를 주원료로 하여 절임, 양념혼합과정 등을 거쳐 이를 발효시킨 것이거나 발효시키지 아니한 것 또는 이를 가공한 것에 한함)
- 코코아가공품 또는 초콜릿류 중 초콜릿류
- 면류 중 유탕면 또는 곡분, 전분, 전분질원료 등을 주원료로 반죽하여 손이나 기계 따위로 면을 뽑아내거나 자른 국수로서 생면·숙면·건면
- 특수용도식품
- 즉석섭취·편의식품류 중 즉석섭취식품
- 즉석섭취·편의식품류의 즉석조리식품 중 순대
- 식품제조·가공업의 영업소 중 전년도 총 매출액이 100억원 이상인 영업소에서 제조·가공하는 식품

⑫ 조리사의 결격사유(법 제54조)
- 정신질환자. 다만, 전문의가 조리사로서 적합하다고 인정하는 자는 그러하지 아니하다.
- 감염병환자. 다만, B형간염환자는 제외한다.
- 마약이나 그 밖의 약물 중독자
- 조리사 면허의 취소처분을 받고 그 취소된 날부터 1년이 지나지 아니한 자

⑬ 면허증의 재발급 등(규칙 제81조)
- 조리사는 면허증을 잃어버렸거나 헐어 못 쓰게 된 경우에는 조리사 면허증 발급·재발급 신청서에 사진 1장과 면허증(헐어 못 쓰게 된 경우만 해당)을 첨부하여 특별자치시장·특별자치도지사·시장·군수·구청장에게 제출해야 한다.

- 조리사는 면허증의 기재사항에 변경이 있는 경우 조리사 면허증 기재사항 변경신청서에 면허증과 그 변경을 증명하는 서류를 첨부하여 특별자치시장·특별자치도지사·시장·군수·구청장에게 제출하여야 한다.

⑭ **조리사 면허증의 반납(규칙 제82조)** : 조리사가 그 면허의 취소처분을 받은 경우에는 지체 없이 면허증을 특별자치시장·특별자치도지사·시장·군수·구청장에게 반납하여야 한다.

■ 농수산물의 원산지 표시 등에 관한 법률

① **목적(법 제1조)** : 농산물·수산물과 그 가공품 등에 대하여 적정하고 합리적인 원산지 표시와 유통이력 관리를 하도록 함으로써 공정한 거래를 유도하고 소비자의 알 권리를 보장하여 생산자와 소비자를 보호하는 것을 목적으로 한다.

② **농수산물의 원산지 표시의 심의(제4조)** : 농산물·수산물 및 그 가공품 또는 조리하여 판매하는 쌀·김치류, 축산물 및 수산물 등의 원산지 표시 등에 관한 사항은 농수산물품질관리심의회에서 심의한다.

③ **원산지 공통적 표시방법(규칙 [별표 4])**
- 음식명 바로 옆이나 밑에 표시대상 원료인 농수산물명과 그 원산지를 표시한다. 다만, 모든 음식에 사용된 특정 원료의 원산지가 같은 경우 그 원료에 대해서는 일괄하여 표시할 수 있다.
- 원산지의 글자 크기는 메뉴판이나 게시판 등에 적힌 음식명 글자 크기와 같거나 그보다 커야 한다.
- 원산지가 다른 2개 이상의 동일 품목을 섞은 경우에는 섞음 비율이 높은 순서대로 표시한다.
- 쇠고기, 돼지고기, 닭고기, 오리고기, 넙치, 조피볼락 및 참돔 등을 섞은 경우 각각의 원산지를 표시한다.
- 원산지가 국내산(국산)인 경우에는 "국산"이나 "국내산"으로 표시하거나 해당 농수산물이 생산된 특별시·광역시·특별자치시·도·특별자치도명이나 시·군·자치구명으로 표시할 수 있다.
- 표시대상 농수산물이나 그 가공품을 조리하여 배달을 통하여 판매·제공하는 경우에는 해당 농수산물이나 그 가공품 원료의 원산지를 포장재에 표시한다. 다만, 포장재에 표시하기 어려운 경우에는 전단지, 스티커 또는 영수증 등에 표시할 수 있다.

④ **원산지 표시대상별 표시방법(규칙 [별표 4])**
- 쇠고기
  - 국내산(국산)의 경우 "국산"이나 "국내산"으로 표시하고, 식육의 종류를 한우, 젖소, 육우로 구분하여 표시한다. 다만, 수입한 소를 국내에서 6개월 이상 사육한 후 국내산(국산)으로 유통하는 경우에는 "국산"이나 "국내산"으로 표시하되, 괄호 안에 식육의 종류 및 출생국가명을 함께 표시한다.
  - 외국산의 경우에는 해당 국가명을 표시한다.

- 돼지고기, 닭고기, 오리고기 및 양고기(염소 등 산양 포함)
  - 국내산(국산)의 경우 "국산"이나 "국내산"으로 표시한다. 다만, 수입한 돼지 또는 양을 국내에서 2개월 이상 사육한 후 국내산(국산)으로 유통하거나, 수입한 닭 또는 오리를 국내에서 1개월 이상 사육한 후 국내산(국산)으로 유통하는 경우에는 "국산"이나 "국내산"으로 표시하되, 괄호 안에 출생국가명을 함께 표시한다.
  - 외국산의 경우 해당 국가명을 표시한다.
- 쌀(찹쌀, 현미, 찐쌀을 포함) 또는 그 가공품
  - 국내산(국산)의 경우 "밥(쌀: 국내산)", "누룽지(쌀: 국내산)"로 표시한다.
  - 외국산의 경우 쌀을 생산한 해당 국가명을 표시한다.

▌ 식품 등의 표시 · 광고에 관한 법률

① 목적(법 제1조) : 식품 등에 대하여 올바른 표시 · 광고를 하도록 하여 소비자의 알 권리를 보장하고 건전한 거래질서를 확립함으로써 소비자 보호에 이바지함을 목적으로 한다.

② 표시의 기준(법 제4조)
- 식품 등에는 다음의 구분에 따른 사항을 표시하여야 한다. 다만, 총리령으로 정하는 경우에는 그 일부만을 표시할 수 있다.

식품, 식품 첨가물 또는 축산물	• 제품명, 내용량 및 원재료명 • 영업소 명칭 및 소재지 • 소비자 안전을 위한 주의사항 • 제조연월일, 소비기한 또는 품질유지기한 • 그 밖에 소비자에게 해당 식품, 식품첨가물 또는 축산물에 관한 정보를 제공하기 위하여 필요한 사항으로서 총리령으로 정하는 사항
기구 또는 용기 · 포장	• 재질 • 영업소 명칭 및 소재지 • 소비자 안전을 위한 주의사항 • 그 밖에 소비자에게 해당 기구 또는 용기 · 포장에 관한 정보를 제공하기 위하여 필요한 사항으로서 총리령으로 정하는 사항
건강기능 식품	• 제품명, 내용량 및 원료명 • 영업소 명칭 및 소재지 • 소비기한 및 보관방법 • 섭취량, 섭취방법 및 섭취 시 주의사항 • 건강기능식품이라는 문자 또는 건강기능식품임을 나타내는 도안 • 질병의 예방 및 치료를 위한 의약품이 아니라는 내용의 표현 • 기능성에 관한 정보 및 원료 중에 해당 기능성을 나타내는 성분 등의 함유량 • 그 밖에 소비자에게 해당 건강기능식품에 관한 정보를 제공하기 위하여 필요한 사항으로서 총리령으로 정하는 사항

- 표시의무자, 표시사항 및 글씨크기 · 표시장소 등 표시방법에 관하여는 총리령으로 정한다.
- 표시가 없거나 표시방법을 위반한 식품 등은 판매하거나 판매할 목적으로 제조 · 가공 · 소분 · 수입 · 포장 · 보관 · 진열 또는 운반하거나 영업에 사용해서는 아니 된다.

▌ 공중보건

① 공중보건의 목적 : 질병예방, 생명연장, 건강증진

② 공중보건의 대상 : 개인이 아닌 지역사회의 인간집단이며 최소단위는 지역사회임

③ 세계보건기구(WHO)의 주요 기능

- 국제보건사업의 지도 및 조정
- 회원국 정부의 요청이 있을 경우, 요청국의 보건부문 발전을 위한 원조 제공
- 평상시 및 긴급사태 발생 시 각국 정부에 대한 기술원조 제공
- 유행성 질병 및 감염병 퇴치사업 수행

④ 인구구성 형태

- 피라미드형 : 인구증가형, 후진국형
- 종형 : 인구정체형, 가장 이상적인 인구구성 형태
- 항아리형 : 인구감소형, 선진국형
- 별형 : 인구유입형, 도시형
- 호로형 : 인구유출형, 농촌형

⑤ 국가의 공중보건 수준을 나타내는 가장 대표적인 지표 : 영아사망률

▌ 환경위생 및 환경오염

① 환경요소

- 실내의 쾌감습도 : 40~70%
- 일산화탄소(CO)의 서한량 : 0.01%
- 실내 쾌감기류 : 0.2~0.3m/s
- 이산화탄소(CO_2)의 서한량 : 0.1%(1,000ppm)

② 실내공기의 오염지표 : 이산화탄소(CO_2)

③ 먹는물의 수질기준(먹는물 수질기준 및 검사 등에 관한 규칙 [별표 1])

- 냄새와 맛은 소독으로 인한 냄새와 맛 이외의 것이 있어서는 아니될 것
- 대장균·분원성 대장균군은 100mL에서 검출되지 아니할 것(단, 샘물·먹는샘물 및 염지하수·먹는염지하수 및 먹는해양심층수 제외)
- 수소이온농도는 pH 5.8 이상 pH 8.5 이하이어야 할 것

④ 용존산소량 : 물에 녹아 있는 산소의 양, 하천이 오염된 경우 용존산소량이 적어짐

⑤ 자외선의 인체 영향 : 살균작용, 피부암 유발, 비타민 D 형성, 구루병 예방, 피부색소 침착

🔍 **자주 출제되는 오답**

열사병 예방(×)

⑥ 감각온도의 3요소 : 기온, 기습, 기류

　　기압(×)

⑦ 온열요소 : 기온, 기류, 기습, 복사열
⑧ 기온역전현상 : 상부기온이 하부기온보다 높을 때
⑨ 상수처리법 순서 : 침사 → 침전 → 여과 → 염소소독 → 급수
⑩ 하수처리 과정 : 예비처리 → 본처리 → 오니처리

▌ 역학 및 감염병 관리

① 감염병의 발생 요인 : 병인, 환경, 숙주
② 병원체에 따른 분류
- 바이러스 : 천연두, 일본뇌염, 인플루엔자, 유행성이하선염, 홍역, 소아마비, 유행성 간염
- 리케차(생세포에 존재) : 양충병, 발진티푸스, 발진열
- 세균 : 장티푸스, 콜레라, 디프테리아, 결핵, 백일해, 성홍열, 폐렴, 세균성이질, 한센병
③ DPT 예방접종 : 디프테리아(Diphtheria), 백일해(Pertussis), 파상풍(Tetanus)
④ 경구감염병과 세균성 식중독의 비교

구 분	경구감염병	세균성 식중독
발병 원인	미량의 병원체, 소량의 균	대량 증식된 균, 독소
발병 경로	감염병균에 오염된 물 또는 식품 섭취	식중독균에 오염된 식품 섭취
2차 감염	2차 감염이 된다.	살모넬라, 장염 비브리오 외에는 2차 감염이 안 된다.
잠복기	비교적 길다.	짧다.
면 역	된다.	안 된다.

⑤ 법정감염병(감염병의 예방 및 관리에 관한 법률 제2조)

제1급 감염병	에볼라바이러스병, 마버그열, 라싸열, 크리미안콩고출혈열, 남아메리카출혈열, 리프트밸리열, 두창, 페스트, 탄저, 보툴리눔독소증, 야토병, 신종감염병증후군, 중증급성호흡기증후군(SARS), 중동호흡기증후군(MERS), 동물인플루엔자 인체감염증, 신종인플루엔자, 디프테리아
제2급 감염병	결핵, 수두, 홍역, 콜레라, 장티푸스, 파라티푸스, 세균성이질, 장출혈성대장균감염증, A형간염, 백일해, 유행성이하선염, 풍진, 폴리오, 수막구균 감염증, b형헤모필루스인플루엔자, 폐렴구균 감염증, 한센병, 성홍열, 반코마이신내성황색포도알균(VRSA) 감염증, 카바페넴내성장내세균목(CRE) 감염증, E형간염
제3급 감염병	파상풍, B형간염, 일본뇌염, C형간염, 말라리아, 레지오넬라증, 비브리오패혈증, 발진티푸스, 발진열, 쯔쯔가무시증, 렙토스피라증, 브루셀라증, 공수병, 신증후군출혈열, 후천성면역결핍증(AIDS), 크로이츠펠트-야콥병(CJD) 및 변종크로이츠펠트-야콥병(vCJD), 황열, 뎅기열, 큐열, 웨스트나일열, 라임병, 진드기매개뇌염, 유비저, 치쿤구니야열, 중증열성혈소판감소증후군(SFTS), 지카바이러스 감염증, 매독
제4급 감염병	인플루엔자, 회충증, 편충증, 요충증, 간흡충증, 폐흡충증, 장흡충증, 수족구병, 임질, 클라미디아감염증, 연성하감, 성기단순포진, 첨규콘딜롬, 반코마이신내성장알균(VRE) 감염증, 메티실린내성황색포도알균(MRSA) 감염증, 다제내성녹농균(MRPA) 감염증, 다제내성아시네토박터바우마니균(MRAB) 감염증, 장관감염증, 급성호흡기감염증, 해외유입기생충감염증, 엔테로바이러스감염증, 사람유두종바이러스 감염증

⑥ 인수공통감염병
- 동물과 사람 간 전파 가능한 질병
- 종류 : 탄저, 중증급성호흡기증후군, 동물인플루엔자 인체감염증, 장출혈성대장균감염증, 일본뇌염, 브루셀라증, 공수병, 변종크로이츠펠트-야콥병, 큐열 등
- 예방대책 : 보균동물의 조기 발견, 도축장의 소독 및 사후관리 철저, 매개체인 쥐·해충 등의 구제, 수입 축산물의 검역·검사 강화, 가축·축육 종사자의 예방접종 및 위생교육 실시
⑦ 구충, 구서의 가장 근본적인 방법 : 환경적 방법으로 서식처 및 발생원 제거
⑧ 수인성 감염병의 특성
- 2차 감염률이 낮음
- 치명률, 발병률이 낮음
- 유행지역과 음료수 사용지역이 일치
- 2~3일 내에 환자 발생이 폭발적
- 환자 발생은 급수지역에 한정되어 있음
- 계절에 직접적인 관계없이 발생함

✓ 자주 출제되는 오답
연령과 직업에 따른 이환율에 차이가 있다. (×)

⑨ 직업병의 종류
- 고열환경 : 열중증, 열쇠약증, 열경련증, 열사병 등
- 유해물질

카드뮴 중독	이타이이타이병(골연화증)
수은 중독	미나마타병(전신경련)
납 중독	칼슘대사 이상, 신장장애
PCB 중독	미강유 중독

- 저온환경 : 동상, 동창
- 고압환경(바다) : 잠함병(잠수병)
- 저압환경(하늘) : 항공병, 고산병
- 조명불량 : 안구진탕증, 근시, 안정피로
- 분진(먼지) : 규폐증, 진폐증, 석면폐증
- 소음 : 직업적 난청
- 이상기온 : 열경련, 열사병(일사병), 열피로
- VDT 증후군 : 경견완 증상, 안정피로, 정신신경장애

CHAPTER
02 | 음식 안전관리

■ 개인 안전관리

① 위험도 경감의 원칙
- 위험도 경감전략의 핵심요소 : 위험요인 제거, 위험발생 경감, 사고피해 경감
- 사람, 절차, 장비의 3가지 시스템 구성요소를 고려하여 다양한 위험도 경감 접근법을 검토

② 안전사고 예방 과정
- 위험요인의 근원 제거
- 위험요인 차단(안전방벽 설치)
- 인적 · 기술적 · 조직적 오류 예방
- 인적 · 기술적 · 조직적 오류 교정
- 재발방지를 위한 대응 및 개선 조치

③ 응급상황 시 행동단계 : 현장조사(Check) → 119 신고(Call) → 처치 및 도움(Care)

④ 안전교육과 응급조치의 목적
- 안전교육 : 상해, 사망 또는 재산피해를 불러일으키는 불의의 사고 예방
- 응급조치 : 다친 사람이나 급성 질환자에게 사고현장에서 즉시 취하는 조치

■ 조리장비 · 도구 안전관리 지침

① 안전장비의 관리 점검 : 일상점검, 정기점검(매년 1회 이상), 긴급점검(손상점검, 특별점검)

② 조리장비 · 도구 상태 평가기준
- A등급 : 안전시설, 정기점검 필요
- B등급 : 경미한 손상의 양호한 상태, 간단한 보수정비 필요
- C등급 : 보조 부재에 손상이 있는 보통의 상태, 조속한 보강 및 일부 시설 대체 필요
- D등급 : 주요 부재에 노후화 또는 구조적 결함상태, 긴급한 보수 및 사용제한 여부 판단 필요
- E등급 : 주요 부재에 진전된 노후화, 단면 손실, 안전성에 위험이 있는 상태로 사용금지 및 개축 필요

③ 조리장비 용도 및 점검방법

장비명	용도	점검방법
음식절단기	각종 식재료를 필요한 형태로 얇게 썰 수 있는 장비	• 전원 차단 후 기계를 분해하여 중성세제와 미온수로 세척하였는지 확인 • 건조시켜 원상태 조립 후 안전장치 작동 여부 확인
튀김기	튀김요리에 이용	• 사용한 기름을 식힌 후 다른 용기에 기름을 받아내고 오븐클리너로 골고루 세척했는지 확인 • 기름때가 심한 경우 온수로 깨끗이 씻어 내고 마른 걸레로 물기를 완전히 제거했는지 확인 • 받아둔 기름을 다시 유조에 붓고 전원을 넣어 사용
육절기	재료를 혼합하여 갈아내는 기계	• 전원을 끄고 칼날과 회전봉을 분해하여 중성세제와 미온수로 세척하였는지 확인 • 물기를 제거하여 원상태 조립 후 사용
제빙기	얼음을 만들어 내는 기계	• 전원을 차단하고 기계를 정지시킨 후 뜨거운 물로 제빙기의 내부를 구석구석 녹였는지 확인 • 중성세제로 깨끗하게 세척했는지 확인 • 마른 걸레로 깨끗하게 닦은 후 20분 정도 지난 후 작동
식기세척기	각종 기물을 짧은 시간에 대량 세척	• 탱크의 물을 빼고 세척제를 사용해 브러시로 깨끗하게 세척했는지 확인 • 모든 내부 표면, 배수로, 여과기, 필터를 주기적으로 세척하고 있는지 확인
그리들	철판으로 만들어진 면철로 대량으로 구울 때 사용	• 그리들 상판온도가 80℃가 되었을 때 오븐클리너를 분사하고 밤솔 브러시로 깨끗하게 닦았는지 확인 • 뜨거운 물로 오븐클리너를 완전하게 씻어내고 다시 비눗물을 사용해서 세척하고 뜨거운 물로 깨끗이 헹구어 냈는지 확인 • 세척이 끝난 면철판 위에 기름칠을 하였는지 확인

▌ 작업장 안전관리

① 조리작업장 환경요소 : 온도와 습도의 조절, 조명·환기시설, 주방의 소음 등
② 조리작업장의 시설
  • 급수시설 : 수질기준에 적합한 지하수 등을 공급할 수 있는 시설
  • 환기시설 : 창에 팬을 설치하는 방법과 후드(Hood)를 설치하여 환기를 하는 방법
  • 방충·방서시설 : 창문, 조리장, 출입구, 화장실, 배수구에는 쥐 또는 해충의 침입을 방지할 수 있는 설비 필요, 방충망은 30메시 이상
③ 개인 안전보호구 관리
  • 사용 목적에 맞는 보호구를 갖추고 작업 시 반드시 착용해야 함
  • 안전보호구를 항상 사용할 수 있도록 하고 청결하게 보존, 유지함
  • 개인 전용으로 사용하도록 함
  • 작업자는 보호구의 착용을 생활화하여야 함

④ 신체부위별 보호장비 종류

구 분	세부 내용
머리 보호구	안전모
눈 및 안면 보호구	보안경, 보안면
방음 보호구	귀마개, 귀덮개
호흡용 보호구	방진마스크, 방독마스크, 송기마스크, 공기호흡기
손 보호구	방열장갑
안전대	안전대, 안전블록
발 보호구	안전화, 절연화, 정전화

⑤ 작업장의 온·습도 관리 : 겨울은 18.3~21.1℃, 여름은 20.6~22.8℃ 사이 유지, 상대습도는 40~60%가 적정

⑥ 작업장 내 조명 관리 : 조리작업장의 권장 조도 143~161lx

⑦ 화재예방 및 조치방법
- 인화성 물질의 적정 보관 여부 점검
- 소화기구의 화재안전기준에 따른 소화전함, 소화기 비치 및 관리상태 점검
- 출입구 및 복도, 통로 등의 적재물 비치 여부 점검
- 비상통로 확보 상태, 비상조명등 예비 전원 작동상태 점검
- 자동 확산 소화용구 설치의 적합성 등에 대해 점검

⑧ 화재의 종류

구 분	A급	B급	C급	D급
화재의 종류	일반화재	유류화재	전기화재	금속화재
표 식	백 색	황 색	청 색	무 색
가연물	목재, 종이 등	인화성·가연성 액체, 석유 등	발전기, 전기기기	가연성 금속

03 | 음식 재료관리

▌수 분

① 식품 중 수분의 존재 상태

- 유리수(자유수) : 보통 형태의 물
- 결합수(수화수) : 식품 중의 탄수화물, 단백질에 강하게 흡착되거나 수소결합 등으로 결합되어 있는 물

② 수분활성도(Aw ; Water Activity)

- 식품 중의 수분은 환경조건에 따라서 항상 변동하고 있으므로 식품의 수분 함량은 %로 표시하지 않고 수분활성도로 표시
- 어떤 임의의 온도에서 식품에 나타나는 수증기압을 그 온도의 순수한 물의 최대 수증기압으로 나눈 것

③ 수분의 작용 : 영양소 운반, 체온 유지, 열과 운동 전달, 건조한 상태를 원상태로 회복

▌식품의 일반성분

① 단당류 : 포도당, 과당, 갈락토스

② 이당류 : 맥아당, 설탕, 유당

③ 전화당 : 포도당과 과당의 비율이 1 : 1인 당

④ 전분(다당류) : 전분, 이눌린, 헤미셀룰로스, 펙틴, 키틴, 한천, 알긴산, 카라기난, 아라비아검, 덱스트란, 글리코겐, 섬유소

⑤ 감미도가 강한 순서 : 과당 > 전화당 > 설탕(서당) > 포도당 > 맥아당(엿당) > 갈락토스 > 유당 (젖당)

⑥ 아밀로펙틴

- 찹쌀은 아밀로펙틴으로만 구성되어 있음
- 기본 단위는 포도당

⊘ 자주 출제되는 오답

아이오딘(요오드)과 반응하면 갈색을 나타냄(×) → 자색(○)

⑦ 필수지방산 : 체내에서 합성되지 않거나 양이 적어서 식품의 형태로 흡수되어야 하는 지방산(리놀 렌산, 리놀레산, 아라키돈산)

⑧ 필수아미노산 : 단백질을 구성하는 아미노산 중 체내에서 합성될 수 없는 것
  • 성인(9가지) : 아이소류신, 류신, 라이신, 트레오닌, 발린, 트립토판, 페닐알라닌, 메티오닌, 히스티딘(8가지로 보는 경우 히스티딘은 제외)

☑ 자주 출제되는 오답
  히스타민(×)

  • 영아(10가지) : 성인 필수아미노산 9가지 + 아르지닌
⑨ 완전단백질 : 필수아미노산이 충분히 함유된 단백질
⑩ 비타민의 주요 기능과 결핍증
  • 수용성 비타민 : 비타민 B군류, 비타민 C, 비타민 P
  • 지용성 비타민 : 비타민 A, D, E, F, K

구 분	기 능	결핍증
비타민 A (Retinol)	시력조절, 피부 점막 건강 유지	야맹증, 모낭각화증, 안구건조증
비타민 D (Caciferol)	칼슘과 인의 흡수 촉진, 뼈의 정상적인 발육	구루병, 골연화증, 골다공증
비타민 E (Tocopherol)	항산화제, 동맥경화·성인병 예방	불임증, 근육마비
비타민 K_1 (Phylloquinone)	혈액응고 촉진, 장내 세균에 의해 합성	혈액응고 지연
비타민 B_1 (Thiamine)	탄수화물의 대사에 관여	각기병, 식욕부진, 피로, 권태감
비타민 B_2 (Riboflavin)	성장촉진, 피부보호, 포도당의 연소를 도움, 수소 운반작용	구순염, 구각염, 안질, 설염
나이아신 (Niacin)	탈수소 효소의 성분, 산화할 때 수소 운반	펠라그라, 체중 감소, 빈혈
비타민 B_6 (Pyridoxine)	아미노산 대사의 조효소	피부병, 저혈소성 빈혈
비타민 B_{12} (Cyanocobalamin)	적혈구 합성에 관여	악성빈혈
비타민 C (Ascorbic Acid)	환원작용, 세포 사이의 결합조직 관여, 철과 칼슘 흡수 도움, 세균에 대한 저항력 증진, 치아·뼈의 발육을 도움	괴혈병, 피하출혈, 저항력 감소

⑪ 산성 식품과 알칼리성 식품
  • 산성 식품 : 인, 황, 염소 등을 함유한 식품(곡류, 육류, 어류)
  • 알칼리성 식품 : 나트륨, 칼슘, 칼륨, 마그네슘 등을 함유한 식품(채소류, 과실류, 해조류, 대두, 우유)

⑫ 3대 영양소의 최종 분해산물
- 탄수화물 : 포도당
- 단백질 : 아미노산
- 지방 : 지방산 + 글리세롤
⑬ 단백질의 변성요인
- 물리적 요인 : 가열, 동결, 건조, 광선, 고압, 초음파
- 화학적 요인 : 산, 알칼리, 염류, 유기용매, 중금속, 알칼로이드
- 효소적 요인 : 응유효소(레닌 등)

▌ 식품의 특수성분
① 4가지 기본적인 맛 : 단맛, 쓴맛, 신맛, 짠맛

◇ 자주 출제되는 오답
    떫은맛(×)

② 식품의 성분
- 생강 : 진저롤, 쇼가올
- 겨자 : 시니그린
- 후추 : 차비신
- 마늘 : 알리신
- 고추 : 캡사이신
③ 감칠맛 성분
- 베타인(Betaine) : 오징어, 새우
- 크레아티닌(Creatinine) : 어류, 육류
- 카노신(Carnosine) : 육류, 어류
- 타우린(Taurine) : 오징어
④ 맛의 변화
- 맛의 대비 : 주된 맛을 내는 물질에 다른 맛을 혼합할 경우 원래의 맛이 강해지는 현상
- 맛의 변조 : 한 가지 맛을 본 직후에 다른 맛을 정상적으로 느끼지 못하는 현상
- 맛의 상쇄 : 두 종류의 맛이 혼합될 경우 각각의 맛을 알지 못하고 조화된 맛만 느끼는 현상
- 피로현상 : 같은 맛을 계속 봤을 때 미각이 둔해져 맛을 느끼지 못하는 현상
⑤ 식물성 색소
- 카로티노이드계[베타카로틴(β-carotene), 라이코펜(Lycopene)] : 당근, 녹황색 채소, 토마토, 수박
- 푸코잔틴(Fucoxanthin) : 다시마, 미역
- 클로로필(Chlorophyll) : 시금치 등의 녹색 색소

- 플라보노이드(Flavonoid)계 색소
  - 안토잔틴(Anthoxanthin) : 감자, 고구마, 양파, 양배추
  - 안토사이아닌(Anthocyanin) : 포도, 오미자, 가지
- 타닌(Tannin) : 감, 미숙과실
⑥ 동물성 색소
- 헤모글로빈 : 혈색소
- 마이오글로빈 : 육(肉)색소
- 아스타잔틴 : 새우, 게
⑦ 철과 마그네슘을 함유하는 색소 : 마이오글로빈(철), 클로로필(마그네슘)
⑧ 훈연법의 장점 : 특유한 향미를 부여, 저장성을 향상, 색의 선명과 고정
⑨ 식품을 냉장고에서 보관할 때 나타나는 현상
- 바나나 : 껍질이 검게 변함
- 고구마 : 전분이 변해서 맛이 없어짐
- 찹쌀떡 : 노화가 가장 빨리 일어남

✓ 자주 출제되는 오답
　　감자 : 솔라닌이 생성됨(×)

⑩ 가스저장법(CA저장) : 난류, 바나나, 토마토 등
⑪ 젤리화 3요소 : 펙틴, 유기산, 당분
⑫ 갈변현상과 관계있는 요소 : 산화효소, 산소, 페놀류

✓ 자주 출제되는 오답
　　섬유소(×)

⑬ 과실 중 밀감이 쉽게 갈변되지 않는 이유 : 비타민 C의 함량이 많기 때문
⑭ 식품의 갈변

효소적 갈변	사과, 바나나, 살구 등의 껍질을 벗기거나 잘라 놓으면 갈변되는 현상
비효소적 갈변	메일라드(Maillard, 마이야르) 반응, 캐러멜화 반응, 아스코브산 산화반응(감귤류 가공품, 오렌지 주스나 분말주스 등에서 일어나는 갈변현상)

⑮ 식품의 물성
- 외부에서 힘이 가해졌을 때 물질이 반응하는 성질
- 가소성 : 외부의 힘이나 압력 등에 의해 변형된 물체가 원상태로 돌아가지 않는 성질
- 탄성 : 힘을 없애면 원상태로 되돌아가는 성질
- 점성 : 내부의 마찰력에 의해 일어나는 끈끈한 액체의 성질
- 점탄성 : 고체와 액체의 성질이 한꺼번에 동시에 나타나는 성질

▌ 식품과 효소

① 효소반응에 영향을 미치는 인자 : 온도, pH, 효소농도, 기질농도

② 소화작용

• 탄수화물 분해효소

효 소	작 용
아밀레이스(Amylase, 아밀라아제)	전분 → 덱스트린 + 맥아당
수크레이스(Sucrase, 수크라아제)	설탕 → 포도당 + 과당
말테이스(Maltese, 말타아제)	맥아당 → 포도당 2분자
락테이스(Lactase, 락타아제)	젖당 → 포도당 + 갈락토스

• 단백질 분해효소

효 소	작 용
펩신(Pepsin)	단백질 → 펩톤
펩티데이스(Peptidase, 펩티다아제)	펩타이드 → 아미노산
트립신(Trypsin)	단백질 → 펩타이드, 아미노산

• 지질 분해효소

효 소	작 용
라이페이스(Lipase, 리파아제)	지방 → 글리세린 + 지방산

③ 흡 수

• 탄수화물은 소장에서 흡수
• 지방은 위와 장에서 흡수
• 단백질은 소장에서 흡수
• 수용성 영양소는 소장벽 융털의 모세혈관에서 흡수
• 지용성 영양소는 소장벽 융털의 암죽관에서 흡수
• 물은 대장에서 흡수

▌ 식품과 영양

① 기초식품군

군 별	주요 영양소	식품군
1	단백질	수조육류, 어패류, 알류, 콩류, 견과류
2	칼 슘	우유 및 유제품, 뼈째 먹는 생선
3	무기질과 비타민	채소류, 과일류, 해조류, 버섯류
4	탄수화물	곡류, 감자류
5	지 방	식물성 기름, 동물성 지방, 가공유지

② 식품구성자전거
- 다양한 식품을 매일 필요한 만큼 섭취하여 균형 잡힌 식사를 유지하며, 규칙적인 운동으로 건강을 지켜 나갈 수 있다는 것을 표현
- 유지·당류를 제외한 5개의 식품군(곡류, 고기·생선·달걀·콩류, 우유·유제품류, 과일류, 채소류)에 권장식사 패턴의 섭취 횟수와 분량에 맞추어 바퀴 면적을 배분한 형태

③ 영양소의 역할에 따른 분류
- 열량소 : 탄수화물, 단백질, 지방
- 구성소 : 단백질, 무기질, 물
- 조절소 : 비타민, 무기질, 물

④ 5대 영양소 : 탄수화물, 지방, 단백질, 비타민, 무기질

⑤ 식품의 분류 중 곡류에 속하는 것 : 보리, 조, 수수

> ✅ **자주 출제되는 오답**
> 완두(×) → 두류

⑥ 칼로리 계산
- 탄수화물 : 4kcal/g
- 단백질 : 4kcal/g
- 지방 : 9kcal/g
- 알코올 : 7kcal/g

⑦ 영양소와 그 기능
- 유당 : 정장작용
- 셀룰로스 : 변비 예방
- 비타민 K : 혈액응고
- 칼슘 : 골격과 치아를 구성

> ✅ **자주 출제되는 오답**
> 칼슘 : 헤모글로빈 구성성분(×)

- 아이오딘(요오드) : 결핍되면 갑상선종이 발생할 수 있는 무기질

CHAPTER 04 | 음식 구매관리

❚ **시장조사 및 구매관리**

① **시장조사**

- 시장조사의 목적 : 구매 예성가격 결정, 합리적인 구매계획 수립, 신제품 설계, 제품개량
- 시장조사의 종류 : 기본 시장조사, 품목별 시장조사, 구매거래처의 업태조사, 유통경로의 조사
- 시장조사의 원칙 : 비용 경제성의 원칙, 조사 적시성의 원칙, 조사 탄력성의 원칙, 조사 계획성의 원칙, 조사 정확성의 원칙
- 시장조사의 내용 : 품목, 품질, 수량, 가격, 시기, 구매거래처, 거래조건

② **구매관리의 목표**

- 필요한 물품과 용역을 지속적으로 공급
- 최적의 상태 유지
- 재고와 저장관리 시 손실을 최소화
- 신용이 있는 공급업체와 원만한 관계를 유지하며 대체 공급업체 확보
- 구매정보 및 시장조사를 통한 경쟁력 확보
- 표준화·전문화·단순화 체계 확보

③ **구매관리 시 유의할 점**

- 구입 상품의 특성에 대하여 철저한 분석·검토
- 적절한 구매방법을 통한 질 좋은 상품 구입
- 구매경쟁력을 통해 세밀한 시장조사 실시
- 구매에 관련된 서비스 내용 검토
- 저렴한 가격으로 필요량을 적기에 구입
- 공급업체와의 유기적 상관관계 유지
- 복수 공급업체의 경쟁적인 조건을 통한 구매체계 확립

④ **구매방법**

- 경쟁입찰 : 입찰에 있어 다른 업체와 비교하여 경쟁을 시켜 계약하는 방식으로 저렴한 가격으로 구매가 가능
- 수의계약 : 한 업자를 선정하여 계약하는 방법으로 경쟁입찰에 비해 비싼 가격

⑤ **재고조사법** : 전기의 재료이월량과 당기의 재료구입량의 합계에서 기말 재고량을 차감함으로써 재료의 소비된 양을 파악하는 방법

▍검수관리

① **검수방법**
- 전수검수법 : 물품이 소량 또는 소규모 단위일 때 일일이 납품된 품목을 검수하는 방법
- 샘플링(발췌) 검수법 : 대량 구매물품일 때, 동일 품목으로 검수물량이 많을 때, 파괴검사를 해야 할 경우 일부를 무작위로 선택해서 검사하는 방법

② **검수원의 자격요건**
- 식품의 특수성에 관한 전문적인 지식이 있어야 함
- 식품의 품질을 평가하고 감별할 수 있는 지식과 능력이 있어야 함
- 식품의 유통경로와 검수업무 처리절차를 잘 알고 있어야 함
- 검수일지 작성 및 기록보관 업무를 잘 알고 있어야 함
- 업무에 있어서의 공정성과 신뢰도가 있어야 함

③ **식품군에 따른 감별법**

쌀	잘 건조되고 광택이 있는 것
밀가루(소맥분)	백색이며 가루의 결정이 미세한 것으로 덩어리지지 않으며 손으로 문질러 보아 부드러운 것
채소·과일류	색, 윤기가 좋고 상처가 없으며, 본래의 형태가 잘 갖추어진 것
어 류	• 색은 선명하고 껍질에 광택이 있으며, 탄력이 있는 것 • 안구는 맑고 돌출되어 있으며, 아가미가 선홍색이고 악취가 없는 것 ✅ **자주 출제되는 오답** 　비늘이 잘 떨어지며 광택이 있는 것(×)
육 류	• 색깔이 곱고 선명한 것 • 탄력이 있으며 이취가 없는 것
달 걀	• 껍질이 까칠까칠하고 광택이 없는 것 • 6~10% 소금물에 넣었을 때 가라앉는 것 • 깨뜨렸을 때 노른자의 높이가 높고 흰자가 퍼지지 않는 것 • 신선한 달걀의 난황계수 : 0.36~0.44 ✅ **자주 출제되는 오답** 　• 껍질이 매끈하고 윤기가 흐르는 것(×) 　• 깨뜨렸더니 난백이 넓게 퍼지는 것(×) 　• 노른자의 점도가 낮고 묽은 것(×)
우 유	• 끈기가 없으며 침전되지 않고 응고물이 없는 것 • 물컵에 한 방울 떨어뜨렸을 때 구름같이 퍼지면서 떨어지는 것
통조림	통조림관이 팽창 또는 변형된 것은 살균이 불충분하거나 미생물의 발육에 의한 것

▌ 원가 계산

① 제조원가 구성요소
- 직접비 : 직접재료비, 직접노무비, 직접경비
- 간접비 : 간접재료비, 간접노무비, 간접경비

② 총원가 : 제조원가 + 판매관리비

③ 판매원가 : 총원가 + 이익

④ 급식재료의 소비량 계산방법 : 재고조사법, 계속기록법, 역계산법

⑤ 급식재료의 소비가격 계산방법
- 개별법 : 각 재료의 가격으로 계산
- 선입선출법 : 구입 순서에 따라 먼저 구입한 재료를 먼저 소비한다는 가정으로 계산
- 후입선출법 : 나중에 구입한 재료를 먼저 사용
- 단순평균법 : 구입단가를 구입횟수로 나눈 평균을 소비단가로 계산
- 이동평균법 : 다른 재료를 구입할 때마다 재고량과 가중평균가를 산출하여 가격으로 계산

⑥ 원가계산의 원칙 : 진실성의 원칙, 발생기준의 원칙, 계산경제성의 원칙(중요성의 원칙), 확실성의 원칙, 정상성의 원칙, 비교성의 원칙, 상호관리의 원칙

⑦ 원가계산 방법
- 원가 = 재료비 + 노무비 + 경비
- 재료비 = $\dfrac{\text{소요재료량} \times \text{구입재료값}}{\text{구입재료량}}$

⑧ 손익분기점 : 수익과 총비용(고정비 + 변동비)이 일치하는 점(이익도 손실도 발생하지 않음)

⑨ 감가상각 계산요소 : 기초가격, 내용연수, 잔존가격

05 | 양식 기초 조리실무

▌ **식생활 문화**

① 서양 음식의 문화와 배경 : 서양식 조리는 육류나 유지류를 주재료로 하여 조리방법이 다양하고 향신료의 사용이 많으며, 소스와 포도주를 비롯한 술을 음식에 많이 이용한다. 일반적으로 프랑스, 이탈리아, 영국 등 유럽 및 미국 요리를 말하며, 조리법은 매우 과학적이고 합리적인 레시피로 이루어져 있다.

② 서양 음식의 분류

- 아침 식사 : 과일 또는 과일 주스, 시리얼, 달걀, 빵, 음료 등
- 점심 식사 : 아침보다 약간 풍성하게 준비(수프, 육류 또는 생선 요리, 샐러드, 디저트, 음료 등)
- 저녁 식사 : 수프, 육류 또는 생선 요리, 샐러드, 빵, 디저트, 음료 등
- 정찬 : 식전주, 전채 요리, 수프, 생선 요리, 앙트레(Entrée), 육류 요리, 샐러드, 디저트, 음료 등

③ 양식 기본 썰기 용어

- 큐브(Cube) : 사방 2cm 크기의 정육면체 썰기
- 다이스(Dice) : 사방 1.2cm 크기의 정육면체 썰기
- 스몰 다이스(Small Dice) : 사방 0.6cm 크기의 정육면체 썰기(다이스의 반 썰기)
- 브뤼누아즈(Brunoise) : 사방 0.3cm 크기의 정육면체 썰기(스몰 다이스의 반 썰기)
- 쥘리엔(Julienne) : 0.3cm 정도의 두께로 얇고 길게 썰기
- 파인 쥘리엔(Fine Julienne) : 쥘리엔 두께의 반인 약 0.15cm로 썰기
- 시포나드(Chiffonnade) : 실처럼 얇게 썰기
- 바토네(Batonnet) : 감자튀김(프렌치프라이)의 형태로 썰기
- 슬라이스(Slice) : 한식 조리의 편 썰기와 같은 형태
- 페이잔(Paysanne) : 두께 0.3cm, 가로세로 1.2cm 크기의 사각형 모양으로 썰기
- 춉(Chop) : 식재료를 잘게 칼로 다지는 것
- 샤또(Chateau) : 길이 5~6cm 정도의 끝은 뭉툭하고 배가 나온 원통 모양으로 깎는 것
- 올리베트(Olivette) : 길이 4cm 정도의 끝은 뾰족하고 올리브 형태로 깎는 것

▌조리의 정의 및 기본 조리원리

① 조리의 정의 : 식사계획에서 식품의 선택, 조리조작 및 식탁차림 등 준비에서부터 조리가 끝날 때까지의 전 과정

② 조리의 목적 : 기호성, 안전성, 영양성, 저장성

③ 기본 조리원리
  • 전도 : 직접적으로 열을 가하여 열원이 다른 곳으로 옮겨가는 원리
  • 대류 : 열의 흐름이 순환되면서 조리가 진행되는 것
  • 방사 : 조리 재료에 물리적인 접촉 없이 열을 전달하여 식품을 조리하는 것

▌기본 조리법

① 비가열조리 : 어떤 식품을 생것으로 먹기 위한 조리방법

② 가열조리
  • 목적 : 식품을 가열함으로써 위생적으로 완전하게 하고, 소화·흡수를 용이하게 하는 것
  • 방 법

습열에 의한 조리	삶기, 은근히 끓이기, 끓이기, 데치기, 찌기, 글레이징 등
건열에 의한 조리	로스팅, 굽기, 그레티네이팅, 볶음, 팬 프라잉, 튀김, 시어링 등
복합방식에 의한 조리	브레이징, 스튜잉, 프왈레, 수비드 등

③ 끓이는 조리법
  • 장점 : 다량의 음식을 한 번에 조리 가능, 조리방법이 편함
  • 단점 : 식품의 모양이 변형되기 쉬움

④ 구이에 의한 식품의 변화 : 살이 단단해짐, 기름이 녹아 나옴, 식욕을 돋우는 맛있는 냄새

⑤ 채소 데치는 방법
  • 채소 데치기 : 1~2% 식염을 첨가 → 채소가 부드러워지고 푸른색을 유지
  • 연근 데치기 : 식초를 3~5% 첨가 → 조직이 단단해지고 색이 하얗게 됨
  • 죽순 데치기 : 쌀뜨물에 삶기 → 불미성분이 제거
  • 녹색 채소 선명하게 데치기 : 뚜껑을 열고 끓는 물에 데치기, 조리수 다량 사용, 섬유소가 알맞게 연해지면 가열을 중지하고 냉수에 헹구기

⑥ 튀 김
  • 기름은 비열이 낮기 때문에 온도가 쉽게 변함 → 두껍고 밑면이 넓은 냄비 사용
  • 튀김옷에 사용하는 물은 찬물로 반죽함

▌ 기본 칼 기술 습득

① 칼 잡는 방법

- 칼의 양면을 엄지와 검지 사이로 잡는 방법 : 식재료를 자를 때 가장 많이 사용하는 방법
- 칼등에 엄지를 올려 잡는 방법 : 크기가 크거나 단단한 야채 등의 식재료를 자를 때 사용하는 방법
- 칼등에 검지를 올려 잡는 방법 : 칼의 끝(Point)을 이용하는 작업 시 칼을 잡는 방법

② 기본 칼질법

- 밀어서 썰기 : 한 손으로 식재료를 잡고 칼을 잡은 손으로 밀면서 써는 방법
- 당겨서 썰기 : 한 손으로 식재료를 잡고 칼을 잡은 손으로 당기면서 써는 방법
- 내려 썰기 : 식재료의 양이 적거나 간단한 작업을 할 때 사용하는 방법
- 터널식 썰기 : 한 손으로 식재료를 터널 모양으로 잡고 써는 방법

③ 칼끝 모양에 따른 종류 : 아시아형(Low Tip), 서구형(Center Tip), 다용도칼(High Tip)

▌ 조리장비 · 도구 사용 및 관리

① 조리도구

준비도구	• 재료손질과 조리준비에 필요한 용품 • 앞치마, 머릿수건, 양수바구니, 야채바구니, 가위 등
조리기구	• 준비된 재료를 조리하는 과정에 필요한 용품 • 솥, 냄비, 팬 등
보조도구	• 준비된 재료를 조리하는 과정에 필요한 용품 • 주걱, 국자, 뒤집개, 집게 등
식사도구	• 식탁에 올려서 먹기 위해 사용하는 용품 • 그릇, 용기, 쟁반류, 상류, 수저 등
정리도구	• 도구를 세척하고 보관하기 위해 사용하는 용품 • 수세미, 행주, 식기건조대, 세제 등

② 조리기구의 종류와 용도

- 자르거나 가는 용도
  - 제스터(Zester) : 귤, 레몬, 오렌지, 라임 등의 껍질을 벗겨 요리의 재료로 사용
  - 베지터블 필러(Vegetable Peeler) : 야채류 껍질을 벗기는 도구
  - 스쿱(Scoop) : 아이스크림을 푸는 동작과 비슷하게 반원의 형태나 원형으로 파 냄
  - 만돌린(Mandoline) : 채칼이라고도 하며, 과일이나 야채를 채로 다용도로 썰 때 사용
  - 푸드 밀(Food Mill) : 완전히 익힌 감자나 고구마 등을 잘게 분쇄하기 위한 도구
- 물기 제거나 담고 섞는 등의 용도
  - 시노와(Chinois) : 스톡이나 소스 또는 수프를 고운 형태로 거를 때 사용되는 도구

- 차이나 캡(China Cap) : 걸러진 식재료의 입자가 조금 있기를 원할 때나 삶은 식재료를 거를 때 사용
- 프라이팬(Frypan) : 소량의 음식을 볶거나 튀기는 등 다용도로 사용
- 기계류
  - 블렌더(Blender) : 소스나 드레싱 등 음식물을 곱게 가는 데 사용
  - 슬라이서(Slicer) : 많은 채소나 육류 또는 큰 음식물을 다양한 두께로 썰 때 사용
  - 초퍼(Chopper) : 재료를 곱게 다질 때 사용
  - 그리들(Griddle) : 식재료를 볶거나 오븐에 넣기 전의 초벌구이에 이용하며 온도 조절이 용이
  - 그릴(Grill) : 가스나 숯의 열원으로 달구어진 무쇠를 이용하여 조리
  - 샐러맨더(Salamander) : 위에서 내리 쬐는 열로 음식물을 익히거나 색깔을 내거나 뜨겁게 보관할 때 사용
  - 딥 프라이어(Deep Fryer) : 여러 가지 음식물을 튀길 때 사용
  - 컨벡션 오븐(Convection Oven) : 음식물을 속까지 고르게 익힐 때 사용
  - 스팀 케틀(Steam Kettle) : 대용량의 음식물을 끓이거나 삶는 데 사용

▎ 식재료 계량방법

① 식재료 계량도구 : 저울, 계량컵, 계량스푼
② 계량단위
- 1컵 = 1Cup = 1C = 약 13큰술 + 1작은술 = 물 200mL = 물 200g
- 1큰술 = 1Table spoon = 1Ts = 3작은술 = 물 15mL = 물 15g
- 1작은술 = 1tea spoon = 1ts = 물 5mL = 물 5g

※ 미국 등 외국에서는 1컵을 240mL로 하고 있으나 우리나라의 경우 1컵을 200mL로 한다.

▎ 조리장의 시설 및 설비 관리

① 조리장의 구비조건 : 위생성, 능률성, 경제성
② 조리장의 위치
- 악취, 먼지, 유독가스 등이 들어오지 않고, 쥐, 곤충 등의 발생이 없으며, 공해가 없는 곳
- 급수, 배수, 통풍, 채광시설이 가능한 곳
- 비상 시 출입문과 통로의 사용에 지장이 없고, 식품의 구입과 반출이 용이한 곳
③ 조리장의 관리
- 조리장의 내부 및 전체시설은 1일 1회 이상 청소하여 청결 유지
- 사용 때마다 조리기구 세척
- 음식물 및 음식물 재료는 위생적으로 보관
- 잔여식품과 주개(주방쓰레기)류는 위생적으로 처리 또는 폐기

④ 조리장의 설비
- 바닥 : 내수성 자재 사용, 물매는 1/100 이상
- 배수시설 : 곡선형 트랩(S자형, P자형, U자형), 수조형 트랩(관트랩, 드럼트랩) 등
- 작업대 : ㄷ자형, ㄴ자형, 병렬형, 일렬형 등
- 환기 : 후드의 경사각은 30°, 후드의 형태는 4방개방형이 가장 효율적
- 조명시설 : 작업하기 충분하고 균등한 조도 유지, 조리실 143~161lx 이상

농산물의 조리

① 전분의 조리
- 멥쌀의 아밀로스와 아밀로펙틴의 비율은 약 20 : 80 정도

> ◇ 자주 출제되는 오답
> 멥쌀의 아밀로스와 아밀로펙틴의 비율은 약 80 : 20이다. (×)

- 전분의 호화
  - 전분의 호화에 영향을 주는 인자 : 전분의 종류, pH, 온도, 수분, 팽윤제, 당류
  - 전분의 호화가 일어나는 원인 : 전분의 호화가 일어나는 것은 전분분자의 수소결합이 열에 의하여 끊어지면서 마이셀(Micelle) 내에 공간이 생기고 그 사이에 물분자가 끼어들어 활발하게 움직이기 때문
- 전분의 노화
  - 전분의 노화는 아밀로스의 함량 비율이 높을수록 빠름 → 찹쌀로 만든 떡보다 멥쌀로 만든 떡이 노화가 빨리 일어남
  - 노화는 수분 30~60%, 온도 0~4℃일 때 가장 일어나기 쉬움
  - 저온에서의 호화, 가열시간이 짧은 경우 등 호화가 불충분할 때 일어나기 쉬움
  - 황산, 염산 등 강산의 경우 농도(pH)가 낮아도 노화속도는 증가함
  - 옥수수, 밀, 전분은 호화되기 쉬우며, 감자, 타피오카, 찰옥수수의 전분은 잘 노화되지 않음

② 쌀의 조리
- 묵은 쌀로 밥을 할 때는 햅쌀보다 밥물의 양을 더 많이 함
- 약간의 소금을 넣으면 밥맛이 좋아짐
- 밥물은 pH 7~8의 것이 가장 좋고 산성이 높아질수록 밥맛은 나빠짐

③ 밀가루의 종류와 용도

종 류	글루텐 함량	용 도
강력분	13% 이상	식빵, 마카로니 등
중력분	10~13%	면류, 만두류 등
박력분	10% 이하	케이크, 쿠키, 튀김옷 등

> ◇ 자주 출제되는 오답
> 식빵을 만드는 데 가장 적합한 밀가루 → 혼합밀가루, 중력분, 박력분(×)

- 밀의 주요 단백질 : 알부민, 글리아딘, 글루테닌

- 글루텐 형성과 방해 : 달걀은 글루텐 단백질의 강한 점탄성을 형성, 지방이나 설탕은 글루텐 형성 방해
- 밀가루로 면을 만들었을 때 늘어나는 이유 : 글루텐 성분

④ 두류 제품의 조리
- 두류의 구성 : 단백질(100g당 40g 정도)과 지방 풍부, 주단백질은 글리시닌
- 두류의 조리법 : 침수, 연화 등

⑤ 채소류 조리 시 색의 변화
- 엽록소 : 산에 약함(식초를 사용하면 누런 갈색), 뚜껑을 열고 끓는 물에 단시간 조리, 중탄산소다 및 황산동으로 처리 → 안정된 녹색
- 안토사이아닌 색소 : 산성에서는 적색, 중성에서는 보라색, 알칼리에서는 청색
- 플라보노이드 : 콩·밀·쌀·감자·연근 등의 흰색이나 노란색 색소, 약산성에서는 무색, 알칼리에서는 황색, 산화되면 갈색

⑥ 유지류의 조리
- 유지의 종류

식물성 지방	대두유(콩기름), 옥수수유, 포도씨유, 참기름, 들기름, 유채기름 등
동물성 지방	라드(돼지기름), 우지(소기름), 어유(생선기름) 등
가공유지	쇼트닝, 마가린 등

- 발연점이 낮아지는 경우 : 유리지방산의 함량이 높을수록, 담는 용기의 표면적이 넓을수록, 기름에 이물질이 많이 들어 있을수록, 사용횟수가 많을수록
- 유지의 성질

유 화	• 기름과 물이 혼합되는 것 • 유화의 형태 – 유중수적형(W/O) : 마가린, 버터 – 수중유적형(O/W) : 우유, 아이스크림, 마요네즈, 생크림
경 화	불포화지방산에 수소 첨가, 촉매제 사용으로 포화지방산으로 만드는 것 → 마가린, 쇼트닝
연 화	밀가루 반죽에 유지를 첨가하여 전분과 글루텐이 결합하는 것을 방해하는 작용

- 유지의 산패에 영향을 미치는 요인 : 온도가 높을수록, 광선 및 자외선에 노출되었을 때, 금속과 접촉했을 때, 유지의 불포화도가 높을수록, 수분이 많을수록

▌ 축산물의 조리

① 사후경직이 일어나는 시간 : 닭은 6~13시간, 소·말은 12~24시간, 돼지는 3일 소요
② 육류의 조리법
  • 습열조리법 : 물과 함께 고기를 가열하는 것으로 결합조직이 많은 사태육, 양지육, 장정육, 업진육 등으로 편육, 장조림, 탕, 찜 등의 조리
  • 건열조리법 : 결합조직이 적은 등심, 안심, 채끝 등 살이 연한 부분으로 구이, 불고기, 튀김 등을 조리하는 것
③ 육류를 가열할 때 변화
  • 육단백질의 응고, 수축, 콜라겐 → 젤라틴화, 풍미 변화, 색 변화
  • 소고기를 가열할 때 생성되는 근육색소 : 메트마이오글로빈(Metmyoglobin)
④ 동물성 식품의 변화 경로 : 사후경직 → 자기소화 → 부패
⑤ 육류를 연화시키는 방법 : 칼등으로 두드리기, 소금 사용, 생파인애플즙에 재우기

◷ 자주 **출제되는 오답**
끓여서 식힌 배즙에 재우기(×)

⑥ 소고기 부위별 용도

안 심	스테이크, 로스구이	우 둔	산적, 장조림, 육포, 육회, 불고기
등 심	스테이크, 불고기, 주물럭	설 도	육회, 산적, 장조림, 육포
채 끝	스테이크, 로스구이, 샤브샤브, 불고기	양 지	국거리, 찜, 탕, 장조림, 분쇄육
목 심	구이, 불고기	사 태	육회, 탕, 찜, 수육, 장조림
앞다리	육회, 탕, 스튜, 장조림, 불고기	갈 비	구이, 찜, 탕

⑦ 돼지고기 부위별 용도

안 심	로스구이, 스테이크, 주물럭	뒷다리	돈가스, 탕수육
등 심	돈까스, 잡채, 폭찹, 탕수육, 스테이크	삼겹살	구이, 베이컨, 수육
목 심	구이, 주물럭, 보쌈	갈 비	구이, 찜
앞다리	찌개, 수육, 불고기	족	탕, 찜

▌ 알(난)류와 우유의 조리

① 알(난)류의 조리
  • 달걀의 구성 : 달걀은 껍질 및 난황(노른자), 난백(흰자)으로 구성
  • 달걀의 응고성
    - 달걀 조리 시 난백은 60~65℃, 난황은 65~70℃에서 응고됨
    - 설탕을 넣으면 응고 온도가 높아지고 소금, 우유, 산은 응고를 촉진함
    - 끓는 물에서 7분이면 반숙, 10~14분 정도면 완숙이 되고, 15분 이상이 되면 녹변현상이 일어남

- 달걀의 기포성
  - 신선한 달걀일수록 농후난백(난황 주변에 뭉쳐 있는 난백)이 많고, 수양난백(옆으로 넓게 퍼지는 난백)이 적음
  - 수양난백이 많은 오래된 달걀은 거품이 잘 일어나나, 안정성은 적음
  - 기름, 우유 : 기포 형성을 저해
  - 설탕 : 거품을 완전히 낸 후 마지막 단계에서 넣어주면 거품이 안정됨
  - 산(오렌지 주스, 식초, 레몬즙) : 기포 형성을 도와줌
  - 달걀의 기포성을 이용한 음식 : 스펀지케이크, 케이크 장식, 머랭 등
- 달걀의 유화성
  - 난황에 있는 인지질인 레시틴(Lecithin)이 유화제로 작용
  - 달걀의 유화성을 이용한 음식 : 마요네즈, 프렌치드레싱, 잣미음, 크림수프, 케이크 반죽 등
- 달걀의 녹변현상 : 난백의 황화수소가 난황의 철분과 결합하여 황화제일철을 만들기 때문
- 마요네즈 제조 시 유화제 역할을 하는 성분 : 난황(레시틴)
- 마요네즈 제조 시 분리되는 이유 : 불완전한 초기의 유화액 형성, 유화제에 비해 너무 높은 기름의 비율, 기름을 너무 빨리 넣음
② 우유의 조리
- 우유의 주성분 : 칼슘, 단백질
- 우유의 주단백질인 카세인은 산이나 레닌에 의해 응고되는데, 이 응고성을 이용하여 치즈를 만듦
- 우유는 조리식품의 색을 희게 하며, 매끄러운 감촉과 유연한 맛, 방향을 냄
- 생선이나 간, 닭고기 등을 우유에 담갔다가 조리하면 비린내를 제거할 수 있음(탈취작용)
- 유제품의 종류
  - 버터 : 우유에서 크림을 분리·교반하여 유지방을 모은 것(유지방 80%)
  - 크림 : 우유를 장시간 방치하여 생긴 황백색의 지방층을 거두어 만든 것(유지방 35%)
  - 치즈 : 우유 단백질을 레닌으로 응고시킨 것으로 우유보다 단백질과 칼슘이 풍부함
  - 분유 : 우유의 수분을 제거하여 분말 상태로 한 것(전지분유, 탈지분유, 가당분유, 조제분유 등)
  - 연유 : 무당연유(우유를 1/3로 농축한 것), 가당연유(16%의 설탕을 첨가하여 1/3로 농축한 것)
  - 요구르트 : 우유·탈지유를 젖산균이나 효모로 발효시켜 만든 젖산 발효 우유
  - 탈지유 : 우유에서 지방을 뺀 것

■ 수산물의 조리

① 생선의 성분
- 단백질 : 생선의 근섬유를 주체로 하는 섬유상 단백질로, 마이오신(Myosin), 액틴(Actin), 액토마이오신(Actomyosin)으로 구성
- 지방 : 생선의 지방은 약 80%가 불포화지방산이고 나머지 약 20%가 포화지방산으로 구성

② 생선을 조리하는 방법
- 비린내 제거를 위해 생강과 술 사용
- 처음 가열할 때 몇 분간은 뚜껑을 약간 열어 비린내를 휘발시킴
- 모양을 유지하고 맛 성분이 밖으로 유출되지 않도록 양념간장이 끓을 때 생선을 넣음
- 탕을 끓일 경우 국물을 먼저 끓인 후에 생선을 넣음
- 생선 표면을 물로 씻으면 비린내 감소

⊘ **자주 출제되는 오답**
- 선도가 약간 저하된 생선은 조미를 비교적 약하게 하여 뚜껑을 덮고 짧은 시간 내에 끓임(×)
- 생강은 처음부터 넣어야 어취 제거에 효과적(×) → 끓고 난 다음 넣어야 함(○)

③ 생선의 자기소화 원인 : 단백질 분해효소

■ 한천 · 젤라틴

① 한 천
- 우뭇가사리 등의 홍조류를 삶아 얻은 액을 냉각시켜 엉키게 한 것
- 한천을 이용한 음식 : 양갱, 과자, 양장피(고구마 전분)

② 젤라틴
- 젤라틴은 동물의 뼈, 껍질을 원료로 콜라겐을 가수분해하여 얻은 경질단백질
- 젤리, 족편 등에 응고제로 쓰이고, 마시멜로, 아이스크림 등에 유화제로 쓰임

③ 젤리를 만들 수 있는 물질 : 식물과 해조류(한천, 펙틴, 카라기난), 동물성 단백질(젤라틴)

■ 냉동식품의 조리

① 냉동법
- 냉동품의 저장은 −15℃ 이하의 저온에서 주로 축산물과 수산물의 장기 저장에 이용
- 급속냉동은 −30~−40℃의 저온으로 급속히 동결하는데, 수분은 작은 결정이 되어 조직을 거의 파괴하지 않으므로 동결은 급속냉동이 좋음(↔ 완만냉동)

② 해동법
- 실온해동(자연해동), 저온 냉장해동, 수중해동, 전자레인지 해동, 가열해동 등
- 채소류 : 조리 시 지나치게 가열하지 말고 동결된 채로 단시간에 조리
- 과실류 : 먹기 직전에 포장된 채로 냉장고, 실온, 흐르는 물에서 해동
- 냉장고에서 자연해동하는 것이 가장 좋은 방법

▮ 향신료 및 조미료

① 향신료
- 생강 : 매운맛 성분은 진저롤(Gingerol)·쇼가올(Shogaols)이며, 육류의 누린내와 생선의 비린 내를 없애는 데 효과적
- 겨자 : 겨자의 매운맛은 시니그린(Sinigrin) 성분이 분해되어 생김
- 고추 : 매운맛 성분은 캡사이신(Capsaicin)으로, 소화 촉진의 효과도 있음
- 후추 : 매운맛 성분은 차비신(Chavicine)으로, 육류 및 어류의 냄새를 감소시키며, 살균작용 을 함
- 마늘 : 매운맛 성분은 알리신(Allicin)으로, 비타민 B_1과 결합하여 알리티아민(Allithiamine)이 되어 비타민 B_1의 흡수를 도움

② 조미료
- 고추장 : 매운맛을 내는 저장성 조미료
- 설탕 : 식품의 가공 및 저장의 재료로 수용성, 방부성, 흡습성, 결정성이 있음
- 된장 : 소화되기 쉬운 단백질의 공급원이며 식염의 공급원
- 간장 : 재래식 간장은 주로 국·구이·볶음 등에 사용하고, 개량간장은 조림에 주로 사용
- 조미료 사용 순서 : 설탕 → 소금 → 식초

③ 식초의 기능
- 다시마를 연하게 함
- 고구마를 삶을 때 넣으면 고구마 색을 아름답게 함
- 고사리, 고비 등의 점질 물질을 제거
- 우엉, 연근 등의 산화를 연화시킴

▮ 농산물의 가공·저장

① 곡류의 가공·저장
- 쌀

현 미	벼의 껍질(왕겨)을 벗겨낸 쌀알
도 정	현미에서 식용인 배유 부분만을 얻는 조작
쌀 가공품	강화미, 알파미(건조미), 팽화미, 인조미

- 보 리

압맥(압착보리)	보리의 단단한 조직을 파괴하여 소화되기 쉽게 만든 것
할 맥	보리쌀의 홈을 따라 쪼갠 후 도정하여 쌀 모양으로 만든 것
보리 가공품	보리프레이크, 맥아(엿기름)로 맥주, 주정, 물엿, 감주 등 제조

- 곡류의 저장법 : 약품에 의한 저장, 저온저장, CA저장

② 두류의 가공·저장
- 두부 : 무기염류에 의한 단백질 변성을 이용, 응고제로는 황산칼슘·염화마그네슘이 있음

글리시닌	콩 단백질인 글로불린에 가장 많이 함유하고 있는 성분
가공품	전두부, 건조두부(얼린 두부), 기름튀김두부(유부)

- 두유 : 콩을 수침한 후 마쇄, 여과, 가열의 과정을 거친 가공식품
- 된장 : 찐콩과 코지를 넣고, 물과 소금을 넣어 일정 기간 숙성시킨 대표적인 콩 발효식품

③ 유지의 가공·저장
- 유지 채유법 : 압착법, 추출법, 건열처리법, 용출법(동물성 기름)
- 유지 정제 : 불순물(유리지방산, 단백질, 검질, 점질물, 섬유질, 타닌, 인지질, 색소, 불쾌취, 불쾌맛 등) 제거

④ 과일의 가공·저장
- 과일 가공품

잼(Jam)	과육, 과즙에 설탕 60%를 첨가하여 농축한 것
젤리(Jelly)	과즙에 설탕을 넣고 가열·농축·응고한 것
마멀레이드(Marmalade)	젤리 속에 과피(오렌지, 레몬 껍질 등), 과육의 조각을 섞어 만든 것

- 과일이 성숙함에 따라 일어나는 성분 변화 : 비타민 C와 카로틴 함량 증가, 타닌 감소, 과육은 점차 연해지고 엽록소가 분해되면서 푸른색은 옅어짐

　✓ 자주 출제되는 오답
　과일이 성숙함에 따라 일어나는 성분 변화 → 타닌 성분 증가(×)

▎ 축산물의 가공·저장
① 우유의 가공·저장
- 우유 가공품 : 연유, 분유, 크림, 버터, 아이스크림, 요구르트, 치즈 등
- 유제품의 저장 : 우유·크림(4℃에서 3~5일), 치즈(0~4℃), 전지분유(10℃ 이하에서 2~3주)

② 달걀의 가공·저장
- 달걀 가공품 : 마요네즈, 피단, 건조란 등
- 달걀 저장법 : 냉장법, 가스저장법, 도포법, 침지법, 냉동법, 간이법

③ 육류의 가공·저장
- 사후경직 : 동물이 도살된 후에 시간이 경과함에 따라 액토마이오신이 생성되어 근육이 수축되고 경화되는 현상

　✓ 자주 출제되는 오답
　육류 사후경직의 원인 물질 → 젤라틴, 콜라겐, 엘라스틴(×)

- 숙성 : 고기가 연해지고 풍미가 좋아지는 것
- 연화 : 지방의 함량 또는 근섬유의 수가 많을수록, 결체조직이 적거나 어린 동물일수록 수육의 조직이 가늘고 연함
- 육류가공품 : 햄, 베이컨, 소시지, 육포, 통조림류
- 육류저장법 : 냉장, 냉동, 절임

▌ 수산물의 가공 · 저장

① 어패류의 가공

건제품	• 소건품 : 수산물을 그대로 건조한 것(마른오징어, 마른새우, 미역, 김 등) • 자건품 : 소형 어패류를 삶은 후 건조한 것(마른멸치, 마른해삼, 마른전복 등) • 배건품 : 수산물을 불에 직접 쬐어 건조한 것 • 염건품 : 소금에 절여 건조한 것(굴비, 염건고등어, 간대구포 등) • 동건품 : 어패류를 얼렸다 녹였다 하며 건조한 것(명태, 한천, 북어) • 훈건품 : 어패류를 염지한 후 연기에 그을려 건조한 제품(저장 목적의 냉훈품과 조미 목적의 온훈품) • 조미건제품 : 수산물에 소금, 설탕 및 조미액을 가미하여 건조한 것(조미건품)
염장품	• 물간법 : 진한 소금물에 담그는 법 • 마른간법 : 직접 소금을 뿌리는 법
연제품	생선에 소금을 넣고 부순 뒤 설탕, 조미료, 난백, 탄력증강제, pH 조정제 등의 부재료를 넣고 갈아서 만든 고기풀을 가열하여 젤(Gel)화시킨 제품 → 어묵, 어육소시지 등
훈제품	어패류를 염지한 후 연기로 건조시켜 독특한 풍미와 보존성을 갖도록 한 제품
젓갈류	생선의 내장, 알, 조개류 등에 20~30%의 소금을 넣어 숙성시킨 것

② 어패류의 저장 : 빙장법, 냉각저장, 동결저장

CHAPTER
06 | 양식 조리

▌ 양식 스톡 조리

① 스톡의 정의 : 향기가 있는 액체로, 육류, 가금류, 해산물, 야채류 등을 향신료와 같이 끓여 낸 국물

② 스톡의 재료
- 부케가르니(Bouquet Garni) : 일반적으로 통후추, 월계수 잎, 타임, 파슬리 줄기와 마늘을 의미함
- 미르포아(Mirepoix) : 스톡에 향과 향기를 강화하기 위한 양파, 당근과 셀러리의 혼합물(50%의 양파, 25%의 당근, 25%의 셀러리의 비율로 사용)
- 뼈(Bone) : 스톡에서 가장 중요한 재료로, 스톡에 향과 색을 부여함

③ 스톡의 종류
- 화이트 스톡(White Stock) : 찬물에 각종 뼈와 야채, 향신료를 넣어 끓여서 만듦
- 브라운 스톡(Brown Stock) : 각종 뼈와 야채를 오븐이나 스토브에서 갈색으로 내어 향신료를 넣고 장시간 끓임
- 피시 스톡(Fish Stock) : 생선 뼈나 갑각류의 껍질과 미르포아, 부케가르니로 만듦
- 부용(Bouillon) : 미트 부용은 맑게 끓이고 야채와 식초, 소금, 와인 등을 넣어 끓임

④ 스톡 조리 및 완성
- 찬물에서 스톡 조리를 시작하기
- 서서히 스톡을 조리하기
- 거품 및 불순물 걷어내기(스키머로 제거)
- 간을 하지 않기(소금을 사용하지 않음)
- 조리된 스톡을 내용물과 스톡으로 분리하기(차이나 캡, 소창 이용)
- 스톡 냉각시키기(대량 생산된 스톡을 안전하게 저장하기 위함)
- 스톡 보관하기(냉장 보관 3~4일, 냉동 보관 5~6개월)

⑤ 스톡의 품질 평가기준

문제점	이 유	해 결
맑지 않음	조리 시 불 조절 실패	찬물에서 스톡 조리 시작(시머링)
	이물질	소창으로 걸러냄
향이 적음	충분히 조리되지 않음	조리시간을 더 길게 함
	뼈와 물의 불균형	뼈를 추가로 더 넣음
색상이 옅음	뼈와 미르포아가 충분히 태워지지 않음	뼈와 미르포아를 짙은 갈색이 나도록 태움
무게감이 없음	뼈와 물의 불균형	뼈를 추가로 더 넣음
짠 맛	조리하는 동안 소금을 넣음	스톡을 다시 조리함(스톡에 소금 사용 금지)

▌ 양식 전채 조리

① 전채 : 식전 식욕을 돋우기 위한 목적으로 나오는 모든 요리의 총칭으로, 영어로는 애피타이저 (Appetizer), 프랑스어로는 오르되브르(Hors d'oeuvre)라고 함

② 전채 요리의 분류

명 칭	특 징	종 류
플레인 (Plain)	형태와 맛이 유지된 것	햄 카나페, 생굴, 캐비아, 올리브, 토마토, 렐리시, 살라미, 소시지, 새우 카나페, 안초비, 치즈, 과일, 거위 간, 연어 등
드레스드 (Dressed)	요리사의 아이디어와 기술로 가공되어 맛이 유지된 것	과일 주스, 칵테일, 육류 카나페, 게살 카나페, 소시지 말이, 구운 굴, 스터프트 에그 등

③ 전채 요리의 종류

- 오르되브르(Hors d'oeuvre) : 식전에 나오는 모든 요리의 총칭
- 칵테일(Cocktail) : 해산물을 주재료로 산뜻한 과일을 곁들인 크기가 작은 요리(차갑게 제공)
- 카나페(Canape) : 빵을 얇게 썰어서 그 위에 여러 가지 재료를 올려 만든 요리(빵 대신 크래커를 사용하기도 함)
- 렐리시(Relish) : 채소를 예쁘게 다듬어 마요네즈 등과 같은 소스를 곁들어 주는 것

④ 전채 요리의 양념 : 소금, 식초, 올리브유

⑤ 전채 요리의 특징

- 신맛과 짠맛이 적당히 있어야 함
- 주요리보다 소량으로 만들어야 함
- 예술성이 뛰어나야 함
- 계절감, 지역별 식재료 사용이 다양해야 함
- 주요리에 사용되는 재료와 반복된 조리법을 사용하지 않음

⑥ 전채 요리 완성

- 접시의 종류 및 핑거볼

원형 접시	• 기본적인 접시로 부드럽고 친밀한 느낌 • 테두리나 무늬의 색상에 따라 다양하게 연출
삼각형 접시	• 날카롭고 빠른 이미지 • 코믹한 분위기의 요리에 사용
사각형 접시	• 안정되고 세련된 느낌 • 모던하고 개성이 강하고 독특한 이미지를 표현할 때 사용
타원형 접시	여성적인 기품과 우아함, 원만한 느낌
마름모형 접시	• 정돈되고 안정된 느낌 • 이미지가 변해 움직임과 속도감을 줌
핑거볼 (Finger Bowl)	• 식후에 손가락을 씻는 그릇 • 핑거 푸드(Finger Food)나 과일 등을 손으로 먹을 경우 손을 씻을 수 있도록 물을 담아 식탁 왼쪽에 놓음 • 작은 그릇에 꽃잎이나 레몬 조각을 띄워 놓음 • 음료수로 착각해서 먹는 경우가 있으므로 주의

- 전채 요리 접시 담기
  - 고객의 편리성이 우선 고려되어야 함
  - 재료별 특성을 이해하고 적당한 공간을 두고 담아야 함
  - 접시의 특성에 따라 다르지만, 내원을 벗어나지 않아야 함
  - 일정한 간격과 질서를 두고 담아야 함
  - 소스를 너무 많이 뿌리지 않아야 함
  - 가니시(Garnish)는 요리 재료의 중복을 피해 담음
  - 전채 요리의 양과 크기가 주요리보다 크거나 많지 않도록 주의
  - 색깔과 맛, 풍미, 온도에 유의

▌양식 샌드위치 조리

① 샌드위치 분류
  - 온도에 따른 분류 : 핫 샌드위치, 콜드 샌드위치
  - 형태에 따른 분류 : 오픈 샌드위치, 클로즈드 샌드위치, 핑거 샌드위치, 롤 샌드위치

② 샌드위치 구성요소

빵	• 단맛이 덜하고 보기 좋게 썰 수 있는 조직을 갖고 있어야 함 • 주로 부드러운 빵이 사용 • 샌드위치에 사용되는 빵의 적당한 두께는 식빵은 1.2~1.3cm, 오픈 샌드위치일 경우 바게트 빵은 1.5cm 정도가 적당
스프레드(Spread)	• 빵이 눅눅해지는 것을 방지하는 코팅제 역할 • 속재료들이 흩어지지 않게 하는 접착제 역할 • 개성 있는 맛을 내고, 빵과 속재료, 가니시의 맛이 잘 어울리게 함
주재료로서의 속재료	핫 속재료와 콜드 속재료로 구분
부재료로서의 가니시	• 야채류, 싹류, 과일 등으로 만들며 보기 좋게 하는 요소 • 상품성을 높이는 필수적인 구성요소
양념(Condiment)	음식에 짠맛, 단맛, 신맛, 쓴맛, 매운맛을 제공해서 재료의 맛을 개성 있게 표현

③ 스프레드를 사용하는 이유
  - 코팅제 : 속재료의 수분이 빵을 눅눅하게 하는 것을 방지
  - 접착성 : 빵과 속재료, 가니시의 접착성을 높임
  - 맛의 향상 : 과일 잼(단맛), 타페나드(짠맛, 고소한 맛), 마요네즈와 버터(고소한 맛)
  - 감촉 : 샌드위치의 촉촉한 감촉

④ 샌드위치 요리 완성
  - 재료 자체가 가지고 있는 고유의 색감과 질감을 잘 표현해야 함
  - 전체적으로 심플하고 청결하며 깔끔하게 담아야 함
  - 요리의 알맞은 양을 균형감 있게 담아야 함
  - 고객이 먹기 편하도록 플레이팅이 이루어져야 함

- 음식과 접시 온도에 신경을 써야 함
- 식재료의 조합으로 인한 다양한 맛과 향이 공존하도록 유의

▌ 양식 샐러드 조리

① 샐러드의 정의 : 주요리가 제공되기 전에 신선한 채소, 과일 등을 드레싱과 함께 섞어 제공하는 요리

② 샐러드의 기본 구성

바탕(Base)	• 일반적으로 잎상추, 로메인 상추와 같은 샐러드 채소로 구성 • 그릇을 채워주는 역할과 사용된 본체와의 색 대비를 이룸
본체(Body)	사용된 재료의 종류에 따라 샐러드의 종류가 결정
드레싱(Dressing)	• 샐러드의 맛을 좀 더 향상시키고 소화를 돕기 위한 액체 형태의 재료 • 신맛을 가지고 있어야 하고 반드시 샐러드와 맛과 풍미의 조화가 이루어져야 함 • 상큼한 맛으로 식욕을 촉진시키며 경우에 따라 곁들임의 역할 • 맛이 강한 샐러드는 더욱 부드럽게 하고, 맛이 순한 샐러드에는 향과 풍미를 충분하게 제공함
가니시(Garnish)	완성된 요리를 아름답게 보이도록 하고, 형태를 개선하고 맛을 증가시키는 역할

③ 샐러드의 분류
- 순수 샐러드 : 주로 잎채소를 생으로 사용하며, 재료를 단순하게 구성하여 만듦
- 혼합 샐러드 : 각종 식재료, 향신료, 소금, 후추 등이 혼합되어 양념, 조미료 등을 첨가하지 않고 그대로 제공할 수 있는 완전한 상태로 만들어진 것
- 더운 샐러드 : 드레싱을 데워 샐러드 재료와 버무려 만듦
- 그린 샐러드 : 한 가지 또는 그 이상의 샐러드를 드레싱과 곁들이는 형태(가든 샐러드)

④ 샐러드용 채소 손질 : 채소 세척 → 채소 정선 → 수분 제거 → 용기 보관

⑤ 샐러드와 드레싱의 조화
- 식재료 간 궁합이 잘 맞아야 함
- 반복되는 맛과 색 지양
- 식재료 간 맛의 상승작용을 고려해야 함
- 음식의 질감과 색감을 잘 표현하여 플레이팅이 이루어져야 함

⑥ 샐러드 요리 완성
- 채소의 물기는 반드시 제거해야 함
- 부재료가 주재료를 가리지 않아야 함
- 주재료와 부재료의 모양과 색상, 식감을 다르게 준비해야 함
- 드레싱의 양이 샐러드의 양보다 많지 않아야 함
- 드레싱의 농도가 너무 묽지 않아야 함
- 드레싱은 미리 뿌리지 않고 제공할 때 뿌림
- 완성한 샐러드는 덮개를 씌워 채소가 마르지 않게 함
- 가니시는 중복해서 사용하지 않음

▌ 양식 조식 조리

① 달걀 요리 조리

습식열 이용		포치드 에그 (Poached Egg)	뜨거운 물(90℃)에 식초를 넣고 껍질을 제거한 달걀을 넣어 익히는 방법
	보일드 에그 (Boiled Egg)	코들드 에그 (Coddled Egg)	100℃ 끓는 물에서 30초 정도 삶아진 달걀
		반숙 달걀 (Soft Boiled Egg)	100℃ 끓는 물에서 3~4분 정도 삶아진 달걀(노른자가 1/3 정도 익음)
		중반숙 달걀 (Medium Boiled Egg)	100℃ 끓는 물에서 5~7분 정도 삶아진 달걀(노른자가 반 정도 익음)
		완숙 달걀 (Hard Boiled Egg)	100℃ 끓는 물에서 10~14분 정도 삶아진 달걀(노른자가 완전히 익음)
건식열 이용	달걀 프라이 (Fried Egg)	서니 사이드 업 (Sunny Side Up)	달걀의 한쪽 면만 익힌 것
		오버 이지 (Over Easy)	달걀의 양쪽 면을 살짝 익힌 것으로 흰자는 익고 노른자는 익지 않은 것
		오버 미디엄 (Over Medium)	노른자가 반 정도 익은 것
		오버 하드(Over Hard)	달걀을 양쪽으로 완전히 익힌 것
	스크램블 에그 (Scrambled Egg)		달걀을 깨서 팬에 버터나 식용유를 두르고 넣어 빠르게 휘저어 만든 요리
	오믈렛 (Omelet)		• 프라이팬을 이용하여 스크램블하여 럭비공 모양으로 만든 요리 • 속재료에 따라 치즈오믈렛, 스패니시 오믈렛 등이 있음
	에그 베네딕틴 (Egg Benedictine)		구운 잉글리시 머핀에 햄, 포치드 에그를 얹고 홀랜다이즈(Hollandaise) 소스를 올린 미국의 대표적 달걀 요리

② 조찬용 빵류 조리

- 토스트 브레드(Toast Bread) : 식빵을 얇게 썰어 구운 빵으로, 버터나 각종 잼을 발라 먹음
- 데니시 페이스트리(Danish Pastry) : 다량의 유지를 층층이 끼워 만든 페이스트리 반죽에 잼, 과일, 커스터드 등의 속재료를 채워 구운 빵
- 베이글(Bagle) : 밀가루, 이스트, 물, 소금으로 반죽해서 가운데 구멍이 뚫린 링 모양으로 만든 빵
- 크루아상(Croissant) : 버터를 켜켜이 넣어 만든 페이스트리 반죽을 초승달 모양으로 만든 프랑스의 대표적인 페이스트리
- 잉글리시 머핀(English Muffin) : 달지 않은 납작한 빵으로 영국의 대표적인 빵
- 프렌치 브레드(French Bread) : 밀가루, 이스트, 물, 소금만으로 만든 프랑스의 주식으로 가늘고 길쭉한 몽둥이 모양에 바삭바삭한 식감이 특징
- 호밀 빵(Rye Bread) : 호밀을 주원료로 하여 만든 독일의 전통 빵
- 브리오슈(Brioche) : 밀가루, 버터, 이스트, 설탕 등으로 만든 프랑스 전통 빵

- 스위트 롤(Sweet Roll) : 건포도, 향신료, 시럽 등의 재료를 겉에 입히지 않은 모든 롤빵
- 소프트 롤(Soft Roll) : 모닝 롤이라고도 부르는 둥글게 만든 빵
- 프렌치 토스트(French Toast) : 달걀과 계핏가루, 설탕, 우유에 빵을 담가 버터를 두르고 팬에 구워 잼과 시럽을 곁들여 먹음
- 팬케이크(Pancake) : 밀가루, 달걀, 물 등으로 만들어 프라이팬에 구워 버터 메이플 시럽을 뿌려 먹음
- 와플(Waffle) : 표면이 벌집 모양이고, 바삭한 맛을 가지고 있어 인기가 있음
③ 시리얼류 조리

구 분	종 류	특 징
차가운 시리얼	콘플레이크(Cornflakes)	옥수수를 구워서 얇게 으깨어 만든 것
	올 브랜(All Bran)	밀기울을 으깨어 가공한 것으로 소화를 돕는 데 중요한 역할을 함
	라이스 크리스피(Rice Crispy)	쌀을 바삭바삭하게 튀긴 것으로 간편하게 먹을 수 있음
	레이진 브랜(Raisin Bran)	구운 밀기울 조각에 달콤한 건포도를 넣은 것
	슈레디드 휘트(Shredded Wheat)	밀을 조각내어 으깨어 사각형 모양으로 만든 비스킷 형태의 시리얼
	버처 뮤즐리(Bircher Muesli)	오트밀(귀리)을 기본으로 해서 견과류 등을 넣은 것
더운 시리얼	오트밀(Oatmeal)	귀리를 볶은 다음 거칠게 부수거나 납작하게 누른 식품으로 육수나 우유를 넣고 죽처럼 조리해서 먹음

■ 양식 수프 조리
① 수프의 구성요소 : 육수(Stock), 루(Roux) 등의 농후제, 곁들임(Garnish), 허브, 향신료
② 농도에 따른 수프 조리
- 맑은 수프 : 맑은 스톡을 사용하며 농축하지 않음
  - 콩소메(Consommé) : 소고기, 닭, 생선
  - 미네스트로네(Minestrone) : 맑은 채소 수프
- 진한 수프 : 농후제를 사용한 걸쭉한 상태의 수프
  - 크림(Cream) : 베샤멜(Béchamel ; 화이트 루에 우유를 넣어 만든 약간 묽은 수프), 벨루테(Veloute ; 블론드 루에 닭 육수를 넣어 만든 것을 기본으로 함)
  - 포타주(Potage) : 콩을 사용하여 재료 자체의 녹말 성분을 이용하여 걸쭉하게 만든 수프
  - 퓌레(Purée) : 크림을 사용하지 않으며, 야채를 잘게 분쇄한 퓌레를 부용과 결합하여 만든 수프
  - 차우더(Chowder) : 게살, 감자, 우유를 이용한 크림수프
  - 비스크(Bisque) : 갑각류를 이용한 부드러운 수프로 크림의 맛과 농도를 조절

③ 온도에 따른 수프 조리
- 가스파초(Gazpacho) : 믹서에 채소를 갈아 체에 걸러 빵가루, 마늘, 올리브유, 식초 또는 레몬 주스를 넣어 간을 하고 걸쭉하게 만들어 먹는 차가운 수프
- 비시스와즈(Vichyssoise) : 감자를 삶아 체에 내린 후 퓌레로 만들어 잘게 썬 대파의 흰 부분과 함께 볶아 물이나 스톡을 넣고 끓인 다음 크림, 소금, 후추로 간을 하여 식혀 먹는 차가운 수프
④ 수프 요리 완성
- 수프 재료 자체가 가지고 있는 고유의 색상과 질감을 잘 표현해야 함
- 전체적으로 보기 좋아야 하고 청결하며 깔끔하게 담아야 함
- 요리에 알맞은 양을 균형감 있게 담아야 함
- 고객이 먹기 편하게 플레이팅이 이루어져야 함

▌ 양식 육류 조리
① 마리네이드(Marinade)
- 육질이 질긴 고기를 부드러워지도록 재워두는 것(밑간)
- 누린내를 제거하고 향미와 수분을 주어 맛이 좋아짐
② 건열식 조리방법
- 윗불구이(Broilling) : 열원이 위에 있어 불 밑에 음식을 넣어 익히는 방법
- 석쇠구이(Grilling) : 열원이 아래에 있으며 직접 불로 굽는 방법
- 로스팅(Roasting) : 육류 또는 가금류 등을 통째로 오븐에 넣어 굽는 방법
- 굽기(Baking) : 오븐에서 열의 대류작용을 이용하여 굽는 방법
- 볶기(Sautéing) : 프라이팬에 소량의 버터나 기름을 넣고 160~240℃에서 짧은 시간에 조리하는 방법
- 튀기기(Frying) : 기름에 음식을 튀겨내는 방법
- 그레티네이팅(Gratinating) : 조리한 재료 위에 버터, 치즈, 크림, 소스, 크러스트, 설탕 등을 올려 뜨거운 열을 가해 색깔을 내는 방법
- 시어링(Searing) : 팬에 강한 열을 가하여 짧은 시간에 육류 등의 겉만 누렇게 지지는 방법
③ 습열식 조리방법
- 데치기(Blanching) : 끓는 물이나 기름에 재료를 짧게 데쳐 찬물에 식히는 방법
- 포칭(Poaching) : 65~92℃ 액체에서 재료를 잠깐 넣어 익히는 것
- 삶기/끓이기(Boiling) : 재료를 끓이거나 삶는 방법
- 시머링(Simmering) : 60~90℃ 액체의 약한 불에서 조리하는 것
- 스티밍(Steaming) : 수증기의 대류작용을 이용하여 조리하는 방법
- 글레이징(Glazing) : 과일의 즙 등과 꿀, 설탕을 졸여서 재료에 입혀 코팅하는 방법

④ 복합 조리방법
- 브레이징(Braising) : 팬에서 색을 낸 고기에 볶은 야채, 소스, 굽는 과정에서 흘러나온 육즙 등을 전용 팬에 넣은 다음 뚜껑을 덮고 천천히 조리하는 방법
- 스튜잉(Stewing) : 육류, 가금류, 미르포아, 감자 등을 썰어 뜨겁게 달군 팬에 기름을 넣고 색을 낸 후 그래비 소스나 브라운 스톡을 넣어 110~140℃의 온도에서 끓여 조리
⑤ 기타 조리방법
- 수비드(Sous Vide) : 위생 플라스틱 비닐 속에 재료와 조미료, 양념을 넣은 상태로 진공 포장한 후 낮은 온도(55~65℃)에서 장시간 조리하여 맛, 향, 수분, 질감, 영양소 등을 보존하는 방법

▌ 양식 파스타 조리
① 파스타의 종류
- 건조 파스타 : 경질소맥인 듀럼밀을 거칠게 제분한 세몰리나를 주로 이용
- 생면 파스타 : 세몰리나에 밀가루를 섞어 사용하거나, 밀가루만을 사용해 만듦
② 생면 파스타
- 오레키에테(Orecchiette) : '작은 귀'라는 의미로, 귀처럼 오목한 모양이며 소스가 잘 입혀지도록 안쪽 면에 주름이 잡혀야 함
- 탈리아텔레(Tagliatelle) : 적당한 길이와 넓적한 형태로, 면에 소스가 잘 묻음
- 탈리올리니(Tagliolini) : 탈리아텔레보다는 좁고 가늘며, 스파게티보다는 두꺼운 면으로 파스타 면에 주로 달걀과 다양한 채소를 넣어 만듦
- 파르팔레(Farfalle) : 나비넥타이 모양 혹은 나비가 날개를 편 모양
- 토르텔리니(Tortellini) : 도(Dough)에 버터나 치즈를 넣고 반지 모양으로 만든 것
- 라비올리(Ravioli) : 두 개의 면 사이에 치즈나 시금치, 고기, 다양한 채소 등으로 속을 채운 만두와 비슷한 형태
③ 파스타 조리
- 보통 씹히는 정도가 느껴질 정도로 삶음
- 알덴테(Al dente)는 파스타를 삶는 정도로, 입안에서 느껴지는 알맞은 상태를 나타냄
- 냄비는 깊이가 있어야 하며 물의 양은 파스타 양의 10배 정도가 알맞음(1L 내외의 물에 파스타의 양은 100g 정도로 함)
- 소금을 첨가하면 파스타의 풍미를 살려주고 면에 탄력을 줌
- 면수는 파스타 소스의 농도를 잡아주고 올리브유가 분리되지 않고 유화될 수 있도록 함
- 파스타가 서로 달라붙지 않도록 분산되게 넣어야 하며 잘 저어주어야 함
- 소스는 여러 가지 풍미를 살려주고 파스타의 맛과 향을 보충해 줌

④ 파스타 완성

- 탈리아텔레 같은 넓적한 면은 치즈와 크림 등이 들어간 진한 소스가 어울림
- 버터와 치즈는 파스타에 부드러운 질감을 줌(생면 파스타에 많이 사용)
- 소스가 많이 묻을 수 있는 짧은 파스타는 진한 질감을 가진 소스를 사용
- 건조 파스타는 고기와 채소를 이용한 소스를 주로 이용
- 소를 채운 파스타는 가벼운 소스를 이용

▮ 양식 소스 조리

① 농후제의 종류

- 루(Roux) : 밀가루와 버터의 혼합물을 고소한 풍미가 나도록 볶아 놓은 것
  - 화이트 루(White Roux) : 색이 나기 직전까지만 볶아낸 것
  - 블론드 루(Blond Roux) : 약간의 갈색이 돌 때까지 볶은 것
  - 브라운 루(Brown Roux) : 갈색이며 색이 짙은 소스를 만들 때 사용
- 뵈르 마니에(Beurre Manié) : 버터와 밀가루를 동량으로 섞어 만든 농후제
- 전분 : 육수가 끓기 시작하면 전분을 넣어 농도를 냄
- 달걀 : 노른자를 이용하여 농도를 냄

② 소스의 종류

- 육수 소스 : 송아지, 닭, 생선, 토마토, 우유의 5가지로 분류됨
- 토마토 소스
  - 토마토 퓌레 : 토마토를 파쇄하여 그대로 조미하지 않고 농축시킨 것
  - 토마토 쿨리 : 토마토 퓌레에 어느 정도 향신료를 가미한 것
  - 토마토 페이스트(반죽) : 토마토 퓌레를 더 강하게 농축하여 수분을 날린 것
  - 토마토 홀 : 토마토 껍질만 벗겨 통조림으로 만든 것
- 우유 소스 : 베샤멜 소스, 크림 소스
- 유지 소스 : 식용유 소스(식용유, 마요네즈, 비네그리트), 버터 소스(홀랜다이즈, 베르 블랑)
- 디저트 소스 : 크림 소스, 리큐르 소스
- 초콜릿 소스 : 코코아 파우더 이용

③ 소스 완성

- 재료의 맛을 끌어 올릴 수 있어야 함
- 소스의 향이 너무 강하여 원재료의 맛을 저하시키면 안 됨
- 색감을 자극하여 모양을 내기 위해 곁들여 주는 소스는 색이 변질되면 안 됨
- 튀김 종류의 소스는 바삭함에 방해되지 않도록 제공 직전 뿌려줌
- 주재료의 맛에 개성이 부족한 요리에는 개성이 강한 소스가 필요하며, 주재료의 맛에 개성이 충분할 때는 그 맛을 상승시킬 수 있는 소스가 필요

PART

01

기출복원문제

제1회~제7회   기출복원문제

행운이란 100%의 노력 뒤에 남는 것이다.

— 랭스턴 콜먼(Langston Coleman)

기출복원문제

01 중금속에 의한 중독과 증상의 연결로 바른 것은?

✔① 납 중독 – 빈혈, 소화기장애 등의 조혈장애

② 수은 중독 – 골연화증

③ 카드뮴 중독 – 흑피증, 각화증

④ 비소 중독 – 사지마비, 보행장애

해설
② 수은 중독 : 빈혈, 색소침착, 신경염
③ 카드뮴 중독 : 골연화증, 이타이이타이병
④ 비소 중독 : 피부이상, 신경마비, 탈모, 색소침착

02 식품첨가물 중 보존료의 목적을 가장 잘 표현한 것은?

① 산도 조절

✔② 미생물에 의한 부패 방지

③ 산화에 의한 변패 방지

④ 가공과정에서 파괴되는 영양소 보충

해설
보존료는 세균이나 곰팡이 등 미생물에 의한 부패를 방지하기 위해 사용되는 방부제로서, 살균작용보다는 부패 미생물에 대하여 정균작용 및 효소의 발효 억제작용을 한다.

03 미숙한 매실이나 살구씨에 존재하는 독성분은?

① 라이코린

② 하이오사이어마인

③ 리 신

✔④ 아미그달린

해설
청산배당체인 아미그달린은 살구씨나 미숙한 매실에 들어 있다.

04 황색포도상구균에 의한 식중독 예방대책으로 적합한 것은?

① 토양의 오염을 방지하고 특히 통조림의 살균을 철저히 해야 한다.

② 쥐나 곤충 및 조류의 접근을 막아야 한다.

③ 어패류를 저온에서 보존하며 생식하지 않는다.

✔④ 화농성 질환자의 식품 취급을 금지한다.

해설
포도상구균은 자연계에 널리 분포되어 있는 세균으로 식중독 및 중이염, 방광염 등 화농성 질환을 일으키는 원인균이다.

05 HACCP의 의무적용 대상 식품에 해당하지 않는 것은?

① 빙과류   ② 비가열음료

③ 껌 류   ④ 레토르트식품

해설
식품안전관리인증기준 대상 식품(식품위생법 시행규칙 제62조제1항)
• 수산가공식품류의 어육가공품류 중 어묵・어육소시지
• 기타 수산물가공품 중 냉동 어류・연체류・조미가공품
• 냉동식품 중 피자류・만두류・면류
• 과자류, 빵류 또는 떡류 중 과자・캔디류・빵류・떡류
• 빙과류 중 빙과
• 음료류(다류 및 커피류는 제외)
• 레토르트식품
• 절임류 또는 조림류의 김치류 중 김치(배추를 주원료로 하여 절임, 양념혼합과정 등을 거쳐 이를 발효시킨 것이거나 발효시키지 아니한 것 또는 이를 가공한 것에 한함)
• 코코아가공품 또는 초콜릿류 중 초콜릿류
• 면류 중 유탕면 또는 곡분, 전분, 전분질 원료 등을 주원료로 반죽하여 손이나 기계 따위로 면을 뽑아내거나 자른 국수로서 생면・숙면・건면
• 특수용도식품
• 즉석섭취・편의식품류 중 즉석섭취식품
• 즉석섭취・편의식품류의 즉석조리식품 중 순대
• 식품제조・가공업의 영업소 중 전년도 총매출액이 100억원 이상인 영업소에서 제조・가공하는 식품

06 다음 중 발효식품이 아닌 것은?

① 두 부   ② 식 빵

③ 치 즈   ④ 맥 주

해설
두부는 콩에서 두유를 추출한 후 콩단백질(글리시닌)을 응고시켜 만든 식품이다.

07 식품 등의 표시기준에 따른 소비기한의 정의는?

① 해당 식품의 품질이 유지될 수 있는 기한을 말한다.
② 제품의 제조일로부터 소비자에게 판매가 허용되는 기한을 말한다.
③ 제품의 출고일로부터 대리점으로의 유통이 허용되는 기한을 말한다.

④ 식품 등에 표시된 보관방법을 준수할 경우 섭취하여도 안전에 이상이 없는 기한을 말한다.

해설
소비기한이라 함은 식품 등(식품, 축산물, 식품첨가물, 기구 또는 용기・포장을 말함)에 표시된 보관방법을 준수할 경우 섭취하여도 안전에 이상이 없는 기한을 말한다(식품 등의 표시기준).

08 영업을 하려는 자가 받아야 하는 식품위생에 관한 교육시간으로 옳은 것은?

① 식품제조・가공업 – 12시간
② 식품운반업 – 8시간

③ 식품접객업 – 6시간

④ 옹기류제조업 – 8시간

해설
교육시간(식품위생법 시행규칙 제52조제2항)
• 식품제조・가공업, 식품첨가물제조업, 공유주방 운영업을 하려는 자 : 8시간
• 식품운반업, 식품소분・판매업, 식품보존업, 용기・포장류제조업을 하려는 자 : 4시간
• 즉석판매제조・가공업 및 식품접객업을 하려는 자 : 6시간
• 집단급식소를 설치・운영하려는 자 : 6시간

09 빵을 넓고 길게 잘라 재료를 넣고 둥글게 말아 썰어 제공하는 형태의 샌드위치는?

① 오픈 샌드위치(Open Sandwich)

② 콜드 샌드위치(Cold Sandwich)

③ **롤 샌드위치(Roll Sandwich)**

④ 클로즈드 샌드위치(Closed Sandwich)

해설
① 오픈 샌드위치(Open Sandwich) : 얇게 썬 빵에 속재료를 넣고 위에 덮는 빵을 올리지 않고 오픈해 놓는 종류의 샌드위치
② 콜드 샌드위치(Cold Sandwich) : 가운데를 썬 빵 사이에 차가운 속재료(마요네즈에 버무린 야채, 참치캔, 파스트라미, 살라미, 프로슈트, 하몽)를 주재료로 만든 샌드위치
④ 클로즈드 샌드위치(Closed Sandwich) : 얇게 썬 빵에 속재료를 넣고 위아래에 빵을 덮는 형태의 샌드위치

10 식품위생법상 집단급식소에 근무하는 영양사의 직무가 아닌 것은?

① 종업원에 대한 식품위생교육

② 식단 작성, 검식 및 배식관리

③ **조리사의 보수교육**

④ 급식시설의 위생적 관리

해설
영양사의 직무(식품위생법 제52조제2항)
• 집단급식소에서의 식단 작성, 검식(檢食) 및 배식관리
• 구매식품의 검수(檢受) 및 관리
• 급식시설의 위생적 관리
• 집단급식소의 운영일지 작성
• 종업원에 대한 영양 지도 및 식품위생교육

11 식품접객업 조리장의 시설기준으로 적합하지 않은 것은?(단, 제과점영업소와 관광호텔업 및 관광공연장업의 조리장의 경우는 제외한다)

① 조리장은 손님이 그 내부를 볼 수 있는 구조로 되어 있어야 한다.

② 조리장 바닥에 배수구가 있는 경우에는 덮개를 설치하여야 한다.

③ 조리장 안에는 조리시설, 세척시설, 폐기물 용기 및 손 씻는 시설을 각각 설치하여야 한다.

④ **폐기물 용기는 수용성 또는 친수성 재질로 된 것이어야 한다.**

해설
업종별 시설기준(식품위생법 시행규칙 [별표 14])
조리장의 폐기물 용기는 오물·악취 등이 누출되지 아니하도록 뚜껑이 있고 내수성 재질로 된 것이어야 한다.

12 식품위생법상 조리사의 면허취소 사유에 해당하는 것은?

① 불균형 식단을 제공한 때

② 자주 흡연을 한 때

③ 손님에게 불친절한 때

④ **업무정지기간 중에 조리사의 업무를 하는 경우**

해설
식품의약품안전처장 또는 특별자치시장·특별자치도지사·시장·군수·구청장은 조리사가 업무정지기간 중에 조리사의 업무를 하는 경우 면허를 취소하여야 한다(식품위생법 제80조제1항제5호).

13 식품의 성분을 일반성분과 특수성분으로 나눌 때 특수성분에 해당하는 것은?

① 탄수화물
② 향기성분 ✓
③ 단백질
④ 무기질

해설

식품의 성분

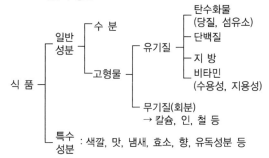

14 효소적 갈변에 대한 설명으로 맞는 것은?

① 간장, 된장 등의 제조과정에서 발생한다.
② 블랜칭(Blanching)에 의해 반응이 억제된다. ✓
③ 기질은 주로 아민(Amine)류와 카보닐(Carbonyl) 화합물이다.
④ 아스코브산의 산화반응에 의한 갈변이다.

해설

효소는 단백질로 이루어져 있기 때문에 가열에 의해 쉽게 불활성화된다. 데치기(Blanching)는 끓는 물이나 기름에 재료를 넣어 단시간 조리하는 방법이다.
①·③ 메일라드(Maillard, 마이야르) 반응으로 비효소적 갈변
④ 오렌지 주스나 농축물 등의 비효소적 갈변

15 다음 중 어취 성분인 트라이메틸아민(TMA ; Trimethylamine)에 대한 설명으로 적절하지 않은 것은?

① 불쾌한 어취는 트라이메틸아민의 함량과 비례한다.
② 수용성으로 물로 씻으면 많이 없어진다.
③ 보통 해수어보다 담수어에서 더 많이 생성된다. ✓
④ 트라이메틸아민옥사이드(Trimethyl-amine Oxide)가 환원되어 생성된다.

해설

담수어는 피페리딘계 화합물이 주된 성분이고, 해수어는 트라이메틸아민 함량이 더 높다.

16 마멀레이드에 대한 설명으로 옳은 것은?

① 과즙과 과육을 60%의 설탕 농도로 농축한 것
② 과실을 잘 건조한 건조과일
③ 오렌지나 레몬 껍질로 만든 잼 ✓
④ 투명한 과즙을 70%의 설탕 농도로 농축하여 굳힌 것

해설

마멀레이드(Marmalade)는 감귤류의 껍질이나 과육에 설탕을 넣은 후 조려 만든 잼이다.

17 ppm 단위에 대한 설명으로 옳은 것은?

① 100분의 1을 나타낸다.

② 10,000분의 1을 나타낸다.

③ **1,000,000분의 1을 나타낸다.**

④ 1,000,000,000분의 1을 나타낸다.

[해설]
ppm(parts per million)은 100만분의 1의 단위를 나타낸다.

19 다음 중 유화(Emulsion)와 관련이 적은 식품은?

① 버 터　　　　② 생크림

③ **묵**　　　　　④ 우 유

[해설]
유화란 물과 기름처럼 두 가지 이상의 액체를 잘 섞어 에멀션 상태로 만드는 것을 말한다. 유중수적형(버터, 마가린)과 수중유적형(우유, 아이스크림, 생크림, 마요네즈)이 있다.

18 조리장의 기계 설비 배치 시 우선 고려해야 하는 것은?

① 미관상 좋은 순서

② **조리의 순서**

③ 동력의 종류별

④ 크기의 순

[해설]
조리 동선을 우선 고려하여야 한다.

20 식품의 산성 및 알칼리성을 결정하는 기준 성분은?

① 필수지방산 존재 여부

② 필수아미노산 존재 여부

③ 구성 탄수화물

④ **구성 무기질**

[해설]
식품은 어떤 무기질로 구성되어 있느냐에 따라 산성과 알칼리성으로 나뉘며, 산성 식품과 알칼리성 식품의 구별은 그 식품을 연소시켰을 때 최종적으로 어떤 원소가 남게 되는가에 따른다.

21 향신료의 매운맛 성분 연결이 틀린 것은?

① 고추 – 캡사이신(Capsaicin)

✓ **겨자 – 차비신(Chavicine)**

③ 울금(Curry 분) – 커큐민(Curcumin)

④ 생강 – 진저롤(Gingerol)

해설

향신료
- 후추 : 차비신(Chavicine)
- 고추 : 캡사이신(Capsaicin)
- 겨자 : 시니그린(Sinigrin)
- 생강 : 진저롤(Gingerol), 쇼가올(Shogaol)
- 마늘 : 알리신(Allicin)

22 식품을 구매하는 방법 중 경쟁입찰과 비교한 수의계약의 장점이 아닌 것은?

① 절차가 간편하다.

② 경쟁이나 입찰이 필요 없다.

✓ **저렴한 가격으로 구매할 수 있다.**

④ 경비와 인원을 줄일 수 있다.

해설

경쟁입찰일 경우 다른 업체와 비교하여 경쟁을 시켜 계약하는 방식으로 저렴한 가격으로 구매가 가능하지만, 수의계약은 입찰방식이 아닌 한 업자를 선정하여 계약하는 방법으로 경쟁입찰에 비해 저렴한 가격으로 구매하기가 어렵다.

23 다음 중 환원성이 없는 당은?

① 포도당

② 과 당

✓ **설 탕**

④ 맥아당

해설

환원당의 종류에는 포도당, 과당, 맥아당, 유당, 갈락토스가 있고, 비환원당에는 설탕과 전분이 있다.

24 샐러드 채소 손질에 대한 설명으로 적절하지 않은 것은?

① 세척 – 세척에 필요한 물은 육안으로 흙이나 모래가 없을 정도로 깨끗함을 유지하도록 필요할 때마다 자주 갈아준다.

② 정선 – 가능한 한입 사이즈로 정선해주고, 겉잎보다는 속잎을 사용하고, 줄기보다는 잎 쪽을 사용한다.

③ 수분 제거 – 드레싱은 잘 마른 채소에 가장 잘 달라붙으므로 수분을 제거해준다.

✓ **보관 – 넓은 통에 젖은 행주를 깔고 채소를 꽉 채워 넣은 후 다시 젖은 행주를 덮는다.**

해설

채소를 보관할 때는 넓은 통에 젖은 행주를 깔고 채소를 넣은 후 다시 젖은 행주를 덮어서 보관한다. 채소가 너무 많이 들어갈 경우 무게를 이기지 못하고 속에 있는 채소가 눌리거나 상하는 경우가 있으므로 너무 높이 보관하지 말아야 한다. 또한 채소를 통의 2/3만 차도록 해야 채소가 싱싱하게 살아날 수 있다.

25 다음 중 물에 녹는 비타민은?

① 레티놀(Retinol)

② 토코페롤(Tocopherol)

✅ **티아민(Thiamine)**

④ 칼시페롤(Calciferol)

> **해설**
> 수용성 비타민 : 비타민 B_1(티아민), 비타민 B_2(리보플라빈), 비타민 B_6(피리독신), 비타민 C(아스코브산)

26 카세인(Casein)이 효소에 의하여 응고되는 성질을 이용한 식품은?

① 아이스크림　　✅ **치 즈**

③ 버 터　　④ 크림수프

> **해설**
> 치즈는 우유에 레닌(Rennin) 또는 젖산균을 작용시켜, 카세인과 지방을 응고시켜 얻은 커드를 세균이나 곰팡이 등으로 숙성시켜 만든 유제품이다.

27 베이컨류는 돼지고기의 어느 부위를 가공한 것인가?

① 볼기 부위　　② 어깨살

✅ **복부육**　　④ 다리살

> **해설**
> 베이컨은 돼지의 기름진 복부 부위를 사용하여 만든다.
> ① 볼기 부위 : 햄, 구이용
> ② 어깨살 : 스테이크용 살코기
> ④ 다리살 : 구이, 찜용

28 어패류에 관한 설명 중 틀린 것은?

✅ **붉은살 생선은 깊은 바다에 서식하며 지방 함량이 5% 이하이다.**

② 문어, 꼴뚜기, 오징어는 연체류이다.

③ 연어의 분홍살색은 카로티노이드 색소에 기인한다.

④ 생선은 자가소화에 의하여 품질이 저하된다.

> **해설**
> 흰살 생선은 지방 함량이 5% 이하이고, 붉은살 생선은 5~20% 정도이며, 맛이 진하고 약간 비리다.

29 식품첨가물이 갖추어야 할 조건으로 옳지 않은 것은?

① 식품에 나쁜 영향을 주지 않을 것

✅ **다량 사용하였을 때 효과가 나타날 것**

③ 상품의 가치를 향상시킬 것

④ 식품성분 등에 의해서 그 첨가물을 확인할 수 있을 것

> **해설**
> 식품첨가물의 구비조건
> • 사용방법이 간편하고 미량으로도 충분한 효과가 있어야 한다.
> • 독성이 적거나 없으며 인체에 유해한 영향을 미치지 않아야 한다.
> • 물리적·화학적 변화에 안정해야 한다.
> • 값이 저렴해야 한다.

30 껌 기초제로 사용되며 피막제로도 사용되는 식품첨가물은?

   ✔ **초산비닐수지**

   ② 에스터검(에스테르검)

   ③ 폴리아이소뷰틸렌

   ④ 폴리소베이트

> **해설**
> 초산비닐수지는 초산비닐이라고도 하며 추잉 껌 기초제, 피막제로 사용된다.

31 전채 요리의 분류 중 드레스드에 속하지 않는 것은?

   ① 칵테일   ② 구운 굴

   ✔ **소시지**   ④ 과일 주스

> **해설**
> 전채 요리의 분류

명 칭	특 징	종 류
플레인 (Plain)	형태와 맛이 유지된 것	햄 카나페, 생굴, 캐비아, 올리브, 토마토, 렐리시, 살라미, 소시지, 새우 카나페, 안초비, 치즈, 과일, 거위 간, 연어 등
드레스드 (Dressed)	요리사의 아이디어와 기술로 가공되어 맛이 유지된 것	과일 주스, 칵테일, 육류 카나페, 게살 카나페, 소시지 말이, 구운 굴, 스터프트 에그 등

32 스톡 조리 시 유의사항으로 적절하지 않은 것은?

   ① 뼈와 야채가 갈색으로 잘 조리되어야 브라운 스톡의 색깔이 갈색이 나온다.

   ✔ **토마토 페이스트의 신맛을 내기 위해 볶아서 사용한다.**

   ③ 시간 절약상 미르포아 조리 후 토마토 페이스트를 같이 볶아서 사용하기도 한다.

   ④ 조리하면서 스톡 포트(Stock Pot) 안쪽에 생긴 불순물은 젖은 타월로 닦아낸다.

> **해설**
> 토마토 페이스트의 신맛을 완화하기 위해 볶는다.

33 곡류의 영양성분을 강화할 때 쓰이는 영양소가 아닌 것은?

   ① 비타민 B_1

   ② 비타민 B_2

   ③ 나이아신

   ✔ **비타민 B_{12}**

> **해설**
> 강화미는 백미에 결핍된 비타민 B_1, 비타민 B_2, 나이아신, 철분 등의 영양소를 강화시킨 제품이다.

34 어패류 조리방법 중 틀린 것은?

① 조개류는 낮은 온도에서 서서히 조리하여야 단백질의 급격한 응고로 인한 수축을 막을 수 있다.

② **생선은 결체조직의 함량이 높으므로 주로 습열 조리법을 사용해야 한다.**

③ 생선 조리 시 식초를 넣으면 생선이 단단해진다.

④ 생선 조리에 사용하는 파, 마늘은 비린내 제거에 효과적이다.

해설
생선은 육류보다 결체조직 함량이 적어서 연하기 때문에 잘 부서러진다. 지방 함유량에 의해 조리법을 결정하는데, 지방이 적은 생선은 건열 조리, 많은 생선은 브로일링을 주로 사용한다.

35 실내 공기의 오염지표인 CO_2(이산화탄소)의 실내(8시간 기준) 서한량은?

① 0.001%   ② 0.01%

③ **0.1%**   ④ 1%

해설
실내 공기 오염의 지표로 이산화탄소를 활용하며, 실내 허용치는 0.1%로 1,000ppm이다.

36 열작용을 갖는 특징이 있어 일명 열선이라고도 하는 복사선은?

① 자외선   ② 가시광선

③ **적외선**   ④ X-선

해설
적외선은 열선이라고 불릴 만큼 열적 작용이 강하며 장시간 노출 시 두통, 현기증, 열경련, 열사병, 백내장의 원인이 된다.

37 하수처리 방법 중에서 처리의 부산물로 메탄가스 발생이 많은 것은?

① 활성오니법

② 살수여상법

③ **혐기성 처리법**

④ 산화지법

해설
혐기성 처리법은 분뇨, 폐수처리 등에 주로 사용되며 대표적인 시설로는 혐기성 소화조를 들 수 있다.

38 일반적으로 젤라틴이 사용되지 않는 것은?

① **양 갱**   ② 아이스크림

③ 마시멜로   ④ 족 편

해설
① 양갱은 해조류의 일종인 한천과 설탕으로 만든다. 젤라틴은 젤리, 샐러드, 족편 등에 응고제로 쓰이고, 마시멜로, 아이스크림 및 기타 얼린 후식 등에 유화제로 쓰인다.

39 다음 중 기온역전현상의 발생 조건은?

① 상부기온이 하부기온보다 낮을 때
② **상부기온이 하부기온보다 높을 때**
③ 상부기온과 하부기온이 같을 때
④ 안개와 매연이 심할 때

해설
지표면 하부기온의 온도가 낮고, 상부기온이 높아지면 기온역전현상이 나타난다. 이 현상은 고기압 상태에 바람이 불지 않고 일교차가 큰 날에 잘 발생한다.

40 녹조를 일으키는 부영양화 현상과 가장 밀접한 관계가 있는 것은?

① 황산염   ② **인산염**
③ 탄산염   ④ 수산염

해설
인산염이나 질산염이 유입되면 녹조류와 식물성 플랑크톤이 증가되는 녹조현상이 나타난다.

41 알코올 1g당 열량 산출 기준은?

① 0kcal   ② 4kcal
③ **7kcal**   ④ 9kcal

해설
알코올은 1g당 7kcal의 에너지를 낸다.

42 오이피클 제조 시 오이의 녹색이 녹갈색으로 변하는 이유는?

① 클로로필라이드가 생겨서
② 클로로필린이 생겨서
③ **페오피틴이 생겨서**
④ 잔토필이 생겨서

해설
녹색 채소에 있는 클로로필은 산성용액 중에서 분자 중의 마그네슘이 유리되고 녹갈색의 페오피틴으로 된다.

43 군집독의 가장 큰 원인은?

① **실내 공기의 이화학적 조성의 변화 때문이다.**
② 실내의 생물학적 변화 때문이다.
③ 실내 공기 중 산소의 부족 때문이다.
④ 실내 기온이 상승하여 너무 덥기 때문이다.

해설
군집독
• 많은 사람이 밀집된 실내에서 공기가 물리적·화학적 조성의 변화를 일으킨다.
• 산소 감소, 이산화탄소 증가, 고온·다습의 상태에서 유해가스 및 취기, 구취, 체취 등으로 인하여 공기의 조성이 변한다.
• 현기증, 구토, 권태감, 불쾌감, 두통 등의 증상이 있다.

44 조리기기와 사용 용도의 연결이 적절하지 않은 것은?

① 샐러맨더 – 볶음하기
② 전자레인지 – 냉동식품의 해동
③ 블렌더 – 불린 콩 갈기
④ 압력솥 – 갈비찜하기

해설
샐러맨더(Salamander)는 불꽃이 위에서 내려오는 열기기로 그라탱 요리에 많이 사용된다.

45 공중보건 사업을 하기 위한 최소 단위가 되는 것은?

① 가 정　　② 개 인
③ 시·군·구　　④ 국 가

해설
공중보건의 최소 단위는 지역사회로 시·군·구가 해당된다.

46 유리규산의 분진 흡입으로 폐에 만성섬유증식을 유발하는 질병은?

① 규폐증　　② 철폐증
③ 면폐증　　④ 농부폐증

해설
규폐증은 폐에 생기는 만성질환으로 대기 중에 있는 유리규산의 미세분말을 장기적으로 흡입할 때 생기는 직업병이다.

47 다음 중 호화전분이 노화를 일으키기 어려운 조건은?

① 온도가 0~4℃일 때
② 수분 함량이 15% 이하일 때
③ 수분 함량이 30~60%일 때
④ 전분의 아밀로스 함량이 높을 때

해설
전분의 노화는 아밀로스 함량이 높고, 수분 30~60%, 온도 0~4℃에서 급속하게 진행된다.

48 안심 스테이크 1인분의 판매가가 12,000원으로 책정되었을 때 부가세와 서비스료를 각각 판매가에 10% 더한 실제 판매가격은?

① 13,600원　　② 14,400원
③ 15,600원　　④ 16,800원

해설
실제 판매가격＝12,000원＋1,200원＋1,200원
　　　　　　　＝14,400원

49 달걀 삶기에 대한 설명 중 틀린 것은?

① 완숙하려면 98~100℃에서 12분 정도 삶아야 한다.

② 삶은 달걀을 냉수에 즉시 담그면 부피가 수축하여 난각과의 공간이 생기므로 껍질이 잘 벗겨진다.

③ **달걀을 오래 삶으면 난황 주위에 생기는 황화수소는 녹색을 띠며 이로 인해 녹변이 된다.**

④ 달걀은 70℃ 이상의 온도에서 난황과 난백이 모두 응고한다.

[해설]
달걀을 오래 삶으면 난백과 난황 사이에 검푸른 색의 녹변현상이 생기는데 이는 황화제일철 때문이다.

50 두부를 물에 끓이는 것보다 새우젓국에 끓이면 나타나는 현상은?

① 탄력이 생긴다.

② **부드러워진다.**

③ 구멍이 많이 생긴다.

④ 색깔이 하얗게 된다.

[해설]
새우젓은 발효식품으로, 지방 분해효소인 라이페이스(리파아제)를 만들어 기름진 고기의 소화를 돕는다. 또한 단백질 분해효소 등이 존재하여 두부의 소화에 도움을 주므로 부드러워진다.

51 입고가 먼저된 것부터 순차적으로 출고하여 출고단가를 결정하는 방법은?

① **선입선출법**

② 후입선출법

③ 이동평균법

④ 총평균법

[해설]
선입선출법(FIFO ; First-in, First-out) : 먼저 구입한 재료부터 먼저 소비하는 것이다.

52 식품의 냉동에 관한 설명 중 틀린 것은?

① 조리된 케이크, 빵, 떡 등은 부드러운 상태에서 밀봉하여 냉동저장하였다가 상온에서 그대로 녹이면 거의 원상태로 돌아간다.

② **파이껍질반죽, 쿠키반죽 등과 같은 반조리된 식품은 밀봉하여 냉동저장하였다가 다시 사용할 수 없다.**

③ 완두콩은 씻어서 소금물에 살짝 데쳐 식힌 후 냉동시키면 선명한 녹색을 유지할 수 있다.

④ 사과 등의 과일은 정량의 설탕이나 설탕시럽을 사용하여 냉동하면 향기나 질감의 손상을 어느 정도 막을 수 있다.

[해설]
반조리된 식품은 밀봉하여 냉동저장하였다가 다시 사용할 수 있다.

53 계량방법이 잘못된 것은?

① 된장, 흑설탕은 꾹꾹 눌러 담아 수평으로 깎아서 계량한다.

② **우유는 투명기구를 사용하여 액체 표면의 윗부분을 눈과 수평으로 하여 계량한다.**

③ 저울은 반드시 수평한 곳에서 0으로 맞추고 사용한다.

④ 마가린은 실온일 때 꾹꾹 눌러 담아 평평한 것으로 깎아 계량한다.

해설

액체 식품인 우유는 투명한 용기를 사용하며, 표면장력이 있으므로 계량컵이나 계량스푼에 가득 채워서 계량하거나 정확성을 기하기 위해 계량컵의 눈금과 액체의 메니스커스(Meniscus)의 밑선이 동일하게 맞도록 읽어야 한다.

54 작업장 안전관리에 대한 설명 중 적절하지 않은 것은?

① 작업자의 손을 보호하고 조리위생을 개선하기 위해 위생장갑을 착용한다.

② **안전보호구를 공용으로 비치해 놓고 사용한다.**

③ 화재의 원인이 될 수 있는 곳을 점검하고 화재진압기를 배치, 사용한다.

④ 유해, 위험, 화학물질은 유해물질안전보건자료를 비치하고 취급방법에 대하여 교육한다.

해설

안전보호구는 개인 전용으로 사용해야 한다. 또 사용목적에 맞는 보호구를 갖추고 작업 시 반드시 착용해야 하며, 청결하게 보존해야 한다.

55 다음 중 농후제를 사용한 걸쭉한 상태의 수프가 아닌 것은?

① 베샤멜(Béchamel)

② 벨루테(Veloute)

③ **콩소메(Consommé)**

④ 포타주(Potage)

해설

농도에 의한 수프 조리
• 맑은 수프 : 맑은 스톡을 사용하며 농축하지 않는다(콩소메, 맑은 채소 수프 등).
• 진한 수프 : 농후제를 사용한 걸쭉한 상태의 수프이다(베샤멜, 벨루테, 포타주, 퓌레, 차우더, 비스크 등).

56 파스타 재료인 올리브 오일에 대한 내용으로 옳지 않은 것은?

① 드레싱과 소스를 만드는 데 사용한다.

② 빵을 찍어 먹거나 음식의 촉촉함을 유지한다.

③ **올리브 오일은 열전도가 빨라 고온에서 단시간 조리하는 요리에 적합하다.**

④ 올리브 오일의 지방산 구조는 고온에서도 매우 안정성을 유지한다.

해설

올리브 오일은 열전도가 느리기 때문에 저온에서 장시간 조리할 수 있는 요리에 적합하다.

57 소스나 수프의 풍미를 더하기 위해 버터나 올리브유를 둘러 코팅하는 것은?

① 마리네이드(Marinade)
✔️ **몬테(Monter)**
③ 글레이징(Glazing)
④ 그레티네이팅(Gratinating)

해설
몬테(Monter) : 소스나 수프의 풍미를 더하기 위해 버터나 올리브유를 둘러 코팅하는 것으로, 소스나 수프의 표면에 막이 형성되는 것을 막아 준다.

58 샐러드의 기본 구성에 대한 설명으로 옳지 않은 것은?

✔️ **일반적으로 드레싱의 양은 샐러드 양의 1.2배로 한다.**
② 가니시의 주목적은 완성된 제품을 아름답게 보이도록 하는 것이다.
③ 바탕은 일반적으로 잎상추, 로메인 상추와 같은 샐러드 채소로 구성된다.
④ 바탕은 그릇을 채워주는 역할과 사용된 본체와의 색 대비를 이루는 것을 목적으로 한다.

해설
드레싱은 맛을 증가시키고 가치를 돋보이게 하며 소화를 도와줄 뿐만 아니라 경우에 따라 곁들임의 역할도 한다. 드레싱 사용으로 음식의 색상이나 모양이 버려지지 않게 유의해야 하며, 드레싱의 양이 샐러드의 양보다 많지 않게 담는다.

59 샌드위치를 만들고 남은 식빵을 냉장고에 보관할 때 식빵이 딱딱해지는 원인 물질과 그 현상은?

① 단백질 – 젤화
② 지방 – 산화
✔️ **전분 – 노화**
④ 전분 – 호화

해설
부드럽게 호화된 전분을 상온이나 냉장고에 방치하면 다시 호화 이전의 전분 상태로 돌아가는데, 이것을 전분의 노화라고 한다. 전분의 노화는 온도 0~4℃, 습도 30~60% 조건에서 빨리 일어난다.

60 냉장했던 딸기의 색깔을 선명하게 보존할 수 있는 조리법은?

✔️ **서서히 가열한다.**
② 짧은 시간에 가열한다.
③ 높은 온도로 가열한다.
④ 전자레인지에서 가열한다.

해설
딸기는 서서히 가열하여 세포호흡에 필요한 산소를 완전히 소모하면 색을 선명하게 보존할 수 있다.

제2회 │ 기출복원문제

01 세균의 장독소(Enterotoxin)에 의해 유발되는 식중독은?

✔ ① 황색포도상구균 식중독
② 살모넬라 식중독
③ 복어 식중독
④ 장염 비브리오 식중독

해설
②·④ 세균 감염형 식중독
③ 테트로도톡신의 복어독으로 인한 동물성 식중독

02 식재료를 불렸을 때 장점이 아닌 것은?

① 식품 중 쓴맛, 떫은맛 성분 등의 불미성분을 제거한다.
② 건조식품은 불리면 팽윤되어 용적이 증대된다.
✔ ③ 식품 재료의 조직이 균질화된다.
④ 쌀의 불림과정을 통해 밥맛은 좋아지고, 조리시간이 단축된다.

해설
식재료를 불리는 것은 가열 전 식품 내부에 수분을 침투시켜 호화시간을 단축하기 위해서이다.

03 식품의 갈변현상 중 성질이 다른 하나는?

① 홍차의 적색
② 고구마 절단면의 갈색
✔ ③ 간장의 갈색
④ 다진 양송이의 갈색

해설
①, ②, ④는 효소적 갈변, ③은 비효소적 갈변에 해당한다.

04 식육 및 어육제품의 가공 시 첨가되는 아질산염과 제2급 아민이 반응하여 생기는 발암물질은?

① 벤조피렌(Benzopyrene)
② PCB(Polychlorinated Biphenyl)
✔ ③ N-나이트로사민(N-nitrosamine)
④ 말론다이알데하이드(Malondialdehyde)

해설
나이트로소(Nitroso) 화합물은 발색제로 사용되는 아질산염과 식품 중의 제2급 아민이 반응하여 생성된다.

05 감자의 부패에 관여하는 물질은?

① 솔라닌(Solanine)

✔ **셉신(Sepsine)**

③ 아코니틴(Aconitine)

④ 시큐톡신(Cicutoxin)

해설
② 부패한 감자는 셉신이 함유되어 있다.
식물성 자연독
• 솔라닌 : 감자의 발아 부위와 녹색 부위
• 시큐톡신 : 독미나리
• 고시폴 : 목화씨
• 리신 : 피마자
• 아미그달린 : 청매
• 에르고톡신 : 맥각

06 식품위생법령상 영업자의 지위를 승계할 수 없는 경우는?

✔ **영업장이 도산한 경우**

② 영업자가 영업을 양도한 경우

③ 영업자가 사망한 경우

④ 영업법인이 합병한 경우

해설
영업 승계(식품위생법 제39조제1항)
영업자가 영업을 양도하거나 사망한 경우 또는 법인이 합병한 경우에는 그 양수인·상속인 또는 합병 후 존속하는 법인이나 합병에 따라 설립되는 법인은 그 영업자의 지위를 승계한다.

07 식품 등을 제조·가공하는 영업을 하는 자가 제조·가공하는 식품 등이 식품위생법상 기준·규격에 적합한지 여부를 검사한 기록서를 보관해야 하는 기간은?

① 6개월　　　② 1년

✔ **2년**　　　④ 3년

해설
자가품질검사에 관한 기록서는 2년간 보관하여야 한다(식품위생법 시행규칙 제31조제4항).

08 농수산물의 원산지 표시 등에 관한 법률상 원산지 표시 등의 위반에 대한 처분을 하는 주체가 아닌 것은?

✔ **식품의약품안전처장**

② 해양수산부장관

③ 관세청장

④ 시장·군수·구청장

해설
원산지 표시 등의 위반에 대한 처분 등(농수산물의 원산지 표시 등에 관한 법률 제9조제1항)
농림축산식품부장관, 해양수산부장관, 관세청장, 시·도지사 또는 시장·군수·구청장은 제5조(원산지 표시)나 제6조(거짓 표시 등의 금지)를 위반한 자에 대하여 표시의 이행·변경·삭제 등 시정명령, 위반 농수산물이나 그 가공품의 판매 등 거래행위 금지의 처분을 할 수 있다.

09 조리사 면허의 취소처분을 받은 때 면허증 반납은 누구에게 하는가?

① 보건복지부장관

② **특별자치시장 · 특별자치도지사 · 시장 · 군수 · 구청장**

③ 식품의약품안전처장

④ 보건소장

해설

조리사 면허증의 반납(식품위생법 시행규칙 제82조)
조리사가 그 면허의 취소처분을 받은 경우에는 지체 없이 면허증을 특별자치시장 · 특별자치도지사 · 시장 · 군수 · 구청장에게 반납하여야 한다.

10 식품공전상 찬 곳이라 함은 따로 규정이 없는 한 몇 도(℃)의 장소를 의미하는가?

① −20~−48℃

② −10~−14℃

③ −5~0℃

④ **0~15℃**

해설

식품공전상 '차고 어두운 곳' 또는 '냉암소'라 함은 따로 규정이 없는 한 0~15℃의 빛이 차단된 장소를 말한다.

11 다음에서 설명하는 곰팡이 독소 물질은?

> 1960년 영국에서 10만 마리의 칠면조가 간장 장해를 일으켜 대량 폐사한 사고가 발생했다. 원인을 조사한 결과 땅콩에서 번식한 아스페르길루스 플라버스(Aspergillus flavus)가 생성한 독소가 원인 물질로 밝혀졌다.

① 오크라톡신(Ochratoxin)

② 에르고톡신(Ergotoxin)

③ **아플라톡신(Aflatoxin)**

④ 루브라톡신(Rubratoxin)

해설

아스페르길루스 플라버스(Aspergillus flavus) 곰팡이가 탄수화물이 풍부한 곡류와 콩류에 침입하여 아플라톡신 독소를 생성하여 독소를 일으킨다.

12 우리나라에서 간장에 사용할 수 있는 보존료는?

① 프로피온산(Propionic Acid)

② 이초산나트륨(Sodium Diacetate)

③ **안식향산(Benzoic Acid)**

④ 소브산(Sorbic Acid)

해설

안식향산 및 안식향산나트륨은 섭취하여도 배뇨 시 체외로 배출되므로 안전성이 높아 탄산음료, 간장, 인삼음료, 잼류, 마가린 등에 사용되는 보존료이다.

13 식품의 단백질이 변성되었을 때 나타나는 현상이 아닌 것은?

✔ 소화효소의 작용을 받기 어려워진다.
② 용해도가 감소한다.
③ 점도가 증가한다.
④ 폴리펩타이드(Polypeptide) 사슬이 풀어진다.

해설
단백질이 변성되면 점도 증가, 용해도 감소, 영양가 감소 및 침전이 용이해진다. 또한 대부분의 천연단백질은 단백질 소화효소인 트립신에 의해 소화되기 어려우나 변성되면 이 효소에 의해 쉽게 소화된다.

14 손익분기점에 대한 설명으로 알맞은 것은?

① 이익이 최대화되는 시점
✔ 총비용과 총수익이 일치하는 시점
③ 총수익이 총비용을 앞서기 시작한 시점
④ 총비용이 총수익을 앞서기 시작한 시점

해설
손익분기점은 총비용과 총수익이 일치하는 지점으로, 이익도 손실도 없는 시점이다.

15 다음 중 이당류에 속하는 것은?

✔ 설탕(Sucrose)
② 전분(Starch)
③ 과당(Fructose)
④ 갈락토스(Galactose)

해설
탄수화물의 분류
• 단당류 : 포도당, 과당, 갈락토스
• 이당류 : 맥아당(엿당), 설탕(서당, 자당), 유당(젖당)
• 다당류 : 전분(녹말), 글리코겐, 섬유소, 펙틴

16 붉은살 어류에 대한 설명으로 옳은 것은?

① 흰살 어류에 비해 지방 함량이 적다.
✔ 흰살 어류에 비해 수분 함량이 적다.
③ 해저 깊은 곳에 살면서 운동량이 적은 것이 특징이다.
④ 조기, 광어, 가자미 등이 해당된다.

해설
① 붉은살 어류의 지방 함량은 5~20%, 흰살 어류는 5% 이하이다.
③ 보통 활동성이 있는 표층고기는 붉은살 생선이 많고, 운동성이 적은 심층 고기에는 흰살 생선이 많다.
④ 조기, 광어, 가자미는 흰살 어류이다.

17 다음 비타민에 대한 설명으로 틀린 것은?

① 카로틴은 프로비타민 A이다.

② 비타민 E는 토코페롤이라고도 한다.

③ 비타민 B_{12}는 망가니즈(Mn)를 다량 함유한다.

④ 비타민 C 섭취가 부족하면 괴혈병이 발생한다.

> **해설**
> ③ 비타민 B_{12}는 코발트(Co)와 인(P)을 함유한다.

18 유지를 가열할 때 일어나는 변화에 대한 설명으로 틀린 것은?

① 강한 냄새가 난다.

② 점성이 높아진다.

③ 반복적으로 가열해도 영양가의 변화는 없다.

④ 거품이 나고 색이 짙어진다.

> **해설**
> 식품을 가열하면 향미, 색, 조직이 변하며 영양가의 변화도 많이 일어난다.

19 다음 중 식물성 유지가 아닌 것은?

① 올리브유

② 면실유

③ 피마자유

④ 버 터

> **해설**
> 버터는 우유 중의 지방을 분리하여 크림을 만들고, 이것을 응고시켜 만든 유제품이다.

20 육류의 사후경직과 숙성에 대한 설명으로 틀린 것은?

① 사후경직은 근섬유가 마이오글로빈(Myoglobin)을 형성하여 근육이 수축되는 상태이다.

② 도살 후 글리코겐이 혐기적 상태에서 젖산을 생성하여 pH가 저하된다.

③ 사후경직 시기에는 보수성이 저하되고 육즙이 많이 유출된다.

④ 자가분해효소인 카텝신(Cathepsin)에 의해 연해지고 맛이 좋아진다.

> **해설**
> 사후경직은 동물이 도살된 후 시간이 경과함에 따라 액토마이오신(Actomyosin)이 생성되어 근육이 수축되고 경화되는 현상이다.

21 쌀과 엿기름으로 식혜를 만들 때 나타나는 전분의 변화로 옳게 짝지어진 것은?

① 노화 – 당화

✔ **호화 – 당화**

③ 호화 – 호정화

④ 노화 – 호정화

해설

식혜는 먼저 찹쌀이나 멥쌀을 사용하여 밥을 하는 과정을 통해서 전분이 호화되고, 엿기름 가루 속에 당화효소인 아밀레이스(Amylase, 아밀라아제)가 밥알에 작용하여 당화작용이 일어난다. 이렇게 가수분해되어 생성된 말토스(Maltose)는 식혜의 독특한 맛에 기여한다.
전분의 호정화 : 전분에 물을 가하지 않고 160~170℃로 가열하여 익힘으로써 호정화된 전분은 노화현상이 일어나지 않는다.

22 알칼로이드성 물질로 커피의 자극성을 나타내고 쓴맛에도 영향을 미치는 성분은?

① 주석산(Tartaric Acid)

✔ **카페인(Caffeine)**

③ 타닌(Tannin)

④ 개미산(Formic Acid)

해설

① 주석산 : 신맛
③ 타닌 : 떫은맛
④ 개미산 : 시큼한 맛

23 냉동 육류를 해동시키는 방법 중 영양소 파괴가 가장 적은 것은?

① 실온에서 해동한다.

② 40℃의 미지근한 물에 담근다.

✔ **냉장고에서 해동한다.**

④ 비닐봉지에 싸서 물속에 담근다.

해설

높은 온도에서 해동하면 조직이 상해서 액즙(드립)이 많이 나와 맛과 영양소의 손실이 크므로 냉장고나 흐르는 냉수에서 해동하는 것이 좋다.

24 다음 중 전분을 주재료로 이용하여 만든 음식이 아닌 것은?

① 도토리묵   ② 크림수프

✔ **두 부**   ④ 죽

해설

두부는 콩단백질인 글리시닌에 무기염류인 응고제를 넣어 단백질 변성을 이용한 식품이다.

25 동물이 도축된 후 화학변화가 일어나 근육이 긴장되어 굳어지는 현상은?

✔ **사후경직**   ② 자기소화

③ 산 화   ④ 팽 화

해설

동물을 도살하여 방치하면 조직이 단단해지는 사후경직 현상이 일어난다. 이 기간이 지나면 근육 자체 자기소화 현상이 일어나면서 고기는 연해지고, 풍미도 좋고 소화도 잘되는 숙성현상이 일어난다.

26 라이코펜은 무슨 색이며, 어떤 식품에 많이 들어 있는가?

① 붉은색 – 당근, 호박, 살구
② **붉은색 – 토마토, 수박, 감**
③ 노란색 – 옥수수, 고추, 감
④ 노란색 – 새우, 녹차, 노른자

해설
라이코펜은 카로티노이드 산화방지물 가운데 하나로 붉은색을 띤다. 토마토, 수박, 감 등에 함유되어 있으며, 각종 암에 좋은 효과가 있고 특히 유방암과 전립선암에 탁월한 방어기능이 있다.

27 알칼리성 식품의 성분에 해당하는 것은?

① **유즙의 칼슘(Ca)**
② 생선의 황(S)
③ 곡류의 염소(Cl)
④ 육류의 인(P)

해설
알칼리성 식품과 산성 식품
• 알칼리성 식품 : 나트륨, 칼슘, 칼륨, 마그네슘을 함유한 식품(채소, 과일, 우유, 기름, 굴 등)
• 산성 식품 : 인, 황, 염소를 함유한 식품(곡류, 육류, 어패류, 달걀류 등)

28 에너지 전달에 대한 설명으로 틀린 것은?

① 물체가 열원에 직접적으로 접촉됨으로써 가열되는 것을 전도라고 한다.
② 대류에 의한 열의 전달은 매개체를 통해서 일어난다.
③ 대부분의 음식은 전도, 대류, 복사 등의 복합적 방법에 의해 에너지가 전달되어 조리된다.
④ **열의 전달 속도는 대류가 가장 빨라 복사, 전도보다 효율적이다.**

해설
열의 전달 속도가 빠른 순서 : 복사 > 전도 > 대류

29 육류 조리에 대한 설명으로 옳은 것은?

① 목심, 양지, 사태 등은 건열 조리에 적당하다.
② 안심, 등심, 염통, 콩팥 등은 습열 조리에 적당하다.
③ 편육은 냉수에서부터 끓이기 시작한다.
④ **탕류는 고기를 찬물에 넣고 끓이며, 끓기 시작하면 약한 불에서 끓인다.**

해설
육류의 조리법
• 습열 조리법 : 물과 함께 조리하는 방법으로 결합조직이 많은 양지, 사태 등을 이용한다. 편육은 끓는 물에 넣어 근육 표면의 단백질이 빨리 응고되게 하여야 육즙이 빠지지 않아 좋다.
• 건열 조리법 : 물 없이 조리하는 방법으로 결합조직이 적은 등심, 안심, 채끝 등을 이용한다.

30 아침 식사로 우유 1컵(200g)과 콘플레이크(50g)를 먹었다면 섭취한 총열량과 총 단백질량은?

구 분	열량(kcal)	단백질(g)
우유 100g	60	3.2
콘플레이크 100g	380	6.7

① 220kcal, 4.95g

② 310kcal, 9.75g

③ 440kcal, 9.90g

④ 500kcal, 13.10g

해설
- 총열량 = (60 × 2) + (380 ÷ 2) = 310kcal
- 총단백질량 = (3.2 × 2) + (6.7 ÷ 2) = 9.75g

31 다음 중 신체의 근육이나 혈액을 합성하는 구성영양소는?

① 단백질   ② 무기질

③ 물   ④ 비타민

해설
단백질은 체조직(근육, 머리카락, 혈구, 혈장 단백질 등) 및 효소, 호르몬, 항체 등을 구성한다.

32 다음 중 광화학적 오염물질에 해당하지 않는 것은?

① 오 존

② 케 톤

③ 알데하이드

④ 탄화수소

해설
광화학적 산화물로는 오존, 알데하이드, 케톤, 아크롤레인, PAN(Peroxyacetyl Nitrate) 등이 있다.
④ 탄화수소는 주로 화석연료나 나무 등을 태울 때 발생하는 오염물질이다.

33 공중보건에 대한 설명으로 틀린 것은?

① 목적은 질병예방, 수명연장, 정신적·신체적 효율의 증진이다.

② 공중보건의 최소 단위는 지역사회이다.

③ 환경위생 향상, 감염병 관리 등이 포함된다.

④ 주요 사업대상은 개인의 질병치료이다.

해설
공중보건은 환자 개개인의 질병치료가 아닌 지역주민의 건강수준 향상을 위한 포괄적인 활동을 의미한다.

34 사시, 동공확대, 언어장해 등 특유의 신경마비 증상을 나타내며 비교적 높은 치사율을 보이는 식중독 원인균은?

① 클로스트리듐 보툴리눔균

② 황색포도상구균

③ 병원성 대장균

④ 바실러스 세레우스균

> **해설**
> 클로스트리듐 보툴리눔균은 불충분한 가열살균 후 밀봉 저장한 식품(통조림, 소시지, 병조림, 햄 등)이 원인 식품이고, 신경독소인 뉴로톡신을 생성한다.

35 요리와 조리방법이 바르게 연결된 것은?

요리명	조리방법
가. 스크램블 에그 •	• A. 구운 잉글리시 머핀에 햄, 포치드 에그를 얹고 홀랜다이즈 소스를 올린 요리
나. 오믈렛 •	• B. 달걀을 깨서 팬에 버터나 식용유를 두르고 넣어 빠르게 휘저어 만든 요리
다. 에그 베네딕틴 •	• C. 프라이팬을 이용하여 스크램블하여 럭비공 모양으로 만든 요리

① 가 - A, 나 - B

② 가 - B, 나 - C

③ 나 - B, 다 - A

④ 가 - C, 다 - B

> **해설**
> • 스크램블 에그 : 달걀을 깨서 팬에 버터나 식용유를 두르고 넣어 빠르게 휘저어 만든 요리
> • 오믈렛 : 프라이팬을 이용하여 스크램블하여 럭비공 모양으로 만든 요리
> • 에그 베네딕틴 : 구운 잉글리시 머핀에 햄, 포치드 에그를 얹고 홀랜다이즈 소스를 올린 요리

36 다음 중 온열요소가 아닌 것은?

① 기 온

② 기 습

③ 기 류

④ 기 압

> **해설**
> 온열의 3요소 : 기온, 기습, 기류

37 과일이 성숙함에 따라 일어나는 성분 변화가 아닌 것은?

① 과육은 점차로 연해진다.

② 엽록소가 분해되면서 푸른색은 점점 엷어진다.

③ 비타민 C와 카로틴 함량이 증가한다.

④ 타닌은 증가한다.

> **해설**
> 타닌은 많은 식물에 널리 존재하며 떫은맛을 낸다. 일반적으로 미숙한 과일에 많이 함유되어 있지만 성숙함에 따라 타닌의 성분은 감소한다.

38 감염병의 병원체를 내포하고 있어 감수성 숙주에게 병원체를 전파시킬 수 있는 근원이 되는 모든 것을 의미하는 용어는?

① 감염경로

② 병원소

③ 감염원

④ 미생물

> **해설**
> 감염원
> • 종국적인 감염원으로 병원체가 생활·증식하면서 다른 숙주에 전파될 수 있는 상태로 저장되는 장소
> • 환자, 보균자, 접촉자, 매개동물이나 곤충, 토양, 오염식품, 오염식기구, 생활용구 등

39 다음 중 소스에서 농후제가 아닌 것은?

① 우 유   ② 루(Roux)
③ 전 분   ④ 버 터

> 해설
> 농후제 : 루, 뵈르 마니에, 전분, 달걀, 버터

40 차가운 수프인 비시스와즈(Vichyssoise)에 대한 설명으로 옳은 것은?

① 화이트 루에 우유를 넣고 만든 약간 묽은 수프를 말하며, 농후제를 사용하여 수프를 걸쭉하게 만든 것이다.
② 바닷가재나 새우 등의 갑각류 껍질을 으깨어 채소와 함께 완전히 우러나올 수 있도록 한 수프로, 마무리로 크림을 넣어 준다.
③ 감자를 삶아 체에 내려 퓌레로 만든 후 잘게 썬 대파의 흰 부분과 함께 볶아 육수를 넣고 끓인 다음 크림, 소금, 후추로 간을 하여 식혀 먹는 수프이다.
④ 믹서에 채소를 갈아 체에 걸러 빵가루, 마늘, 올리브유, 식초 또는 레몬 주스를 넣어 간을 하여 걸쭉하게 만들어 먹는 수프이다.

> 해설
> ①은 베샤멜, ②는 비스크 수프, ④는 가스파초에 대한 설명이다.

41 박력분에 대한 설명 중 옳은 것은?

① 마카로니 제조에 쓰인다.
② 우동 제조에 쓰인다.
③ 단백질 함량이 10% 이하이다.
④ 글루텐의 탄력성과 점성이 강하다.

> 해설
> 박력분은 글루텐 함량이 10% 이하로 주로 비스킷이나 튀김을 만드는 데 쓰인다.

42 동물성 식품에서 유래하는 식중독 유발 유독성분은?

① 아마니타톡신(Amanitatoxin)
② 솔라닌(Solanine)
③ 베네루핀(Venerupin)
④ 시큐톡신(Cicutoxin)

> 해설
> ③ 베네루핀 : 조개류
> ① 아마니타톡신 : 독버섯
> ② 솔라닌 : 감자
> ④ 시큐톡신 : 독미나리

43 감자는 껍질을 벗겨 두면 색이 변화되는데 이를 막기 위한 방법은?

① **물에 담근다.**
② 냉장고에 보관한다.
③ 냉동시킨다.
④ 공기 중에 방치한다.

> **해설**
> 감자에 있는 타이로시네이스(타이로시나제)라는 수용성 효소는 공기와 결합하면 갈변하게 되므로, 이를 막기 위해서는 물에 담가 두어 공기와의 접촉을 차단하는 것이 중요하다.

44 다음에서 설명하는 영양소는?

> • 원소기호는 I이다.
> • 인체의 미량원소로 주로 갑상선 호르몬인 타이록신과 트라이아이오도타이로닌(트리요오드티로닌)의 구성원소로 갑상선에 들어 있다.

① **아이오딘**   ② 철
③ 마그네슘   ④ 셀레늄

> **해설**
> 아이오딘(I)
> • 기능 : 타이록신의 구성성분으로 에너지 대사를 조절하며, 지능 발달과 유즙 분비에 관여한다.
> • 결핍 : 갑상선종, 대사율 저하, 성장 부진, 지능발달 미숙
> • 함유식품 : 다시마, 미역, 김, 생선, 조개류 등

45 식품취급자가 손을 씻는 방법으로 적합하지 않은 것은?

① 팔에서 손으로 씻어 내려온다.
② 손을 씻은 후 비눗물을 흐르는 물에 충분히 씻는다.
③ 역성비누 원액 몇 방울을 손에 30초 이상 문지르고 흐르는 물로 씻는다.
④ **살균효과를 증대시키기 위해 역성비누액에 일반비누액을 섞어 사용한다.**

> **해설**
> 역성비누는 살균 목적으로 만든 비누이므로 세정력은 없다. 그런데 일반비누와 같이 사용하면 살균력이 떨어지므로 일반비누로 세척 후 역성비누를 사용한다.

46 한 가지 맛을 본 직후에 다른 맛을 정상적으로 느끼지 못하는 맛의 현상은?

① 대비현상   ② 상쇄현상
③ **변조현상**   ④ 억제현상

> **해설**
> ① 대비현상 : 주된 맛을 내는 물질에 다른 맛을 혼합할 때 원래의 맛이 더 강해지는 현상
> ② 상쇄현상 : 두 종류의 맛이 혼합될 때 각각의 맛은 모르고 조화된 맛만 느끼게 되는 현상
> ④ 억제현상 : 서로 다른 맛이 혼합될 때 주된 맛이 약화되는 현상

47 식품 구입 시의 감별방법으로 틀린 것은?

① **육류가공품인 소시지는 담홍색을 띠며 탄력성이 없는 것**

② 밀가루는 잘 건조되고 덩어리가 없으며 냄새가 없는 것

③ 감자는 굵고 상처가 없으며 발아되지 않은 것

④ 생선은 탄력이 있으며 아가미는 선홍색이고 눈알이 맑은 것

해설

육류는 색깔이 곱고 습기가 있으며 탄력이 있는 것이 신선하다.

48 히스타민 함량이 많아 가장 알레르기성 식중독을 일으키기 쉬운 어육은?

① **가다랑어**　② 대 구
③ 넙 치　④ 도 미

해설

히스타민(Histamine)은 프로테우스 모르가니균이 생성하며 주로 꽁치, 고등어, 참치, 가다랑어 등과 같은 붉은살 어류 및 그 가공품이 원인 식품이다.

49 다음 중 식물성 색소가 아닌 것은?

① 클로로필　② 카로티노이드
③ **마이오글로빈**　④ 플라보노이드

해설

식물성 색소에는 클로로필, 카로티노이드, 플라보노이드, 베타시아닌, 갈변색소 등이 있다.
③ 마이오글로빈은 동물성 색소이다.

50 일반적으로 생선의 맛이 좋아지는 시기는?

① **산란기 몇 개월 전**
② 산란기 때
③ 산란기 직후
④ 산란기 몇 개월 후

해설

생선은 산란기 직전의 것이 가장 살이 오르고 지방도 많으며 맛이 좋다. 또 해수어가 담수어보다 맛이 좋고, 사후경직 시 맛이 좋다.

51 다음 중 미르포아(Mirepoix)의 재료가 아닌 것은?

① 당 근　② 양 파
③ 셀러리　④ **파슬리**

해설

미르포아(Mirepoix)는 스톡의 향을 강화하기 위한 양파, 당근과 셀러리의 혼합물이다.

52 쌀을 지나치게 문질러서 씻을 때 가장 손실이 큰 비타민은?

① 비타민 A　　　　✓② 비타민 B_1

③ 비타민 D　　　　④ 비타민 E

쌀을 씻을 때 비타민 B_1의 손실을 막기 위해 가볍게 3회 정도 씻는다.

53 시금치 나물 조리 시 1인당 80g이 필요하다면, 식수인원 1,500명에 적합한 시금치 발주량은?(단, 시금치의 폐기율은 5%이다)

① 100kg　　　　② 122kg

✓③ 127kg　　　　④ 132kg

$$총발주량 = \frac{정미중량 \times 100}{100 - 폐기율} \times 인원수$$

$$= \frac{80 \times 100}{100 - 5} \times 1,500 ≒ 127kg$$

54 화재 예방에 대한 설명 중 옳지 않은 것은?

① 화재 위험성이 있는 화기나 설비 주변은 정기적으로 점검한다.

② 정기적으로 화재 예방교육을 실시한다.

③ 뜨거운 오일이나 유지 등 화염원 근처에 물건을 적재하지 않는다.

✓④ 전기 사용 지역은 불이 났을 때를 대비해 물 사용이 많은 곳으로 하는 것이 좋다.

전기 사용 지역은 물과 접촉할 가능성이 가급적 적은 곳으로 정하는 것이 좋다.

55 셔벗(Sherbet)이나 캔디를 만들 때 거품을 낸 달걀흰자를 섞어 주면 결정체 형성을 방해하여 입자가 미세하게 만들어진다. 이것은 달걀의 어떤 성질 때문인가?

① 유화제　　　　② 농후제

✓③ 간섭제　　　　④ 팽창제

① 유화제 : 난황에 들어 있는 레시틴의 유화제 역할(마요네즈, 아이스크림 등)

② 농후제 : 달걀이 응고되면서 걸쭉하게 됨(소스, 푸딩, 커스터드 등)

④ 팽창제 : 난백을 잘 저어 주면 거품이 형성됨(스펀지케이크, 엔젤케이크 등)

56 스톡(Stock) 조리 시 불 조절을 실패하거나 이물질 제거를 하지 않을 경우 생기는 문제점은?

① 스톡의 맛이 짜다.

✓② 스톡이 맑지 않다.

③ 스톡이 무게감이 없다.

④ 스톡의 색상이 옅다.

조리 시 불 조절을 실패하거나 이물질을 제거하지 않았을 때는 스톡이 맑지 않다. 이를 방지하기 위해서는 찬물에서 스톡 조리를 시작해야 하며, 이물질은 소창으로 맑게 걸러 낸다.

57 건식열을 이용한 달걀 프라이의 종류 중 달걀의 양쪽 면을 살짝 익힌 것은?

① 오버 미디엄(Over Medium)

② 오버 하드(Over Hard)

✗ **오버 이지(Over Easy)**

④ 서니 사이드 업(Sunny Side Up)

해설

오버 이지(Over Easy) : 달걀의 양쪽 면을 살짝 익힌 것을 의미하는데, 달걀의 흰자는 익고 노른자는 익지 않아야 한다. 프라이팬에 버터나 식용유를 두르고 흰자가 반쯤 익었을 때 뒤집어 흰자를 익혀야 하며, 노른자가 터지지 않도록 해야 한다.

59 습열식 조리방법으로 소스나 스톡을 끓일 때 주로 사용하는 방법은?

① 로스팅(Roasting)

✗ **시머링(Simmering)**

③ 시어링(Searing)

④ 그레티네이팅(Gratinating)

해설

①, ③, ④는 건열식 조리방법이다.

58 다음 중 버터와 밀가루를 동량으로 섞어 만든 농후제는?

① 전분(Starch)

② 미르포아(Mirepoix)

③ 브라운 루(Brown Roux)

✗ **뵈르 마니에(Beurre Manié)**

해설

뵈르 마니에(Beurre Manié)는 버터와 밀가루를 동량으로 섞어 만든 농후제로, 향이 강한 소스의 농도를 맞출 때 사용한다. 정확한 양을 준비하여 농도를 맞추기 어려워 사용할 때 녹여 놓은 버터에 동량의 밀가루와 섞어 준비한 다음, 일부를 소스와 먼저 섞어 농도가 나기 시작하면 나머지 소스를 넣고 완전히 녹을 때까지 저어 준다.

60 와플에 대한 설명으로 옳지 않은 것은?

① 서양 과자의 한 종류로 표면이 벌집 모양이다.

② 바삭한 맛을 가지고 있어 아침 식사와 브런치, 디저트로 인기가 높다.

③ 벨기에식 와플은 이스트(효모)를 넣어 발효시킨 반죽에 달걀흰자를 거품 내어 반죽해서 구워 먹는다.

✗ **와플의 반죽 자체가 달아서 과일이나 휘핑크림을 얹어 먹지 않아도 된다.**

해설

와플의 반죽 자체는 달지 않아 과일이나 휘핑크림을 얹어서 먹는다.

01 식품 취급자의 화농성 질환에 의해 감염되는 식중독은?

① 살모넬라 식중독

② 황색포도상구균 식중독

③ 장염 비브리오 식중독

④ 병원성 대장균 식중독

> **해설**
> 황색포도상구균은 인체에서 화농성 질환을 일으키는 균이기 때문에 피부에 외상을 입거나 각종 장기 등에 고름이 생기는 경우 식품을 다뤄서는 안 된다.

02 과실류, 채소류 등 식품의 살균 목적으로 사용되는 것은?

① 초산비닐수지(Polyvinyl Acetate)

② 이산화염소(Chlorine Dioxide)

③ 규소수지(Silicone Resin)

④ 차아염소산나트륨(Sodium Hypochlorite)

> **해설**
> 차아염소산나트륨은 살균제로서 과일이나 채소, 식기, 음료수 등에 사용되며 탈취제나 표백제로도 쓰인다.

03 에탄올 발효 시 생성되는 메탄올의 가장 심각한 중독 증상은?

① 구 토   ② 경 기

③ 실 명   ④ 환 각

> **해설**
> 메틸알코올(메탄올)
> 과실주 및 정제가 불충분한 에탄올이나 증류주에 함유되어 있으며, 메탄올 중독 시 경증일 경우에는 두통, 구토, 설사 등이 나타나며 호흡중추 장애로 호흡곤란 및 경기를 일으킨다. 심할 경우 시신경에 염증을 일으켜 실명이나 사망에 이르게 된다.

04 다음 중 독소형 세균성 식중독으로 짝지어진 것은?

① 살모넬라 식중독, 장염 비브리오 식중독

② 리스테리아 식중독, 복어독 식중독

③ 황색포도상구균 식중독, 클로스트리듐 보툴리눔균 식중독

④ 맥각독 식중독, 콜리균 식중독

> **해설**
> • 독소형 식중독 : 보툴리누스, 포도상구균
> • 감염형 식중독 : 살모넬라, 장염 비브리오, 장출혈성 대장균, 캠필로박터, 리스테리아

05 다음 중 우리나라에서 허가된 발색제가 아닌 것은?

① 아질산나트륨
② 질산나트륨
③ 질산칼륨
④ **아질산칼륨**

해설
발색제 : 식품의 색을 안정화시키거나 유지 또는 강화시키는 식품첨가물을 말한다(식품첨가물의 기준 및 규격).
예 아질산나트륨, 질산나트륨, 질산칼륨

06 다음 중 식품위생법상 영업신고를 하지 않는 업종은?

① 즉석판매제조 · 가공업
② **양곡가공업 중 도정업**
③ 식품운반업
④ 식품소분 · 판매업

해설
영업신고를 하여야 하는 업종(식품위생법 시행령 제25조제1항)
• 즉석판매제조 · 가공업
• 식품운반업
• 식품소분 · 판매업
• 식품냉동 · 냉장업
• 용기 · 포장류제조업
• 휴게음식점영업, 일반음식점영업, 위탁급식영업 및 제과점영업

07 식품위생법상에서 정의하는 "집단급식소"에 대한 정의로 옳은 것은?

① 영리를 목적으로 하는 모든 급식시설을 일컫는 용어이다.
② 영리를 목적으로 하지 않고 비정기적으로 1개월에 1회씩 음식물을 공급하는 급식시설도 포함된다.
③ **영리를 목적으로 하지 아니하면서 특정 다수인에게 계속하여 음식을 공급하는 급식시설을 말한다.**
④ 영리를 목적으로 하지 않고 계속적으로 불특정 다수인에게 음식물을 공급하는 급식시설을 말한다.

해설
집단급식소(식품위생법 제2조제12호)
영리를 목적으로 하지 아니하면서 특정 다수인에게 계속하여 음식물을 공급하는 기숙사, 학교, 유치원, 어린이집, 병원, 사회복지시설, 산업체, 국가, 지방자치단체 및 공공기관, 그 밖의 후생기관 등의 어느 하나에 해당하는 곳의 급식시설로서 대통령령으로 정하는 시설을 말한다.

08 우리나라 식품위생법의 목적과 거리가 먼 것은?

① 식품으로 인한 위생상의 위해 방지
② 식품영양의 질적 향상 도모
③ 국민 건강의 보호 · 증진에 이바지
④ **부정식품 제조에 대한 가중처벌**

해설
식품위생법은 식품으로 인하여 생기는 위생상의 위해를 방지하고 식품영양의 질적 향상을 도모하며 식품에 관한 올바른 정보를 제공함으로써 국민 건강의 보호 · 증진에 이바지함을 목적으로 한다(식품위생법 제1조).

09 총리령으로 정하는 위생등급 기준에 따라 위생관리 상태 등이 우수한 일반음식점에 부여할 수 있는 위생등급 업소는?

① 우량업소

② 일반업소

③ **모범업소**

④ 위생업소

해설

모범업소의 지정 등(식품위생법 제47조제1항)
특별자치시장·특별자치도지사·시장·군수·구청장은 총리령으로 정하는 위생등급 기준에 따라 위생관리 상태 등이 우수한 식품접객업소(공유주방에서 조리·판매하는 업소를 포함) 또는 집단급식소를 모범업소로 지정할 수 있다.

10 국가의 보건수준이나 생활수준을 나타내는 데 가장 많이 이용되는 지표는?

① 조출생률

② 병상이용률

③ 의료보험 수혜자수

④ **영아사망률**

해설

영아사망률 : 연간 태어난 출생아 1,000명 중 만 1세 미만에 사망한 영아수의 천분비로서, 건강수준이 향상되면 영아사망률은 감소하므로 국민 보건상태의 측정 지표로 널리 사용되고 있다.

11 한국인 영양 권장량 중 지방의 섭취량은 전체 열량의 몇 % 정도인가?

① **15~30%**　　② 30~55%

③ 55~70%　　④ 75~90%

해설

한국인의 영양섭취기준에 따른 성인의 3대 영양소 섭취량은 탄수화물 55~70%, 지방 15~30%, 단백질 7~20%이다.

12 식품위생법령상 식품위생감시원의 자격요건이 아닌 것은?

① 영양사

② **식품전문기관 소속직원**

③ 위생사

④ 대학에서 약학과를 졸업한 사람

해설

식품위생감시원의 자격 및 임명(식품위생법 시행령 제16조제2항)

㉠ 위생사, 식품제조기사(식품기술사·식품기사·식품산업기사·수산제조기술사·수산제조기사 및 수산제조산업기사) 또는 영양사

㉡ 대학 또는 전문대학에서 의학·한의학·약학·한약학·수의학·축산학·축산가공학·수산제조학·농산제조학·농화학·화학·화학공학·식품가공학·식품화학·식품제조학·식품공학·식품과학·식품영양학·위생학·발효공학·미생물학·조리학·생물학 분야의 학과 또는 학부를 졸업한 사람 또는 이와 같은 수준 이상의 자격이 있는 사람

㉢ 외국에서 위생사 또는 식품제조기사의 면허를 받거나 ㉡과 같은 과정을 졸업한 것으로 식품의약품안전처장이 인정하는 사람

㉣ 1년 이상 식품위생행정에 관한 사무에 종사한 경험이 있는 사람

13 다음 오트밀 요리에 대한 설명으로 적절하지 않은 것은?

① 오트밀은 식이섬유소가 풍부해서 아침 식사로 많이 먹는다.

② 기호에 따라 설탕 또는 건포도 등과 같이 제공할 수 있다.

☑ **시리얼 볼을 차갑게 하여 준비한다.**

④ 오트밀은 시간이 지나면 걸쭉해지므로 농도에 주의하면서 만든다.

> **해설**
> 오트밀은 더운 시리얼(Hot Cereals)에 속한다. 오트밀을 담아낼 때는 시리얼 볼을 따뜻하게 하여 준비한다.

14 식품의 수분활성도(Aw)에 대한 설명으로 틀린 것은?

① 식품이 나타내는 수증기압과 순수한 물의 수증기압의 비를 말한다.

☑ **일반적인 식품의 Aw값은 1보다 크다.**

③ Aw의 값이 작을수록 미생물의 이용이 쉽지 않다.

④ 어패류의 Aw는 0.98~0.99 정도이다.

> **해설**
> 수분활성은 0과 1 사이의 값을 갖고, 일반적인 식품의 수분활성도는 항상 1보다 작은 값을 갖는다.

15 단백질에 관한 설명 중 옳은 것은?

☑ **인단백질은 단순단백질에 인산이 결합한 단백질이다.**

② 지단백질은 단순단백질에 당이 결합한 단백질이다.

③ 당단백질은 단순단백질에 지방이 결합한 단백질이다.

④ 핵단백질은 단순단백질 또는 복합단백질이 화학적 또는 산소에 의해 변화된 단백질이다.

> **해설**
> • 지단백질 : 지질과 단백질이 결합한 단백질이다.
> • 당단백질 : 단백질과 탄수화물이 공유 결합한 복합단백질이다.
> • 핵단백질 : 핵산과 단백질이 결합한 단백질이다.

16 한천의 용도가 아닌 것은?

☑ **훈연제품의 산화방지제**

② 푸딩, 양갱 등의 젤화제

③ 유제품, 청량음료 등의 안정제

④ 곰팡이, 세균 등의 배지

> **해설**
> 한천의 용도
> • 젤리, 푸딩 등의 젤화제
> • 아이스크림, 요구르트, 청량음료의 안정제
> • 통조림 내의 변색방지제
> • 커피, 맥주 등의 청징제(淸澄劑)
> • 곰팡이, 세균 등의 배지

17 메일라드(Maillard) 반응에 영향을 주는 인자가 아닌 것은?

① 수 분   ② 온 도
③ 당의 종류   ④ **효 소**

18 복어독 중독의 치료법으로 적합하지 않은 것은?

① 호흡촉진제 투여
② **진통제 투여**
③ 위세척
④ 최토제 투여

19 유지의 발연점에 영향을 주는 인자와 거리가 먼 것은?

① **용해도**
② 유리지방산의 함량
③ 노출된 유지의 표면적
④ 불순물의 함량

20 식육 및 어육 등의 가공육제품의 육색을 안정하게 유지하기 위하여 사용되는 식품첨가물은?

① 아황산나트륨
② **질산나트륨**
③ 몰식자산프로필
④ 이산화염소

21 다음 중 쌀 가공식품이 아닌 것은?

✓ 현 미   ② 강화미

③ 팽화미   ④ 알파미

> **해설**
> 쌀을 가공한 제품으로는 알파미, 팽화미, 강화미, 즉석미 등이 있다. 현미는 수확한 벼를 건조하고 탈곡하여 왕겨를 벗긴 상태의 쌀이다.

22 식품의 조리 또는 가공 시 생성되는 유해물질과 그 생성 원인을 잘못 짝지은 것은?

① N-나이트로사민(N-nitrosamine) − 육가공품의 발색제 사용으로 인한 아질산과 아민의 반응 생성물

② 다환방향족탄화수소(Polycyclic Aromatic Hydrocarbon) − 유기 물질을 고온으로 가열할 때 생성되는 단백질이나 지방의 분해생성물

③ 아크릴아마이드(Acrylamide) − 전분식품 가열 시 아미노산과 당의 열에 의한 결합반응 생성물

✓ 헤테로사이클릭아민(Heterocyclic Amine) − 주류 제조 시 에탄올과 카바밀기의 반응에 의한 생성물

> **해설**
> ④ 헤테로사이클릭아민 : 아미노산이나 단백질의 열분해에 의한 생성물

23 스파게티에 이용되는 오징어 먹물의 주색소는?

① 안토잔틴   ② 클로로필

✓ 유멜라닌   ④ 플라보노이드

> **해설**
> 오징어 먹물의 색소는 유멜라닌으로 물이나 유지, 알코올 등 대부분의 용매에서 녹지 않는 특징이 있다.

24 다음 중 발효식품은?

✓ 치 즈   ② 수정과

③ 사이다   ④ 생선조림

> **해설**
> 치즈는 유산 발효한 우유를 레닌으로 응고하여 생긴 커드를 여과하여 만든다.

25 장기간의 식품보존방법과 가장 관계가 먼 것은?

① 배건법

② 염장법

③ 산저장법(초지법)

✓ 냉장법

> **해설**
> ④ 냉장법 : 평균 5℃ 저온에서 식품을 저장하는 방법 (단기저장 이용법)
> ① 배건법 : 불로 직접 식품을 건조시키는 방법
> ② 염장법 : 소금의 삼투압 작용에 의하여 식품을 저장하는 방법
> ③ 산저장법 : 초산이나 젖산을 이용하여 저장하는 방법

26 대표적인 콩단백질인 글로불린(Globulin)이 가장 많이 함유하고 있는 성분은?

    ① 글리시닌(Glycinin)
② 알부민(Albumin)
③ 글루텐(Gluten)
④ 제인(Zein)

해설
콩단백질인 글리시닌은 글로불린의 한 종류로 대두단백의 84% 정도를 차지한다. 글리시닌이 두부응고제와 열에 의해 응고되는 성질을 이용해 두부를 만든다.

27 라면류, 건빵류, 비스킷 등은 상온에서 비교적 장시간 저장해 두어도 노화가 잘 일어나지 않는데, 주된 이유는?

    ① 낮은 수분 함량
② 낮은 pH
③ 높은 수분 함량
④ 높은 pH

해설
노화는 수분 함량 60% 이상 또는 30% 이하에서는 그 속도가 급격히 감소되는데, 특히 10~15%에서는 거의 일어나지 않는다.

28 완두콩을 조리할 때 정량의 황산구리를 첨가하면 특히 어떤 효과가 있는가?

    ① 비타민이 보강된다.
② 무기질이 보강된다.
③ 냄새를 보유할 수 있다.
④ 녹색을 보유할 수 있다.

해설
완두콩은 황산구리를 적당량 넣어 물에 삶으면 푸른빛이 고정된다.

29 신선한 달걀의 감별법 중 틀린 것은?

    ① 햇빛(전등)에 비출 때 공기집의 크기가 작다.
② 흔들 때 내용물이 흔들리지 않는다.
③ 6% 소금물에 넣어서 떠오른다.
④ 깨뜨려 접시에 놓으면 노른자가 볼록하고 흰자의 점도가 높다.

해설
소금물(6%)에 넣었을 때 바로 가라앉으면 신선한 달걀이고, 떠오르면 신선함이 떨어진 달걀이다.

30 젤라틴의 응고에 관한 내용으로 옳지 않은 것은?

① 젤라틴의 농도가 높을수록 빨리 응고 된다.

☑ **설탕의 농도가 높을수록 빨리 응고된다.**

③ 염류는 젤라틴이 물을 흡수하는 것을 막아 단단하게 응고시킨다.

④ 단백질 분해효소를 사용하면 응고력이 약해진다.

해설
설탕은 젤라틴 분자의 망상구조 형성을 방해하기 때문에 농도가 증가하면 젤리 강도가 감소된다.

31 난백으로 거품을 만들 때의 설명으로 옳은 것은?

☑ **레몬즙을 1~2방울 떨어뜨리면 거품 형성을 용이하게 한다.**

② 지방은 거품 형성을 용이하게 한다.

③ 소금은 거품의 안정성에 기여한다.

④ 묽은 달걀보다 신선란이 거품 형성을 용이하게 한다.

해설
② 지방은 거품 형성을 방해한다.
③ 설탕을 첨가하면 안정성 있는 거품이 된다.
④ 신선한 달걀보다 묽은 달걀이 거품이 잘 일어난다.

32 떡의 노화를 방지할 수 있는 방법이 아닌 것은?

① 찹쌀가루의 함량을 높인다.

② 설탕의 첨가량을 늘린다.

③ 급속 냉동시켜 보관한다.

☑ **수분 함량을 30~60%로 유지한다.**

해설
전분이 노화되기 쉬운 조건
• 전분의 노화는 아밀로스의 함량 비율이 높을수록 빠르다.
• 노화는 수분 30~60%, 온도 0~4℃일 때 가장 일어나기 쉽다.
• 저온에서의 호화, 가열시간이 짧은 경우 등 호화가 불충분할 때 일어나기 쉽다.
• 황산, 염산 등 강산의 경우 농도(pH)가 낮아도 노화 속도는 증가한다.

33 고기를 양념에 재워 두는 과정으로 향신료와 소금 등으로 고기의 누린내를 제거하고 향을 부여하며 맛을 좋게 하는 것은?

① 시어링(Searing)

② 글레이징(Glazing)

☑ **마리네이드(Marinade)**

④ 그레티네이팅(Gratinaing)

해설
마리네이드(Marinade ; 밑간)는 육질이 질긴 고기를 부드러워지도록 재워두는 것이다. 육류에 마리네이드를 하면 육류의 누린내가 제거되고 향미와 수분을 주어 맛이 좋아진다. 마리네이드는 액체(올리브유, 레몬 주스, 식초, 와인 등) 또는 마른 재료로 할 수 있다.

34 일반 밀(연질소맥)의 용도로 틀린 것은?

① 과자류를 만들 때
② 페이스트리를 만들 때
③ **파스타를 만들 때**
④ 빵, 케이크를 만들 때

해설
파스타는 듀럼밀(경질소맥)로 만든다.

35 다음 중 간장의 지미성분은?

① 포도당(Glucose)
② 전분(Starch)
③ **글루탐산(Glutamic Acid)**
④ 아스코브산(Ascorbic Acid)

해설
글루탐산은 다시마에 많이 함유되어 있으며 간장, 고추장, 된장 등에 포함되어 맛을 낸다.

36 샐러드 제조 시 녹색 채소가 산에 의해 황갈색으로 변색되는 이유는?

① 안토사이아닌의 산화
② 안토잔틴의 고리구조 개열
③ **클로로필의 페오피틴 전환**
④ 카로티노이드의 산화

해설
클로로필 색소는 녹색 채소의 대표적인 색소로, 산을 가하면 갈색으로 변색(페오피틴 생성)된다. 김치 등 녹색 채소류가 갈색으로 변하는 것은 발효로 인하여 생성된 초산 또는 젖산이 엽록소와 작용하기 때문이다.

37 육류 조리과정 중 색소의 변화 단계가 바르게 연결된 것은?

① 마이오글로빈 – 메트마이오글로빈 – 옥시마이오글로빈 – 헤마틴
② 메트마이오글로빈 – 옥시마이오글로빈 – 마이오글로빈 – 헤마틴
③ **마이오글로빈 – 옥시마이오글로빈 – 메트마이오글로빈 – 헤마틴**
④ 옥시마이오글로빈 – 메트마이오글로빈 – 마이오글로빈 – 헤마틴

해설
마이오글로빈(적자색) → 옥시마이오글로빈(선홍색) → 메트마이오글로빈(암갈색) → 헤마틴(회갈색)

38 다음 중 돼지고기에만 존재하는 부위의 이름은?

① 사태살　　　　　✔ **갈매기살**

③ 채끝살　　　　　④ 안심살

> **해설**
> 갈매기살은 돼지 한 마리에 약 300~400g 정도 나오는데, 돼지고기 부위 중 갈비뼈를 발골할 때 분리되는 얇고 긴 형태의 횡격막에 붙어 있는 살을 말한다.

39 고체화한 지방을 여과 처리하는 방법으로 샐러드유 제조 시 이용되며, 유화상태를 유지하기 위한 가공 처리방법은?

① 용출처리　　　　✔ **동유처리**

③ 정제처리　　　　④ 경화처리

> **해설**
> 액체로 된 기름을 온도를 낮추면 고체화된 지방이 되는데, 그 고체에서 지방을 걸러내는 방법을 동유처리라고 한다.

40 감염병 발생의 3대 요인이 아닌 것은?

✔ **예방접종**　　　② 환 경

③ 숙 주　　　　　④ 병 인

> **해설**
> 감염병 발생의 3대 요인 : 병인(병원체), 숙주(감수성), 환경

41 기생충에 오염된 흙에서 감염될 수 있는 가능성이 가장 높은 것은?

① 간흡충　　　　　② 폐흡충

✔ **구 충**　　　　　④ 광절열두조충

> **해설**
> 구충은 경피침입하므로 오염된 흙에서 맨발로 뛰어 놀거나 작업하지 말아야 한다.

42 4대 온열요소에 속하지 않는 것은?

① 기 류　　　　　② 복사열

③ 기 습　　　　　✔ **기 압**

> **해설**
> • 4대 온열인자 : 기온, 기습, 기류, 복사열
> • 3대 감각온도 : 기온, 기습, 기류

43 꽈리고추를 보관하기에 알맞은 온도는?

① 0~3℃　　　　　✔ **5~7℃**

③ 10~15℃　　　　④ 15~20℃

> **해설**
> 꽈리고추를 저장하는 적정한 온도는 5~7℃이다. 그 이하에서 장기간 저장하면 저온장해 피팅현상이 일어나 조직이 손상되고 씨가 검게 변한다.

44 달걀을 삶은 직후 찬물에 넣어 식히면 노른자 주위에 암녹색의 황화철(FeS)이 적게 생기는데 그 이유는?

① 찬물이 스며들어 황을 희석시키기 때문
☑ **황화수소가 난각을 통하여 외부로 발산되기 때문**
③ 찬물이 스며들어 철분을 희석하기 때문
④ 외부의 기압이 낮아 황과 철분이 외부로 빠져 나오기 때문

해설
달걀을 삶은 직후 찬물에 넣어 식히면 달걀 내부의 황화수소가 난각을 통해서 발산되므로 황화철의 생성을 방지할 수 있다.

45 닭튀김을 하였을 때 살코기 색이 분홍색을 나타내는 것은?

① 변질된 닭이므로 먹지 못한다.
② 병에 걸린 닭이므로 먹어서는 안 된다.
☑ **근육성분의 화학적 반응이므로 먹어도 된다.**
④ 닭의 크기가 클수록 분홍색이 더 선명하게 나타난다.

해설
닭고기의 마이오글로빈이 열과 산소와 만나 결합하면서 혈색소(Fe)가 산화되어 분홍빛을 띠게 되는데, 이 현상을 '핑킹현상'이라 한다.

46 식미에 긴장감을 주고 식욕을 증진시키며 살균작용을 돕는 매운맛 성분의 연결이 틀린 것은?

① 마늘 – 알리신(Allicin)
② 생강 – 진저롤(Gingerol)
☑ **산초 – 호박산(Succinic Acid)**
④ 고추 – 캡사이신(Capsaicin)

해설
매운맛 성분
• 산초 : 산쇼올(Sanshol)
• 고추 : 캡사이신(Capsaicin)
• 겨자 : 시니그린(Sinigrin)
• 생강 : 진저롤(Gingerol), 쇼가올(Shogaol)
• 마늘 : 알리신(Allicin)

47 일반적으로 맛있게 지어진 밥은 쌀 무게의 약 몇 배 정도의 물을 흡수하는가?

☑ **1.2~1.4배**
② 2.2~2.4배
③ 3.2~3.5배
④ 0.5~1.0배

해설
쌀이 흡수하는 물의 양은 쌀 중량의 1.2~1.4배 정도이며, 가열 시 증발량, 기호, 용도 등에 따라 달라진다.

48 매월 고정적으로 포함해야 하는 경비는?

① 지급운임　　　② **감가상각비**
③ 복리후생비　　④ 수 당

> **해설**
> 고정자산의 감가를 일정한 내용연수에 일정한 비율로 할당하여 비용으로 계산하는 것으로 이때 감가된 비용을 감가상각비라 한다.

49 다음 중 규폐증과 관계가 먼 것은?

① 유리규산
② 암석가공업
③ **골연화증**
④ 폐조직의 섬유화

> **해설**
> 규폐증 : 유리규산을 함유한 분진에 장기간 과다노출되었을 때 폐의 만성 섬유화성 병변으로, 소량이 축적되어도 조직 손상이 심하다.

50 실내 공기의 오염지표로 사용되는 것은?

① 일산화탄소　　② **이산화탄소**
③ 질 소　　　　　④ 오 존

> **해설**
> 단위체적당 일반적으로 거주하는 인원을 간주하여 실내가 밀폐될 경우 지속적으로 CO_2 농도가 상승하기 때문에 실내 공기의 오염지표로 이산화탄소가 사용된다.

51 다음 (　　) 안에 들어갈 알맞은 내용은?

> 생물화학적 산소요구량(BOD)은 일반적으로 (　　)을 (　　)에서 (　　)간 안정화시키는 데 소비한 산소량을 말한다.

① 무기물질, 15℃, 5일
② 무기물질, 15℃, 7일
③ **유기물질, 20℃, 5일**
④ 유기물질, 20℃, 7일

> **해설**
> 생물화학적 산소요구량은 일반적으로 유기물질을 20℃에서 5일간 안정화시키는 데 소비한 산소량을 말한다.

52 기생충과 인체감염원인 식품의 연결로 적절하지 않은 것은?

① 유구조충 – 돼지고기
② 무구조충 – 소고기
③ **동양모양선충 – 민물고기**
④ 아니사키스 – 바다생선

> **해설**
> • 동양모양선충 : 채소, 물
> • 간흡충증(간디스토마) : 민물고기

53 홍조류에 속하며 무기질이 골고루 함유되어 있고, 단백질도 많이 함유된 해조류는?

✔ 김
② 미역
③ 우뭇가사리
④ 다시마

해조류 중에서 미역과 다시마는 갈조류에 속하고 김과 우뭇가사리는 홍조류에 속한다. 김은 비타민과 무기질, 단백질이 풍부하여 치매, 고혈압, 골다공증 예방 및 다이어트에 좋다. 우뭇가사리는 식이섬유소가 풍부하고 한천의 원료로 쓰인다.

54 다음 중 나비넥타이 모양 혹은 나비가 날개를 편 모양의 생면 파스타는?

✔ 파르팔레(Farfalle)
② 탈리올리니(Tagliolini)
③ 탈리아텔레(Tagliatelle)
④ 오레키에테(Orecchiette)

파르팔레(Farfalle)
• 나비넥타이 모양 혹은 나비가 날개를 편 모양을 가지고 있다.
• 이탈리아 중북부 롬바르디아나 에밀리아–로마냐 지역에서 유래되었다.
• 충분히 말려서 사용하는 것이 좋다.
• 부재료는 주로 닭고기와 시금치를 사용한다.
• 크림 소스, 토마토 소스와도 잘 어울린다.

55 안전한 작업환경에 대한 설명으로 적절하지 않은 것은?

① 작업장 온도는 겨울에는 $18.3 \sim 21.1℃$ 사이, 여름에는 $20.6 \sim 22.8℃$ 사이를 유지한다.
② 적정한 상대습도는 $40 \sim 60\%$ 정도이다.
③ 적재물은 사용시기, 용도별로 구분하여 정리하고, 먼저 사용할 것은 하부에 보관한다.
✔ 조리작업장의 권장 조도는 $50 \sim 100lx$ 정도이다.

조리작업장의 권장 조도는 $143 \sim 161lx$이다.

56 다음 중 과실 주스에 설탕을 섞은 농축액 음료수는?

① 탄산음료
✔ 스쿼시(Squash)
③ 시럽(Syrup)
④ 젤리(Jelly)

스쿼시는 천연과즙을 탄산수로 희석한 음료로 레몬, 오렌지 등을 짠 즙과 시럽, 냉탄산수를 혼합한다.

57 식품에 치즈, 크림, 달걀 등을 올려 샐러맨더(Salamander)에서 요리 윗면이 황금색이 나게 구워 내는 조리법은?

① 소테잉(Sautéing)
② 포칭(Poaching)
③ 베이킹(Baking)
✓ 그라탱(Gratin)

해설

그라탱(Gratin) : 식품에 치즈, 크림, 달걀 등을 올려 샐러맨더(Salamander)에서 요리 윗면이 황금색이 나게 구워 내는 조리법이다.
※ 샐러맨더(Salamander) : 불꽃이 위에서 내려오는 열기기로 그라탱 요리에 많이 사용

58 수프의 농도를 조절하는 농후제는?

① 퓌레(Purée)
② 비스크(Bisque)
✓ 리에종(Liaison)
④ 베샤멜(Béchamel)

해설

수프의 농도를 조절하는 농후제는 리에종(Liaison)이라고도 한다. 버터, 뵈르 마니에(Beurre Manié), 달걀노른자, 크림, 쌀 등도 농후제의 일종인데, 가장 일반적으로 수프에 사용하는 것은 바로 루(Roux)이다. 밀가루를 색이 나지 않게 볶은 것(White Roux)을 기본으로 사용한다.

59 다음 개인 재해의 발생 원인 중 불안전한 행동(인적 요인)에 속하지 않는 것은?

✓ 고기 절단기의 고장
② 불안전한 속도 조작
③ 감독 및 연락 불충분
④ 불안전한 자세 동작

해설

개인 재해의 발생 원인에는 불안전한 상태(물적 결함)와 불안전한 행동(인적 요인)이 있는데, 고기 절단기의 고장은 불안전한 상태(물적 결함)에 속한다.

60 샌드위치의 구성요소 중 스프레드(Spread)의 역할로 적절하지 않은 것은?

① 샌드위치 재료가 흩어지지 않게 접착제 역할을 한다.
✓ 식사 대용으로 열량을 높여 포만감을 주기 위해 사용한다.
③ 개성 있는 맛을 내고, 빵과 속재료, 가니시의 맛이 잘 어울리게 한다.
④ 빵에 수분이 흡수되어 빵이 눅눅해지는 것을 방지한다.

해설

스프레드의 역할
• 빵이 눅눅해지는 것을 방지하는 코팅제 역할
• 재료들이 흩어지지 않게 하는 접착제 역할
• 개성 있는 맛을 내고 빵과 속재료, 가니시의 맛이 잘 어울리게 함

01 색소를 함유하고 있지는 않지만 식품 중의 성분과 결합하여 색을 안정화시키면서 선명하게 하는 식품첨가물은?

① 착색료   ② 보존료
③ **발색제**   ④ 산화방지제

해설
① 착색료 : 식품의 가공 공정에서 퇴색되는 색을 복원하거나 외관을 보기 좋게 하기 위해 첨가하는 물질
② 보존료 : 식품 저장 중 미생물의 증식에 의해 일어나는 부패나 변질을 방지하기 위해 사용되는 방부제
④ 산화방지제 : 유지의 산패 및 식품의 변색이나 퇴색을 방지하기 위해 사용하는 첨가물

02 식품 및 축산물 안전관리인증기준(HACCP) 수행 단계에서 가장 먼저 실시하는 것은?

① 기록유지 방법 설정
② **식품의 위해요소 분석**
③ 관리기준 설정
④ 중요관리점 규명

해설
안전관리인증기준(HACCP) 적용 원칙(식품 및 축산물 안전관리인증기준 제6조제1항)
• 1단계 : 위해요소 분석
• 2단계 : 중요관리점(CCP) 결정
• 3단계 : 한계기준 설정
• 4단계 : 모니터링 체계 확립
• 5단계 : 개선조치 방법 수립
• 6단계 : 검증 절차 및 방법 수립
• 7단계 : 문서화 및 기록 유지

03 과채류의 품질 유지를 위한 피막제로만 사용되는 식품첨가물은?

① 인산나트륨
② **몰포린지방산염**
③ 만니톨
④ 실리콘수지

해설
몰포린지방산염은 신선도 유지를 위해 표면 처리하는 식품첨가물로, 과일·채소류의 표피에 피막제 목적에 한하여 사용하여야 한다.

04 소독의 지표가 되는 소독제는?

① **석탄산**
② 크레졸
③ 포르말린
④ 과산화수소

해설
석탄산은 기구, 용기, 의류 및 오물을 소독하는 데 3%의 수용액을 사용하며, 각종 소독약의 소독력을 나타내는 기준이 된다.

05 카드뮴이나 수은 등의 중금속 오염 가능성이 가장 큰 식품은?

① 육 류
② 통조림
③ 식용유
④ 어패류 ✔

해설
공장폐수나 생활하수가 제대로 정화되지 않고 배출되면 중금속 등이 하천에 노출되어 수질오염을 일으키며, 특히 하천 바닥에 서식하고 있는 어패류에 중금속이 침투되고 이러한 어패류를 먹는 포식자의 체내에 중금속이 축적되어 화학물질에 의한 식중독을 일으킬 수 있다.

06 식품위생법상 조리사가 식중독이나 그 밖에 위생과 관련한 중대한 사고 발생에 직무상 책임이 있을 때 1차 위반 시의 행정처분기준은?

① 업무정지 15일
② 업무정지 1개월 ✔
③ 업무정지 2개월
④ 면허취소

해설
행정처분기준(식품위생법 시행규칙 [별표 23])
식중독이나 그 밖에 위생과 관련한 중대한 사고 발생에 직무상의 책임이 있는 경우
• 1차 위반 : 업무정지 1개월
• 2차 위반 : 업무정지 2개월
• 3차 위반 : 면허취소

07 식품위생법상 집단급식소의 조리사 직무로 옳은 것은?

① 급식설비 및 기구의 위생·안전 실무 ✔
② 종업원에 대한 식품위생교육
③ 집단급식소에서의 검식 및 배식관리
④ 구매식품의 검수 및 관리

해설
집단급식소 조리사의 직무(식품위생법 제51조제2항)
• 집단급식소에서의 식단에 따른 조리업무(식재료의 전처리에서부터 조리, 배식 등의 전 과정을 말함)
• 구매식품의 검수 지원
• 급식설비 및 기구의 위생·안전 실무
• 그 밖에 조리 실무에 관한 사항

08 습열 조리 시 조리 온도가 높은 것부터 낮은 순서로 나열된 것은?

① Boiling > Simmering > Poaching ✔
② Simmering > Poaching > Boiling
③ Boiling > Poaching > Simmering
④ Simmering > Boiling > Poaching

해설
• 보일링(Boiling) : 물에 넣고 끓이는 방법으로 100℃의 액체에서 가열하는 것
• 시머링(Simmering) : 86~96℃ 온도에서 은근하게 끓이는 방법
• 포칭(Poaching) : 액체 온도가 재료에 전달되는 전도 형식의 습식열 조리방법으로, 비등점 이하의 온도(65~92℃)에서 끓고 있는 물, 혹은 액체 속에 담가 익히는 방법

09 판매의 목적으로 식품 등을 제조한 영업자가 식품 등의 위해와 관련이 있는 규정을 위반하여 유통 중인 해당 식품 등을 회수하고자 할 때 회수계획을 미리 보고해야 하는 대상이 아닌 것은?

① 시·도지사
② 식품의약품안전처장
③ **보건소장**
④ 시장·군수·구청장

해설
위해식품 등의 회수(식품위생법 제45조제1항)
판매의 목적으로 식품 등을 제조·가공·소분·수입 또는 판매한 영업자는 해당 식품 등이 위해와 관련 있는 규정을 위반한 사실을 알게 된 경우에는 지체 없이 유통 중인 해당 식품 등을 회수하거나 회수하는 데 필요한 조치를 하여야 한다. 이 경우 영업자는 회수계획을 식품의약품안전처장, 시·도지사 또는 시장·군수·구청장에게 미리 보고하여야 하며, 회수결과를 보고받은 시·도지사 또는 시장·군수·구청장은 이를 지체 없이 식품의약품안전처장에게 통보하여야 한다.

10 양갱을 만들 때 필요한 재료가 아닌 것은?

① 한 천
② 설 탕
③ **젤라틴**
④ 팥앙금

해설
젤라틴 : 동물의 결체조직을 가수분해함으로써 얻을 수 있으며, 젤리·샐러드·족편·바바리안 크림 등에는 응고제로 쓰이고, 아이스크림·마시멜로·기타 얼린 후식 등에는 유화제로 쓰인다.

11 육류 요리의 플레이팅 원칙으로 적절하지 않은 것은?

① 요리의 알맞은 양을 균형감 있게 담아야 하며, 전체적으로 심플하게 담는다.
② 식재료의 조합으로 인한 다양한 맛과 향이 공존하도록 플레이팅을 한다.
③ **음식의 종류와 형태와는 관계없이 접시의 온도는 항상 뜨겁게 한다.**
④ 재료 자체가 가지고 있는 고유의 색감과 질감을 잘 표현해야 한다.

해설
③ 요리에 맞게 음식과 접시 온도에 신경 써야 한다.

12 다음 중 다시마 표면의 하얀 분말 성분은?

① 소 금
② **마니트**
③ 글루탐산
④ 카로틴

해설
다시마 표면의 하얀 분말은 마니트(Mannite)라는 당성분으로, 다시마의 맛을 내는 성분이므로 물에 씻지 말고 조리해야 한다. 만니톨(Mannitol)이라고도 한다.

13 식품에 존재하는 물의 형태 중 자유수에 대한 설명으로 틀린 것은?

① 식품에서 미생물의 번식에 이용된다.

☑ −20℃에서도 얼지 않는다.

③ 100℃에서 증발하여 수증기가 된다.

④ 식품을 건조시킬 때 쉽게 제거된다.

해설

결합수와 자유수(유리수)

결합수	자유수(유리수)
• 식품을 건조해도 증발되지 않는다.	• 식품을 건조시키면 쉽게 증발한다.
• 압력을 가하여 압착해도 쉽게 제거되지 않는다.	• 압력을 가하여 압착하면 제거된다.
• 0℃ 이하에서도 동결되지 않는다.	• 0℃ 이하에서 동결된다.
• 용질에 대해 용매로 작용하지 못한다.	• 용질에 대해 용매로 작용한다.
• 미생물의 생육과 번식에 이용되지 못한다.	• 미생물의 생육과 번식에 이용된다.
• 보통 물보다 밀도가 크다.	• 식품의 변질에 영향을 준다.

14 먹다 남은 찹쌀떡을 보관하려고 할 때 노화가 가장 빨리 일어나는 보관방법은?

① 냉동고 보관

② 상온 보관

☑ 냉장고 보관

④ 온장고 보관

해설

전분의 노화는 수분 30~60%, 온도 0~4℃일 때 가장 일어나기 쉽다.

15 하루 필요 열량이 2,700kcal이고, 이 중 14%에 해당하는 열량을 지방에서 얻으려 할 때 필요한 지방의 양은?

① 36g   ☑ 42g

③ 94g   ④ 81g

해설

2,700kcal의 14%는 378kcal이다. 지방은 1g당 9kcal를 내므로 378kcal를 내기 위해서는 42g이 필요하다.

16 알칼리성 식품에 속하는 것은?

① 곡 류   ② 어패류

③ 육 류   ☑ 채소류

해설

채소 및 과일류는 수분을 80~90% 정도 함유하고 비타민과 나트륨(Na), 칼슘(Ca), 칼륨(K), 마그네슘(Mg) 등의 무기질을 많이 함유하여 알칼리성 식품에 속한다.

17 식품의 수분활성도(Aw)란?

① 자유수와 결합수의 비

② 식품의 상대습도와 주위의 온도의 비

③ 식품의 단위시간당 수분증발량

☑ 식품의 수증기압과 그 온도에서의 물의 수증기압의 비

해설

수분활성도란 식품의 수증기압과 그 온도에서의 물의 수증기압의 비로 채소, 과일 등은 수분활성도가 높고, 곡류는 수분활성도가 낮다.

18 조리기구와 그 용도의 연결이 틀린 것은?

① 필러(Peeler) – 채소의 껍질을 벗길 때
② 믹서(Mixer) – 재료를 혼합할 때
③ **슬라이서(Slicer) – 채소를 다질 때**
④ 육류파운더(Meat Pounder) – 육류를 연화시킬 때

해설
슬라이서는 햄이나 육류 등을 얇게 저며 내는 기구이다.

19 다음 중 복어독의 특징에 관한 설명으로 옳은 것은?

① 테트로도톡신은 알칼리에 강하고 산에 약하다.
② 열에 대한 저항성이 약해 4시간 정도 가열하면 거의 파괴된다.
③ **복어독은 신경독으로 수족 및 전신의 운동마비, 호흡 및 혈관운동마비, 지각 신경마비를 일으킨다.**
④ 복어독은 무색, 무미, 무취이나 물과 알코올에 녹는다.

해설
복어독은 테트로도톡신이라는 맹독성을 가진 동물성 자연독이다. 신경계통의 마비증상을 일으키고, 진행속도는 매우 빠른 편이다. 호흡과 혈관운동마비, 지각신경 마비, 손, 발, 몸 전신의 운동마비 등을 일으킨다.

20 다음 중 채소의 가공 시 가장 손실되기 쉬운 비타민은?

① 비타민 A   ② 비타민 D
③ **비타민 C**   ④ 비타민 E

해설
비타민 C는 수용성이므로 쉽게 산화되어 식품의 판매, 가공, 저장 중에 쉽게 손실된다.

21 김치의 독특한 맛을 나타내는 성분과 거리가 먼 것은?

① 유기산   ② 젖 산
③ **지 방**   ④ 아미노산

해설
김치의 맛 성분으로 젓갈 맛을 느끼게 하는 사과산나트륨(Sodium DL–Malate), 좋은 맛을 느끼게 하는 아미노산(Amino Acid), 호박산(Succinic Acid), 쓴맛을 느끼게 하는 안식향산소다(Benzoic Acid Soda) 등이 있다. 유기산은 주석산(Tartaric Acid), 구연산(Citric Acid), 젖산(Lactic Acid), 초산(Acetic Acid) 등을 들 수 있다.

22 편육을 끓는 물에 삶아 내는 이유는?

① 고기 냄새를 없애기 위해
② 육질을 단단하게 하기 위해
③ 지방 용출을 적게 하기 위해
④ **국물에 맛 성분이 적게 용출되도록 하기 위해**

해설
편육 고기를 삶을 때는 끓는 물에 넣어 근육 표면의 단백질을 빨리 응고시켜야 수용성 물질이 물에 녹지 않아 육즙이 흘러 나오지 않게 된다.

23 육류의 사후경직을 설명한 것으로 적절하지 않은 것은?

✔ ① 근육에서 호기성 해당 과정에 의해 산이 증가된다.

② 해당 과정으로 생성된 산에 의해 pH가 낮아진다.

③ 경직 속도는 도살 전의 동물의 상태에 따라 다르다.

④ 근육의 글리코겐이 젖산으로 된다.

> **해설**
> 육류의 사후경직
> • 동물을 도살하여 방치하면 산소 공급이 중단되고 혐기적 해당 작용에 의하여 근육 내 젖산이 증가되어 근육이 단단해지는 현상을 말한다.
> • 시간이 경과함에 따라 근육의 pH는 낮아지고 조직이 단단해지며 신전성(伸展性)을 잃고 경화한다.
> • 사후경직이 일어나는 시기와 기간은 동물에 따라 각기 다르다.

24 철과 마그네슘을 함유한 색소를 순서대로 나열한 것은?

✔ ① 마이오글로빈, 클로로필

② 안토사이아닌, 플라보노이드

③ 클로로필, 안토사이아닌

④ 카로티노이드, 마이오글로빈

> **해설**
> 마이오글로빈은 철을 함유한 근육 색소이고, 클로로필은 식물의 잎과 줄기의 녹색 색소로 마그네슘의 킬레이트 화합물이다. 카로티노이드는 황색, 오렌지색, 적색 색소로 토마토, 당근, 고추, 감 등에 함유되어 있다.

25 우유 100mL에 칼슘이 180mg 정도 들어 있다면 우유 250mL에는 칼슘이 약 몇 mg 정도 들어 있는가?

✔ ① 450mg   ② 540mg

③ 595mg   ④ 650mg

> **해설**
> $$\frac{\text{해당 식품의 양} \times \text{해당 성분수치}}{100} = \text{영양가}$$
> $$100 \times \frac{x}{100} = 180mg$$
> 즉, 해당 성분수치(칼슘)는 180mg이므로,
> $$250 \times \frac{180}{100} = 450mg$$이다.

26 조리 시 일어나는 비타민, 무기질의 변화 중 맞는 것은?

✔ ① 비타민 A는 지방 음식과 함께 섭취할 때 흡수율이 높아진다.

② 비타민 D는 자외선과 접하는 부분이 클수록, 오래 끓일수록 파괴율이 높아진다.

③ 색소의 고정효과로는 Ca^{++}이 많이 사용되며 식물 색소를 고정시키는 역할을 한다.

④ 과일을 깎을 때 쇠칼을 사용하는 것이 맛, 영양가, 외관상 좋다.

> **해설**
> ② 비타민 C는 자외선과 접하는 부분이 클수록, 오래 끓일수록 파괴율이 높아진다.
> ③ 식물 색소는 소금을 넣으면 선명한 녹색을 유지한다.
> ④ 과일을 깎을 때 쇠칼을 사용하면 철 성분이 들어가 침전물이 생기거나 맛과 향에 영향을 미치므로 대나무 칼이나 세라믹 칼을 사용해야 한다.

27 생선을 구울 때 일어나는 현상에 대한 설명으로 틀린 것은?

① 고온으로 가열되므로 표면의 단백질이 응고된다.

② 식품 특유의 맛과 향이 잘 생성된다.

③ 식품 표면 주위에 수분이 많아져 수용성 물질의 손실이 적다.

④ 식품 자체의 수용성 성분이 표피 가까이로 이동된다.

해설

③ 수용성 성분 용출이 적으며 식품 표면의 수분이 감소되면서 독특한 풍미가 난다.

28 단맛을 갖는 대표적인 식품과 가장 거리가 먼 것은?

① 사탕무　　② 감 초

③ 벌 꿀　　④ 곤 약

해설

곤약은 구약나물의 알줄기로 만든 가공식품으로 반투명의 묵이나 국수의 형태이며 무(無)맛이다.

29 기생충과 중간숙주의 연결이 틀린 것은?

① 십이지장충 – 모기

② 말라리아 – 사람

③ 폐흡충 – 가재, 게

④ 무구조충 – 소

해설

십이지장충(구충)은 중간숙주가 없는 기생충이고, 모기는 사상충의 중간숙주이다.

30 식혜를 만드는 데 사용되는 주효소는?

① 프로테이스(Protease, 프로테아제)

② 아밀레이스(Amylase, 아밀라아제)

③ 라이페이스(Lipase, 리파아제)

④ 피테이스(Phytase, 피타아제)

해설

식혜는 먼저 찹쌀이나 멥쌀을 사용하여 밥을 하는 과정을 통해서 전분이 호화되고, 엿기름 가루 속에 당화효소인 아밀레이스(Amylase)가 밥알에 작용하여 당화작용이 일어난다. 이렇게 가수분해되어 생성된 말토스(Maltose)는 식혜의 독특한 맛에 기여한다.

31 환경위생의 개선으로 발생이 감소되는 감염병과 가장 거리가 먼 것은?

① 장티푸스　　② 콜레라

③ 이 질　　④ 인플루엔자

해설

인플루엔자는 병원체에 따른 바이러스성 감염병으로 호흡기 계통을 통해 감염된다.

32 식품에서 대장균이 검출되었을 때 식품위생상 중요한 의미는?

① 대장균 자체가 병원성이므로 위험하다.
② 음식물이 변패 또는 부패되었다.
③ 대장균은 비병원성이므로 위생적이다.
④ 병원미생물의 오염 가능성이 있다.

해설
대장균은 인체에 직접 유해작용을 하지 않지만, 검출방법이 간편하고 정확하며, 다른 미생물이나 분변오염을 추측할 수 있어 수질오염의 생물학적 지표로 이용된다.

33 다음 중 제2급 감염병이 아닌 것은?

① 파라티푸스
② 유행성이하선염
③ 디프테리아
④ 세균성이질

해설
디프테리아는 제1급 감염병이다.

34 조리장비와 도구의 안전관리를 위한 점검 중 관리주체가 필요하다고 판단될 때 실시하는 정밀점검 수준의 안전점검은?

① 정기점검   **② 긴급점검**
③ 일상점검   ④ 연중점검

해설
긴급점검 : 관리주체가 필요하다고 판단될 때 실시하는 정밀점검 수준의 안전점검

35 찹쌀의 아밀로스와 아밀로펙틴에 대한 설명 중 맞는 것은?

① 아밀로스 함량이 더 많다.
② 아밀로스 함량과 아밀로펙틴의 함량이 거의 같다.
③ 아밀로펙틴으로 이루어져 있다.
④ 아밀로펙틴은 존재하지 않는다.

해설
찹쌀이나 찰옥수수, 차조 등의 찰 전분은 거의 아밀로펙틴으로만 구성되어 있다.

36 식단을 작성하고자 할 때 식품의 선택 요령으로 가장 적합한 것은?

① 영양보다는 경제적인 효율성을 우선으로 고려한다.
② 소고기가 비싸서 대체식품으로 닭고기를 선정하였다.
③ 시금치의 대체식품으로 값이 싼 달걀을 구매하였다.
④ 한창 제철일 때보다 한 발 앞서서 식품을 구입하여 식단을 구성하는 것이 보다 새롭고 경제적이다.

해설
대체식품은 원하는 식품과 비슷한 영양소를 가진 다른 식품으로 대체할 수 있는 식품을 말한다. 즉, 주지방질 급원식품은 지방질 식품끼리만, 단백질 식품은 단백질 식품끼리만 대체식품이 된다.

37 다음 중 채소 샐러드용 기름으로 적합하지 않은 것은?

① 올리브유 ✔ ② **경화유**
③ 콩기름 ④ 카놀라유

샐러드 드레싱에 사용하는 오일은 샐러드 주재료와 궁합이 맞는 재료를 사용해야 한다. 그 종류로는 올리브오일, 옥수수기름, 카놀라유, 포도씨유, 호두기름, 땅콩기름, 면실유, 헤이즐넛 오일, 바질 오일, 아몬드 오일, 코코넛 오일, 아르간 오일, 아보카도 오일 등이 있다.

38 미르포아(Mirepoix)에 들어가는 '양파 : 당근 : 셀러리'의 비율은?

✔ ① 2 : 1 : 1
② 1 : 2 : 2
③ 2 : 1 : 2
④ 1 : 1 : 2

미르포아는 보통 양파 50%, 당근 25%, 셀러리 25%의 비율로 사용한다.

39 생선을 프라이팬이나 석쇠에 구울 때 들러붙지 않도록 하는 방법으로 적절하지 않은 것은?

① 기구를 먼저 달구어서 사용한다.
② 기구의 금속면을 테플론(Teflon)으로 처리한 것을 사용한다.
③ 기구 표면에 기름을 칠하여 막을 만들어 준다.
✔ ④ **낮은 온도에서 서서히 굽는다.**

생선은 프라이팬을 미리 뜨겁게 달군 후에 센 불에서 재빠르게 익히고, 중불로 나머지를 익혀 준다.

40 조리방법에 대한 설명 중 틀린 것은?

① 사골의 핏물을 우려내기 위해 찬물에 담가 혈색소인 수용성 헤모글로빈을 용출시켰다.
② 양파를 썬 후 강한 향을 없애기 위해 식초를 뿌려 효소작용을 억제시켰다.
✔ ③ **무 초절이 쌈을 할 때 얇게 썬 무를 식소다 물에 담가 두면 무의 색소 성분이 알칼리에 의해 더욱 희게 유지된다.**
④ 모양을 내어 썬 양송이에 레몬즙을 뿌려 색이 변하는 것을 억제시켰다.

무, 배추, 양파는 안토잔틴을 함유한다. 안토잔틴은 산성에는 안정하나 알칼리성에는 황색으로 변한다.

41 대두를 구성하는 콩단백질의 주성분은?

① 글리아딘
② 글루텔린
③ 글루텐
✔ 글리시닌

해설
콩단백질인 글리시닌은 글로불린의 한 종류로 대두단백의 84% 정도를 차지한다. 글리시닌이 두부응고제와 열에 의해 응고되는 성질을 이용해 두부를 만든다.

42 탄수화물의 구성요소가 아닌 것은?

① 탄 소
✔ 질 소
③ 산 소
④ 수 소

해설
탄수화물과 지방은 탄소(C), 산소(O), 수소(H)로 구성되어 있으며, 단백질은 탄소, 수소, 산소 이외에 질소(N)의 구성성분을 가지고 있다.

43 아침 식사와 점심 식사의 중간 형태로, 아침 식사를 먹지 않는 경우나 아침 식사를 먹기 어려울 때 제공되는 형태는?

① 런천(Luncheon)
✔ 브런치(Brunch)
③ 디너(Dinner)
④ 서퍼(Supper)

해설
② 브런치(Brunch)는 아침 식사와 점심 식사시간 사이에 먹는 이른 점심을 말한다.
① 런천(Luncheon)은 런치(Lunch)와 거의 같은 의미이지만, 메뉴의 내용이 약간 알차고, 오찬의 의미가 강하다.
③ · ④ 저녁 식사

44 당근의 구입단가는 kg당 1,300원이다. 10kg 구매 시 표준수율이 86%라면, 당근 1인분(80g)의 원가는 약 얼마인가?

① 51원   ✔ 121원
③ 151원   ④ 181원

해설
10kg의 구입단가는 13,000원이다.
10kg의 표준수율 86% = 10,000g × 0.86 = 8,600g
13,000원 : 8,600g = x : 80g
x = 13,000원 × 80g / 8,600g ≒ 121원

45 육류의 가열 조리 시 나타나는 현상으로 틀린 것은?

① 색의 변화
② 수축 및 중량 감소
③ 풍미의 증진
④ 부피의 증가

해설
육류의 가열에 따른 변화
• 회갈색으로의 색소 변화
• 단백질의 응고로 고기의 수축
• 중량 및 보수성 감소, 지방 및 육즙 손실
• 결합조직(뼈, 피부 결체조직)의 연화(젤라틴화)
• 지방의 융해
• 풍미의 변화

46 녹색 채소 조리 시 탄산수소나트륨(중조)을 가할 때 나타나는 결과가 아닌 것은?

① 페오피틴(Pheophytin)이 생성된다.
② 비타민 C가 파괴된다.
③ 진한 녹색으로 변한다.
④ 조직이 연화된다.

해설
녹색 채소의 조리 시 탄산수소나트륨(NaHCO₃)을 사용하면 녹색은 선명히 유지되나 섬유소를 분해하여 질감이 물러지고 비타민 C가 파괴된다.

47 생활쓰레기의 분류 중 부엌에서 나오는 동식물성 유기물은?

① 재활용성 진개
② 가연성 진개
③ 주 개
④ 불연성 진개

해설
주개란 가정이나 음식점, 호텔 등의 주방에서 배출되는 식품의 쓰레기로 육류, 채소, 과일, 곡류 등 악취의 원인이 되고 부패하기 쉽다.

48 수프 조리 시 채소를 주사위 모양으로 써는 방법은?

① 큐브(Cube)
② 알리메트(Allumette)
③ 론델(Rondelles)
④ 샤또(Chateau)

해설
큐브(Cube) : 가로와 세로 1.5cm 정육면체 모양으로 써는 방법

49 다음 식품의 감별법 중 틀린 것은?

① 감자 - 병충해, 발아, 외상, 부패 등이 없는 것

✔ **송이버섯 - 봉오리가 크고 줄기가 부드러운 것**

③ 생과일 - 성숙하고 신선하며 청결한 것

④ 달걀 - 표면이 거칠고 광택이 없는 것

> **해설**
> 송이버섯은 봉오리가 자루보다 약간 굵으며 줄기가 단단해야 좋은 것이다.

50 조리 시 일어나는 현상과 그 원인의 연결이 옳지 않은 것은?

✔ **장조림 고기가 단단하고 잘 찢어지지 않음 → 물에서 먼저 삶은 후 양념간장을 넣어 약한 불로 서서히 조렸기 때문**

② 튀긴 도넛에 기름 흡수가 많음 → 낮은 온도에서 튀겼기 때문

③ 오이무침의 색이 누렇게 변함 → 식초를 미리 넣었기 때문

④ 생선을 굽는데 석쇠에 붙어 잘 떨어지지 않음 → 석쇠를 달구지 않았기 때문

> **해설**
> 장조림 조리 시 간장을 처음부터 넣으면 고기가 단단해지고 잘 찢기지 않는다.

51 버터나 마가린의 계량방법으로 가장 옳은 것은?

① 냉장고에서 꺼내어 계량컵에 눌러담은 후 윗면을 직선으로 된 칼로 깎아 계량한다.

② 실온에서 부드럽게 하여 계량컵에 담아 계량한다.

✔ **실온에서 부드럽게 하여 계량컵에 눌러담은 후 윗면을 직선으로 된 칼로 깎아 계량한다.**

④ 냉장고에서 꺼내어 계량컵의 눈금까지 담아 계량한다.

> **해설**
> 버터, 마가린, 쇼트닝 같은 지방제품은 온도에 따라 변화가 일어나므로 냉장보다는 실온일 때 계량도구에 담아 직선으로 된 칼이나 스패출러로 깎아 계량한다.

52 다음 중 함유된 주요 영양소가 잘못 짝지어진 것은?

✔ **북어포 - 당질, 지방**

② 우유 - 칼슘, 단백질

③ 두유 - 지방, 단백질

④ 밀가루 - 당질, 단백질

> **해설**
> 북어포에는 단백질과 지방이 풍부하다.

53 레드 캐비지로 샐러드를 만들 때 식초를 조금 넣은 물에 담그면 고운 적색을 띠는 것은 어떤 색소 때문인가?

✔ **안토사이아닌(Anthocyanin)**

② 클로로필(Chlorophyll)

③ 안토잔틴(Anthoxanthin)

④ 마이오글로빈(Myoglobin)

해설

안토사이아닌 색소 : 과실, 꽃, 뿌리에 있는 붉은색, 보라색, 청색의 색소로, 산성에서는 붉은색, 중성에서는 보라색, 알칼리에서는 청색을 띤다.

54 취식자 1인당 취식면적이 1.3m²이고, 식기 회수 공간을 취식면적의 10%로 할 때, 1회에 350인을 수용하는 식당의 면적은?

✔ $500.5m^2$ ② $455.5m^2$

③ $485.5m^2$ ④ $525.5m^2$

해설

1인당 취식면적이 1.3m²이고, 1회 350명을 수용하므로, 식당의 면적은 1.3 × 350 = 455m²이다. 다만, 식기회수 공간이 필요하므로 455m²보다 10% 이상 넓은 500.5m²가 정답이다.

55 전채 요리를 접시에 담을 때 고려사항으로 틀린 것은?

① 주요리보다 양이 크거나 많지 않게 주의한다.

✔ **소스는 넉넉히 뿌려 재료가 충분히 젖도록 한다.**

③ 가니시(Garnish)는 요리 재료의 중복을 피해 담는다.

④ 재료별 특성을 이해하고 적당한 공간을 두고 담는다.

해설

전채 요리의 소스는 너무 많이 뿌리지 않고 적당하게 뿌린다.

56 다음 중 차갑게 먹는 수프는?

① 차우더(Chowder)

② 부야베스(Bouillabaisse)

③ 옥스테일 수프(Ox-tail Soup)

✔ **가스파초(Gazpacho)**

해설

가스파초(Gazpacho) : 토마토, 오이, 양파, 피망, 토마토 주스 등의 다양한 채소로 만든 차가운 수프 중 하나이다. 믹서에 채소를 갈아 체에 걸러 빵가루, 마늘, 올리브유, 식초 또는 레몬 주스를 넣어 간을 하여 걸쭉하게 만들어 먹는 수프를 말한다.

57 이탈리아식 미트소스로 돼지고기와 소고기, 채소와 토마토를 넣고 오랫동안 농축된 진한 맛이 날 때까지 끓여 낸 소스는?

① 비네그레트 소스

② 바질 페스토 소스

③ 베샤멜 소스

✔ **④ 볼로네즈 소스**

해설

① 비네그레트 소스 : 기본적으로 식초와 오일의 비율이 1 : 3인 소스
② 바질 페스토 소스 : 바질을 주재료로 사용한 소스
③ 베샤멜 소스 : 버터를 두른 팬에 밀가루를 볶다가 색이 나기 직전에 향을 낸 차가운 우유를 넣고 만든 소스

58 다음에서 설명하는 조리방법은?

> 처음에 로스팅 팬에 색깔을 내고, 그 팬을 디글레이징(Deglazing)한 다음 다시 와인이나 육수를 부어서 180℃ 오븐에 넣어 천천히 조리하는 방법이다.

① 소테잉(Sautéing)

② 스튜잉(Stewing)

✔ **③ 브레이징(Braising)**

④ 그릴링(Grilling)

해설

브레이징(Braising)은 팬에서 색을 낸 고기에 볶은 야채, 소스, 굽는 과정에서 흘러나온 육즙 등을 브레이징 팬에 넣은 다음 뚜껑을 덮고 천천히 조리하는 방법이다. 주로 질긴 육류, 가금류를 조리할 때 사용하는 방법이며, 온도가 너무 높으면 육질이 질겨지므로 150~180℃의 온도에서 천천히 장시간 끓여 조리한다.

59 콩디망(Condiment, 콘디멘트)이 의미하는 말은?

✔ **① 양 념**

② 전 분

③ 유 지

④ 육 수

해설

콩디망(Condiment, 콘디멘트)은 양념을 지칭하는 용어로, 전채 요리에는 소금, 식초, 올리브유와 겨자, 마요네즈와 같은 소스류 등을 사용한다.

60 생면 파스타에 대한 설명으로 옳지 않은 것은?

① 오레키에테(Orecchiette) - 소스가 잘 입혀지도록 안쪽 면에 주름이 잡혀야 한다.

② 탈리아텔레(Tagliatelle) - 적당한 길이와 넓적한 형태를 가지고 있으며, 소스가 잘 묻는 장점이 있다.

✔ **③ 탈리올리니(Tagliolini) - 달걀과 다양한 채소를 넣어 면을 만들며, 스파게티보다 면이 가늘다.**

④ 라비올리(Ravioli) - 주로 사각형을 기본 모양으로 하며 반달, 원형 등 다양한 모양을 만들 수 있다.

해설

탈리올리니(Tagliolini)
• 탈리올리니 면은 탈리아텔레보다는 좁고 가늘고, 스파게티보다는 두껍다.
• 이탈리아 중북부 리구리아 지방에서 전통적으로 사용하였다.
• 탈리올리니는 '자르다'의 의미이다.
• 파스타 면에 주로 달걀과 다양한 채소를 넣어 만든다.
• 소스는 크림, 치즈, 후추 등을 주로 사용한다.

01 증식에 필요한 최저 수분활성도(Aw)가 높은 미생물부터 바르게 나열된 것은?

① 세균 – 곰팡이 – 효모
② 곰팡이 – 효모 – 세균
③ **세균 – 효모 – 곰팡이**
④ 효모 – 곰팡이 – 세균

해설
수분활성도의 값은 1 미만으로 세균 0.91, 효모 0.88, 곰팡이 0.80 정도이다.

03 식품의 신선도 또는 부패의 이화학적 판정에 이용되는 항목이 아닌 것은?

① 히스타민 함량
② **당 함량**
③ 휘발성 염기질소 함량
④ 트라이메틸아민 함량

해설
식품 부패 시 생성되는 유해물질 : 암모니아, 아민, 황화수소, 인돌, 페놀, 히스타민, 트라이메틸아민 등

02 다음 중 신체에 열량을 공급하는 급원식품은?

① 생 강
② 설 탕
③ **시금치**
④ 고춧가루

해설
시금치는 단백질, 비타민, 철분, 칼슘, 마그네슘 등의 영양소가 풍부하다.

04 pH 3 이하의 산성에서 검정콩의 색깔은?

① 검은색
② 청 색
③ 녹 색
④ **적 색**

해설
검정콩에는 수용성 안토사이아닌계 색소가 함유되어 있는데, 안토사이아닌 색소는 산성에서는 적색, 알칼리성에서는 청색을 띤다.

05 매운맛을 가장 잘 느끼는 온도는?

① 5~25℃
② 20~30℃
③ 30~40℃
④ 50~60℃

일반적으로 혀의 미각은 10~40℃에서 잘 느낀다. 특히 30℃에서 가장 예민하게 느끼는데, 온도가 낮아질수록 둔해진다. 온도가 상승함에 따라서 단맛은 증가하고 짠맛과 신맛은 감소한다.
맛을 느끼는 최적 온도
• 쓴맛 : 40~50℃
• 짠맛 : 30~40℃
• 매운맛 : 50~60℃
• 단맛 : 20~50℃
• 신맛 : 5~25℃

06 달걀을 이루는 세 가지 구조에 해당하지 않는 것은?

① 난 각
② 난 황
③ 난 백
④ 기 공

달걀은 난각(껍질), 난황(노른자), 난백(흰자)으로 구성되어 있다.

07 사과를 깎아 방치했을 때 나타나는 갈변현상과 관계없는 것은?

① 산화효소
② 섬유소
③ 산 소
④ 페놀류

채소나 과일의 껍질을 벗겨 방치하면, 상처받은 조직이 공기 중에 노출되어 페놀화합물 이산화효소에 의해 갈색 색소인 멜라닌으로 전환되어 갈변현상이 발생한다.

08 식품접객업을 신규로 하고자 하는 경우 몇 시간의 위생교육을 받아야 하는가?

① 4시간
② 8시간
③ 2시간
④ 6시간

교육시간(식품위생법 시행규칙 제52조제2항)
• 식품제조·가공업, 식품첨가물제조업, 공유주방 운영업을 하려는 자 : 8시간
• 식품운반업, 식품소분·판매업, 식품보존업, 용기·포장류제조업을 하려는 자 : 4시간
• 즉석판매제조·가공업 및 식품접객업을 하려는 자 : 6시간
• 집단급식소를 설치·운영하려는 자 : 6시간

09 식품위생법상의 각 용어에 대한 정의로 옳은 것은?

① 식품첨가물 – 화학적 수단으로 원소 또는 화합물에 분해반응 외의 화학반응을 일으켜 얻는 물질

② 기구 – 식품 또는 식품첨가물을 넣거나 싸는 물품

③ **영업자 – 영업허가를 받은 자나 영업신고를 한 자 또는 영업등록을 한 자**

④ 집단급식소 – 영리를 목적으로 불특정 다수인에게 음식물을 공급하는 대형 음식점

해설
① 식품첨가물 : 식품을 제조·가공·조리 또는 보존하는 과정에서 감미, 착색, 표백 또는 산화방지 등을 목적으로 식품에 사용되는 물질을 말한다(식품위생법 제2조제2호).
② 기구 : 음식을 먹을 때 사용하거나 담는 것 또는 식품 또는 식품첨가물을 채취·제조·가공·조리·저장·소분·운반·진열할 때 사용하는 것으로서 식품 또는 식품첨가물에 직접 닿는 기계·기구나 그 밖의 물건을 말한다(식품위생법 제2조제4호).
④ 집단급식소 : 영리를 목적으로 하지 아니하면서 특정 다수인에게 계속하여 음식물을 공급하는 대통령령으로 정하는 급식시설을 말한다(식품위생법 제2조제12호).

10 일반적으로 신선한 우유의 pH는?

① 4.0~4.5   ② 3.0~4.0
③ 5.5~6.0   ④ **6.5~6.7**

해설
신선한 우유의 산도는 젖산으로서 0.18% 이하, pH는 6.6(평균 6.4~6.7)이다.

11 식품 등의 표시기준상 열량 표시에서 몇 kcal 미만을 "0"으로 표시할 수 있는가?

① 7kcal   ② **5kcal**
③ 2kcal   ④ 10kcal

해설
표시사항별 세부표시기준(식품 등의 표시기준 [별지 1])
열량의 단위는 킬로칼로리(kcal)로 표시하되, 그 값을 그대로 표시하거나 그 값에 가장 가까운 5kcal 단위로 표시하여야 한다. 이 경우 5kcal 미만은 "0"으로 표시할 수 있다.

12 조리사가 업무정지 기간 중에 업무를 할 때 행정처분은?

① 업무정지 2월 연장
② 업무정지 3월 연장
③ 업무정지 1월 연장
④ **면허취소**

해설
행정처분기준(식품위생법 시행규칙 [별표 23])
업무정지 기간 중에 조리사의 업무를 한 경우
• 1차 위반 : 면허취소

13 물이나 액체를 끓이거나 식품을 오븐에서 구울 때 이용하는 열의 전달방법은?

① 복 사　　　　✔ 대 류
③ 전 도　　　　④ 초단파

해설

Baking(굽기)
오븐에서 뜨겁고 마른 열의 대류작용을 이용하여 굽는 방법이다. 육류뿐만 아니라 빵, 타르트, 파이, 케이크 등 제과제빵에도 많이 사용한다. 감자 요리, 파스타, 생선, 햄 등을 요리할 때도 사용한다.

14 다음 중 서양 요리의 루(Roux)에 대한 설명으로 맞는 것은?

① 밀가루와 우유를 넣고 볶아낸 것
② 쌀가루와 버터를 넣고 볶아낸 것
✔ 밀가루와 버터를 넣고 볶아낸 것
④ 쌀가루와 우유를 넣고 볶아낸 것

해설

소스나 수프를 걸쭉하게 하기 위해 밀가루와 버터의 비율을 동량으로 볶은 것이 루(Roux)이다.

15 수프의 농밀제로 사용되지 않는 것은?

① 밀가루　　　　② 감 자
③ 쌀　　　　　✔ 육 수

해설

밀가루, 전분 등이 농밀제로서 수프, 소스, 크림류 등의 농도를 내는 데 사용되었으나 최근에는 잔탄검이나 펙틴 등이 이용되고 있다.

16 건성유에 대한 설명으로 옳은 것은?

✔ 고도의 불포화지방산 함량이 많은 기름이다.
② 포화지방산 함량이 많은 기름이다.
③ 공기 중에 방치해도 피막이 형성되지 않는 기름이다.
④ 대표적인 건성유로는 올리브유와 낙화생유가 있다.

해설

식물성유(기름)의 종류
• 건성유(아이오딘값 130 이상) : 들깨, 아마인유, 호두 등
• 반건성유(아이오딘값 100~130) : 참기름, 대두유, 면실유, 유채기름 등
• 불건성유(아이오딘값 100 이하) : 땅콩기름, 동백기름, 올리브유 등

17 새우나 게 등의 갑각류에 함유되어 있으며 사후 가열되면 적색을 띠는 색소는?

✔ 아스타잔틴(Astaxanthin)
② 멜라닌(Melanine)
③ 안토사이아닌(Anthocyanin)
④ 클로로필(Chlorophyll)

해설

새우 등의 갑각류 피부에 함유된 카로티노이드 계열 색소의 일종인 아스타잔틴(Astaxanthin)은 단백질과 결합하여 살아 있는 동안에는 녹색을 띠는 어두운 청색 색소 단백질로서 존재한다. 이 색소 단백질은 열에 매우 불안정하여, 갑각류를 가열하면 단백질이 분해되고 산화되어 아스타신(Astacin)으로 변한다. 아스타신은 적색 색소이기 때문에 새우, 꽃게 등을 삶거나 가열 조리하면 붉게 보이는 것이다.

18 아린 맛은 어느 맛의 혼합인가?

① 신맛과 쓴맛
② 신맛과 떫은맛
③ **쓴맛과 떫은맛**
④ 쓴맛과 단맛

아린 맛은 쓴맛과 떫은맛에 가까운 목구멍을 자극하는 독특한 향미를 말한다.

19 바삭하고 맛있는 튀김옷을 만드는 방법이 아닌 것은?

① 튀김옷의 밀가루는 글루텐 함량이 가장 적은 박력분을 사용한다.
② 15℃ 찬물로 반죽하면 글루텐이 적게 형성되어 바삭거리게 된다.
③ **튀김옷에 소금을 첨가하면 글루텐을 연화시켜 튀김옷이 연해지고 바삭거린다.**
④ 튀김옷에 첨가되는 물의 1/4 정도를 달걀로 대체하면 글루텐이 덜 형성되어 바삭하게 된다.

소금은 글루텐의 탄성을 강하게 하는 성질을 갖고 있어 튀김옷이 질겨진다.

20 밀감이 쉽게 갈변되지 않는 주된 이유는?

① **비타민 C의 함량이 많으므로**
② Cu, Fe 등의 금속이온이 많으므로
③ 섬유소 함량이 많으므로
④ 비타민 A의 함량이 많으므로

레몬이나 밀감처럼 신맛이 많이 나는 과일은 환원성 물질인 비타민 C 함량이 많아서 쉽게 갈변되지 않는다.

21 황(S)을 함유한 성분은?

① 무스카린
② 사과산
③ 비타민 D
④ **알리신**

알리신(Allicin)은 마늘에 함유된 황화합물이다.

22 단백질 급원식품으로만 연결된 것은?

① 소고기, 한천, 시금치
② 두부, 깨소금, 당근
③ 달걀, 버터, 감자
④ **치즈, 달걀, 생선**

단백질 급원식품 : 소고기, 돼지고기, 닭고기, 생선, 조개, 콩, 두부, 달걀, 된장, 햄, 베이컨, 치즈 등

23 육류가공품 제조 시 질산염 처리를 한 후 형성되는 것으로 열에도 안정한 선홍색의 주체는?

① 메트마이오글로빈(Metmyoglobin)
② 나이트로소마이오글로빈(Nitrosomy-oglobin)
③ 헤모글로빈(Hemoglobin)
④ 옥시마이오글로빈(Oxymyoglobin)

마이오글로빈은 본래 어둡지만 산소와 결합하여 옥시마이오글로빈으로 되면서 선홍색이 된다.

24 달걀 40%를 사용하여 제조한 커스터드 크림과 비슷한 되기를 만들기 위하여 달걀 전량을 옥수수 전분으로 대치한다면 얼마 정도가 적당한가?

① 10%　　　② 20%
③ 30%　　　④ 40%

해설
달걀은 수분 75%, 고형분 25%로 이루어져 있다.
• 달걀의 수분 : $40 \times 0.75 = 30$
• 고형분 : $40 \times 0.25 = 10$
∴ 옥수수 전분 10%, 물 30%

25 식품이 나타내는 수증기압이 0.75기압이고, 그 온도에서 순수한 물의 수증기압이 1.5기압일 때 식품의 상대습도(RH)는?

① 60　　　② 40
③ 70　　　④ 50

해설
수분활성도(Aw ; Water Activity)
• 물질 중에 존재하는 수분 중에서 미생물이 이용할 수 있는 수분의 양을 나타내는 척도
• $Aw = \dfrac{P}{P_0}$

여기서, P : 물질 내 수분의 수증기압
P_0 : 순수한 물의 수증기압

∴ 상대습도(RH) $= Aw \times 100 = \dfrac{P}{P_0} \times 100$
$= \dfrac{0.75}{1.5} \times 100 = 50\%$

26 다음 당류 중 단맛이 가장 약한 것은?

① 과 당　　　② 포도당
③ 설 탕　　　④ 맥아당

해설
당질의 감미도 : 과당(100~170) > 전화당(90~130) > 설탕(100) > 포도당(50~74) > 맥아당(35~60) > 갈락토스(33) > 유당(16~28)

27 조미료의 일반적인 첨가 순서로 가장 적절한 것은?

① 소금 → 설탕 → 식초

② 설탕 → 소금 → 식초

③ 소금 → 식초 → 설탕

④ 설탕 → 식초 → 소금

해설

조미료는 요리에 따라 사용 순서가 정해져 있는 것이 많다. 끓이는 것일 때는 대개 설탕을 먼저 넣고 소금, 식초의 순서로 넣는다.

29 점성이 없고 보슬보슬한 매시드 포테이토(Mashed Potato)용 감자로 가장 알맞은 것은?

① 충분히 숙성한 분질의 감자

② 전분의 숙성이 불충분한 수확 직후의 햇감자

③ 소금 1컵 : 물 11컵의 소금물에서 표면에 뜨는 감자

④ 10℃ 이하의 찬 곳에 저장한 감자

해설

전분 함량에 따른 감자의 분류

• 점질 감자 : 전분 함량이 낮고 수분이 많아 끈적거리며, 조리 시 단단하게 모양을 유지한다. 주로 국물, 볶음 등의 요리에 사용된다.

• 분질 감자 : 전분 함량이 높고 포슬포슬하여 조리 시 부드럽게 부서지는 특징이 있다. 주로 감자튀김, 매시드 포테이토 등에 사용된다.

28 옥수수, 토마토, 난황에 주로 함유되어 있는 색소는?

① 클로로필(Chlorophyll)

② 안토사이아닌(Anthocyanin)

③ 카로티노이드(Carotenoid)

④ 플라보노이드(Flavonoid)

해설

카로티노이드 : 황색, 주황색, 적색을 띠는 지용성 색소로 광합성 작용에 관여한다. 토마토, 복숭아, 고추, 감귤류, 당근, 고구마, 옥수수 등의 과실과 뿌리에 분포한다.

30 당류 가공품 중 결정형 캔디는?

① 폰당(Fondant)

② 캐러멜(Caramel)

③ 마시멜로(Marshmallow)

④ 젤리(Jelly)

해설

결정형 캔디의 예로는 폰당(Fondant), 퍼지(Fudge), 디비니티(Divinity) 등이 있고, 비결정형 캔디의 예로는 하드캔디(Hard Candy), 캐러멜(Caramel), 마시멜로(Marshmallow) 등이 있다.

31 다음 중 전분의 호화상태를 유지하는 가장 효율적인 방법은?

① 염장법   ② 일광 건조법
③ **급속 냉동법**   ④ 산 저장법

해설
0℃ 이하에서 급속 냉동하면 전분의 노화를 억제할 수 있다.

32 찹쌀과 멥쌀의 성분상 큰 차이는?

① 단백질 함량
② 지방 함량
③ 회분 함량
④ **아밀로펙틴 함량**

해설
쌀은 전분의 화학적 성질에 의해 아밀로펙틴이 100%로 점성이 강한 찹쌀, 아밀로스가 약 20~25%, 아밀로펙틴은 약 75~80% 정도로 점성이 약한 멥쌀로 구분된다.

33 새우젓 등 젓갈류 생성과정의 주원리는?

① **자가소화 및 미생물과의 분해작용으로 생성된다.**
② 미생물의 분해작용으로만 생성된다.
③ 자가소화 작용으로만 생성된다.
④ 식염과 핵산의 상호작용으로 생성된다.

해설
젓갈류의 제조 원리는 자가소화효소에 의한 가수분해 작용(숙성) 및 미생물의 작용에 의한 발효가 혼합된 복합 발효로 인식된다.

34 전분 호정화 현상의 예가 아닌 것은?

① 미숫가루
② 누룽지
③ **엿**
④ 브라운 루

해설
전분의 호정화 : 전분에 물을 첨가하지 않고 160℃ 이상으로 가열하면 덱스트린(호정)이 되는 현상을 말한다 (미숫가루, 토스트 등).

35 오징어에 대한 설명으로 틀린 것은?

① **살이 붉은색을 띠는 것은 색소포에 의한 것으로 신선도와는 상관이 없다.**
② 오징어의 근육은 평활근으로 색소를 가지지 않으므로 껍질을 벗긴 오징어는 가열하면 백색이 된다.
③ 가열하면 근육섬유와 콜라겐섬유 때문에 수축하거나 둥글게 말린다.
④ 신선한 오징어는 무색투명하며, 껍질에는 짙은 적갈색의 색소포가 있다.

해설
오징어의 신선도가 나빠지면 붉은색을 띤다.

36 다음 자료에 의해서 제조원가를 산출하면 얼마인가?

- 이익 20,000원
- 제조간접비 25,000원
- 판매관리비 17,000원
- 직접재료비 20,000원
- 직접노무비 23,000원
- 직접경비 15,000원

① 48,000원   ② 73,000원

③ **83,000원**   ④ 103,000원

해설
제조원가 = 직접원가(직접재료비 + 직접노무비 + 직접경비) + 제조간접비

37 식품 조리 및 취급과정 중 교차오염이 발생하는 경우와 가장 거리가 먼 것은?

① 반죽 후 손을 씻지 않고 샌드위치 만들기

② **반죽 위에 생고구마를 얹고 쿠키 굽기**

③ 생새우를 손질한 도마에 샐러드 채소를 손질하기

④ 반죽을 자른 칼로 구운 식빵 자르기

해설
교차오염이란 음식이 생산되는 과정 중 미생물에 오염된 사람이나 식품으로 인해 다른 식품이 오염되는 것을 말한다. 조리과정에서의 재료 첨가는 포함되지 않는다.

38 고기의 질긴 결합조직 부위를 물과 함께 장시간 끓였을 때 연해지는 이유는?

① 콜라겐이 알부민으로 변화되어 용출되어서

② **콜라겐이 젤라틴으로 변화되어 용출되어서**

③ 엘라스틴이 젤라틴으로 변화되어 용출되어서

④ 엘라스틴이 알부민으로 변화되어 용출되어서

해설
육류의 결합조직은 장시간 물에 끓이면 콜라겐이 젤라틴으로 변화되면서 부드러워진다.

39 식품창고를 관리하는 방법으로 옳지 않은 것은?

① 항상 적당한 습도를 유지하도록 한다.

② 저장식품과 바로 사용할 채소류는 따로 저장한다.

③ 직사광선을 피하고 통풍과 환기가 잘되어야 한다.

④ **방충망을 설치하고 살충제나 소독약을 구비해 둔다.**

해설
식품창고에 식품이 아닌 소독제, 세제, 살충제는 보관하지 않도록 한다. 항상 정리정돈 상태를 유지하며, 수시 또는 정기점검을 하여야 한다.

40 다음 중 열매를 이용하는 열매 채소는?

① 호 박   ② 시금치
③ 마 늘   ④ 배 추

> **해설**
> 생식기관인 열매를 식용하는 채소(열매 채소)에는 오이, 호박 등의 박과(科) 채소, 고추, 토마토, 가지 등의 가지과 채소 등이 있다. 시금치와 배추는 잎과 줄기를 이용하는 잎줄기 채소이고, 마늘은 뿌리 채소이다.

41 납 중독에 대한 설명으로 틀린 것은?

① 대부분 만성 중독이다.
② 뼈에 축적되거나 골수에 대해 독성을 나타내므로 혈액장애를 일으킬 수 있다.
③ 손과 발에 각화증 등을 일으킨다.
④ 잇몸의 가장자리가 흑자색으로 착색된다.

> **해설**
> 각화증은 비소에 만성 중독되었을 때 나타나는 증상 중 하나이다.

42 디피티(DPT) 접종과 관계없는 질병은?

① 디프테리아   ② 파상풍
③ 콜레라   ④ 백일해

> **해설**
> DPT는 디프테리아, 백일해, 파상풍을 예방하기 위한 백신이다.

43 감염병 관리상 환자의 격리를 필요로 하지 않는 것은?

① 공수병
② 에볼라바이러스병
③ 장티푸스
④ 콜레라

> **해설**
> 「감염병의 예방 및 관리에 관한 법률」에 따르면, 감염병 관리상 환자의 격리가 필요한 감염병은 제1급 감염병(음압격리와 같은 높은 수준의 격리)과 제2급 감염병이다. 보기에서 공수병은 제3급 감염병, 에볼라바이러스병은 제1급 감염병, 장티푸스·콜레라는 제2급 감염병에 해당한다.

44 병원체가 바이러스인 질병은?

① 장티푸스   ② 디프테리아
③ 유행성 간염   ④ 콜레라

> **해설**
> 바이러스성 감염병 : 폴리오(소아마비), 감염성 설사, 유행성 간염 등

45 다음 중 개인위생을 설명한 것으로 가장 적절한 것은?

① 식품종사자들이 사용하는 소독제나 탈취제의 종류
② 식품종사자들이 일주일에 목욕하는 횟수
✓ ③ **식품종사자들이 건강, 위생복장 착용 및 청결을 유지하는 것**
④ 식품종사자들이 작업 중 항상 장갑을 끼는 것

해설
위생관리란 음료수 처리, 쓰레기, 분뇨, 하수와 폐기물 처리, 공중위생, 접객업소와 공중이용시설 및 위생용품의 위생관리, 조리, 식품 및 식품첨가물과 이에 관련된 기구·용기 및 포장의 제조와 가공에 관한 위생 관련 업무를 말한다.

46 다음 중 가열 조리방법에 대한 설명으로 옳은 것은?

① 가열할 때는 식품의 내부와 표면 온도차를 줄이기 위해서 식품을 뜨거운 물에 넣는다.
② 데치기는 식품의 모양을 그대로 유지하며, 수용성 성분의 용출이 적은 것이 특징이다.
✓ ③ **구이는 높은 온도에서 가열 조리하는 방법으로 독특한 풍미를 갖는다.**
④ 굽기, 볶기, 조리기, 튀기기는 건열 조리방법이다.

해설
① 물에 삶거나 끓일 때에는 목적에 따라 찬물 또는 끓는 물에 넣고 가열한다.
② 찌기에 대한 설명이다.
④ 조리기는 습열 조리방법이다.

47 일반적인 버터의 수분 함량은?

✓ ① **18% 이하**　　② 25% 이하
③ 30% 이하　　④ 45% 이하

해설
일반적으로 버터는 17~18%의 수분을 함유하고 있다.

48 소금의 종류와 설명을 연결한 것 중 옳지 않은 것은?

① 호렴 – 입자가 크고 색이 검다.
② 재제염 – 희고 입자가 곱다.
✓ ③ **식탁염 – 염화나트륨과 염화마그네슘이 많고 장을 담그거나 채소를 절일 때 사용한다.**
④ 가공염 – 식탁염에 다른 맛을 내는 성분을 첨가한 소금이다.

해설
소금의 종류
• 호렴 : 장을 담그거나 생선 및 채소를 절일 때 사용하며 입자가 크고 색이 약간 검다.
• 재제염 : 보통 꽃소금이라고 하며 간을 맞추거나 적은 양의 채소나 생선을 절일 때 사용한다.
• 식탁염 : 이온교환법으로 만든 정제도가 높은 소금으로, 설탕처럼 입자가 곱다.
• 가공염 : 식탁염에 다른 맛을 내는 성분을 첨가한 소금으로, 화학조미료를 10% 첨가한 것이다.

49 식품과 주요 특수성분 간의 연결이 적절한 것은?

① 후추 – 메틸메르캅탄

☑ **마늘 – 알리신**

③ 무 – 진저롤

④ 고추 – 차비신

해설
식품의 특수성분
- 고추 : 캡사이신(Capsaicin)
- 참기름 : 세사몰(Sesamol)
- 마늘 : 알리신(Allicin)
- 후추 : 차비신(Chavicine)
- 생강 : 진저론(Zingerone), 쇼가올(Shogaol)
- 겨자 : 시니그린(Sinigrin)
- 와사비 : 알릴아이소싸이오사이아네이트(Allyliso-thiocyanate)

50 칼슘의 흡수를 방해하는 인자는?

① 단백질 ☑ **옥살산**

③ 유 당 ④ 비타민 C

해설
고용량의 옥살산, 아연 등은 칼슘의 흡수를 방해한다.
칼슘은 비타민 D, 비타민 K, 마그네슘 등과 촉진작용을
일으킨다.

51 수은에 오염된 어패류로 인해 사람에게 나타나는 중독증은?

① 이타이이타이병

☑ **미나마타병**

③ 쯔쯔가무시병

④ 레지오넬라병

해설
미나마타병 : 유기수은(Hg)에 의한 병으로 언어장애,
난청, 보행장애, 운동장애, 지각장애, 정신장애를 일으
킨다.

52 하루에 2,500kcal를 섭취하는 성인 남자 100명이 있다. 총열량의 60%를 쌀로 섭취한다면 하루에 쌀 약 몇 kg 정도가 필요한가?(단, 쌀 100g은 340kcal이다)

① 12.70kg

☑ **44.12kg**

③ 127.02kg

④ 441.18kg

해설
- 하루 쌀 섭취열량 : 2,500kcal × 0.6 = 1,500kcal
- 하루 쌀 섭취량 : 100g : 340kcal = x : 1,500kcal
  → x = 441.18g
- ∴ 100명의 하루 쌀 섭취량 : 441.18g × 100 ≒ 44.12kg

53 콩나물이 10cm 정도 자란 후, 식용할 때의 영양소 변화 중 가장 특징적인 것은?

① 지방의 함량이 많아진다.

② 당질의 함량이 많아진다.

✔**③ 비타민 C의 함량이 많아진다.**

④ 비타민 B_1의 함량이 많아진다.

> **해설**
> 콩나물 생장과정 중 지방은 현저히 감소하는 한편 섬유소는 증가하고 또한 비타민류는 대단히 많은 양이 증가한다. 비타민류 중 특히 비타민 A와 비타민 C의 함량 증가가 현저하다.

54 감칠맛을 갖는 핵산이 아닌 것은?

① 5′-IMP

✔**② 5′-UMP**

③ 5′-GMP

④ 5′-XMP

> **해설**
> 핵산 계열 조미료로 표고버섯, 송이버섯 등에 들어 있는 5′-GMP, 소고기, 돼지고기 등에 들어 있는 5′-IMP 등이 있다. 5′-XMP는 합성과정의 대사중간생성물로, GMP 생성효소 작용에 의해 구아노신 5′-GMP(글루탐산, 피로인산 등)로 전환된다.
> 5′-UMP
> • 단독으로 존재하지 않는 뉴클레오티드의 전구체, 세포 속 핵의 구성성분(글루타민)으로 기억력 담당 신경전달물질의 원료이고, 단백질에 흡착한다.
> • 우리딘-5′-모노포스페이트(UMP)는 모유 수유하는 산모에게서 자연적으로 발견되는 화합물로 뇌가 가장 어릴 때 인간에게 꼭 필요한 성분이다.

55 비프 스테이크(Beef Steak)의 구운 정도를 나타낸 용어와 거리가 먼 것은?

✔**① Moderate**

② Medium

③ Rare

④ Well-done

> **해설**
> 비프 스테이크(Beef Steak)의 구운 정도
> • 레어(Rare) : 겉 부분만 살짝 구운 상태
> • 미디엄 레어(Medium Rare) : 중심부가 반쯤 구워진 상태
> • 미디엄(Medium) : 고기의 표면은 갈색이나 내부의 붉은색이 약간 남아 있는 상태
> • 미디엄 웰던(Medium Well-done) : 미디엄과 웰던의 중간 상태(우리나라 사람들이 선호)
> • 웰던(Well-done) : 완전히 익은 상태

56 파스타에 대한 설명으로 옳지 않은 것은?

① 생면 파스타는 강력분과 달걀을 이용해서 만든다.

✔**② 알덴테(Al dente)는 파스타 면을 푹 삶는 것을 의미한다.**

③ 파스타의 기본적인 재료는 강력분, 달걀, 소금, 올리브유이다.

④ 파스타를 삶는 시간은 파스타가 소스와 함께 버무려지는 시간까지 계산해야 한다.

> **해설**
> 알덴테(Al dente)는 파스타를 삶는 정도를 의미하며, 입안에서 느껴지는 알맞은 상태를 나타낸다.

57 마요네즈를 만드는 도중 기름과 식초가 분리되었을 때 가장 적합한 방안은?

① 기름과 식초가 다시 섞이도록 한 방향으로 마구 섞어 준다.

② 식초를 더 넣으면서 한 방향으로 다시 섞는다.

③ 기름을 더 넣으면서 한 방향으로 다시 섞는다.

✔ **④ 계란의 난황을 넣고 한 방향으로 다시 섞는다.**

> **해설**
> 계란 난황의 레시틴 성분이 유화력을 갖고 있어 식초와 기름을 잘 섞이게 한다.

58 서양식 조식(Breakfast)의 대표적인 종류에 해당하지 않는 것은?

✔ **① 러시아식 아침 식사(Russia Breakfast)**

② 유럽식 아침 식사(Continental Breakfast)

③ 미국식 아침 식사(American Breakfast)

④ 영국식 아침 식사(English Breakfast)

> **해설**
> 조식의 종류
> • 유럽식 아침 식사 : 대륙식 아침 식사라고도 하며, 각종 주스류와 조식용 빵과 커피나 홍차로 구성된 간단한 아침 식사이다.
> • 미국식 아침 식사 : 유럽식 아침 식사에 달걀 요리가 제공된다. 취향에 따라 감자 요리와 햄, 베이컨, 소시지 등이 제공된다.
> • 영국식 아침 식사 : 조식 요리 중 가장 무겁게 느껴지는 아침 식사로, 미국식 조찬과 같이 제공되나 육류나 생선 요리가 제공된다.

59 얇게 썬 빵에 속재료를 넣고 위에 덮는 빵을 올리지 않는 종류의 샌드위치는?

① 롤 샌드위치(Roll Sandwich)

② 핑거 샌드위치(Finger Sandwich)

✔ **③ 오픈 샌드위치(Open Sandwich)**

④ 클로즈드 샌드위치(Closed Sandwich)

> **해설**
> ① 롤 샌드위치(Roll Sandwich) : 빵을 넓고 길게 잘라 재료(크림 치즈, 게살, 훈제연어, 참치)를 넣고 둥글게 말아 썰어 제공하는 형태의 샌드위치이다.
> ② 핑거 샌드위치(Finger Sandwich) : 일반 식빵을 클로즈드 샌드위치로 만들고 3~6등분으로 썰어 제공하는 형태의 샌드위치이다.
> ④ 클로즈드 샌드위치(Closed Sandwich) : 얇게 썬 빵에 속재료를 넣고 위와 아래에 빵을 덮는 형태의 샌드위치이다.

60 다음 중 차가운 시리얼이 아닌 것은?

✔ **① 오트밀(Oatmeal)**

② 콘플레이크(Cornflakes)

③ 올 브랜(All Bran)

④ 레이진 브랜(Raisin Bran)

> **해설**
> 오트밀은 더운 시리얼(Hot Cereals)에 해당한다.

01 화재 발생 시 피난 통로를 안내하기 위한 통로유도등의 종류가 아닌 것은?

① 거실통로유도등

② 복도통로유도등

③ 계단통로유도등

❹ **객석유도등**

해설
통로유도등 : 피난 통로를 안내하기 위한 유도등으로 복도통로유도등, 거실통로유도등, 계단통로유도등 등 이 있다.

02 손 위생에 관련한 내용으로 적절하지 않은 것은?

① 머리를 만진 후에는 즉시 손을 닦는다.

② 위생모를 만진 후에는 즉시 손을 닦는다.

❸ **손 씻기는 정해진 시간에 한 번 손 씻는 방법에 따라 하면 된다.**

④ 역성비누를 이용하여 손을 씻는다.

해설
손 위생을 위해 올바른 방법으로 가능한 수시로 손을 씻는 것이 좋다.

03 색소는 포함되어 있지 않지만, 식품의 색을 안정시키는 기능을 하는 첨가물은?

① 착색제　　　② 표백제

❸ **발색제**　　　④ 유화제

해설
발색제 자체에는 색소가 없으나 식품 중의 색소 단백질과 반응하여 식품 자체의 색을 고정(안정화)시키고, 선명하게 한다.

04 다음 중 생물이 자라는 데 필요한 조건이 아닌 것은?

① 수 분

❷ **햇 빛**

③ 온 도

④ 영양분

해설
① 수분 : 미생물의 주성분이며 생리기능을 조절하는 데 필요하다.
③ 온도 : 생육 온도에 따라 저온균, 중온균, 고온균으로 나눌 수 있으며, 0℃ 이하 및 70℃ 이상에서는 생육할 수 없다.
④ 영양분 : 탄소원(당질), 질소원(아미노산, 무기질소), 무기물, 비타민 등이 있다.

05 자외선이 인체에 주는 작용이 아닌 것은?

① 살균작용
② 구루병 예방
③ **열사병 예방**
④ 피부색소 침착

해설

자외선이 인체에 미치는 영향
• 2,600~2,800 Å에서 살균작용이 가장 강하다.
• 비타민 D 형성을 촉진하고 구루병을 예방한다.
• 건강선(Dorno-ray)이라고 하며, 피부의 모세혈관을 확장시켜 홍반을 일으킨다.
• 표피의 기저 세포층에 존재하는 멜라닌 색소를 증대시켜 색소침착을 가져온다.
• 피부암, 일시적인 시력장애 등을 유발한다.

06 식품위생법상 총리령으로 정하는 식품위생검사기관이 아닌 것은?

① 식품의약품안전평가원
② 지방식품의약품안전청
③ 보건환경연구원
④ **지역 보건소**

해설

위생검사 등 요청기관(식품위생법 시행규칙 제9조의2)
총리령으로 정하는 식품위생검사기관이란 식품의약품 안전평가원, 지방식품의약품안전청, 보건환경연구원을 말한다.

07 단백질 식품이 부패할 때 생성되는 물질이 아닌 것은?

① **레시틴**
② 암모니아
③ 아민류
④ 황화수소(H_2S)

해설

단백질 식품의 부패는 단백질이 혐기성 미생물에 의해 분해되면서 황화수소, 인돌, 아민, 암모니아 등 악취를 내는 유해성 물질을 생성하는 현상을 말한다.

08 식품안전관리인증기준(HACCP)의 설명으로 옳지 않은 것은?

① 위해요소 분석(HA)은 원료와 공정에서 발생이 가능한 생물학적·화학적·물리적 위해요소를 분석하는 것을 말한다.
② 중요관리점(CCP)은 위해요소를 예방·제어 또는 허용 수준으로 감소시킬 수 있는 단계를 중점 관리하는 것을 말한다.
③ 모니터링(Monitoring)은 위해요소의 관리 여부를 점검하기 위하여 실시하는 관찰이나 측정 수단을 말한다.
④ **HACCP에 대한 문서의 보존은 최소 3년 이상으로 한다.**

해설

기록관리(식품 및 축산물 안전관리인증기준 제8조제1항)
식품위생법 및 건강기능식품에 관한 법률, 축산물 위생관리법에 따른 안전관리인증기준(HACCP) 적용업소는 관계 법령에 특별히 규정된 것을 제외하고는 이 기준에 따라 관리되는 사항에 대한 기록을 2년간 보관하여야 한다.

09 중온세균의 최적 발육온도는?

① 0~10℃　　② 17~25℃

③ 25~37℃　　④ 50~60℃

생육 온도에 따른 미생물의 분류

미생물	최적 온도(℃)	발육 가능온도(℃)
저온균	15~20	0~25
중온균	25~37	15~55
고온균	50~60	40~70

10 간장에 대한 설명으로 옳지 않은 것은?

① 간장은 메주를 소금물에 담가 발효 숙성 시키므로 아미노산, 당분, 지방산, 방향 물질 등이 생성된다.

② 개량식 간장은 찐 탈지 대두에 밀과 황 국균을 번식시킨 후 소금물을 붓고 발효 시켜 간장을 짜서 살균한 것이다.

③ 간장이 검은색을 띠는 것은 아미노산과 당의 캐러멜화 반응으로 인한 생성물에 의한 것이다.

④ 간장은 원료나 메주, 발효방법에 따라 종류가 다르다.

간장은 메주를 소금물에 담가 숙성시키는 동안 아미노 산과 당분, 지방산 등의 물질이 생기면서 아미노-카보 닐(Amino-Carbonyl) 반응으로 인해 시간이 지날수록 색이 짙어져 검은색으로 변한 것이다.

11 향신료 중 씨앗(Seed)은?

① 처빌(Chervil)

② 마조람(Marjoram)

③ 스테비아(Stevia)

④ 메이스(Mace)

메이스(Mace)는 향신료의 하나로, 육두구(Nutmeg) 열 매의 선홍색 씨 껍질을 건조시킨 것이다.

12 식품위생법상 집단급식소 운영자의 준수 사항으로 틀린 것은?

① 실험 등의 용도로 사용하고 남은 동물을 처리하여 조리해서는 안 된다.

② 지하수를 먹는 물로 사용하는 경우 수질 검사의 모든 항목검사는 1년마다 하여 야 한다.

③ 식중독이 발생한 경우 원인규명을 위한 행위를 방해하여서는 아니 된다.

④ 동일 건물에서 동일 수원을 사용하는 경우 타 업소의 수질검사 결과로 갈음할 수 있다.

①·③·④ 식품위생법 제88조
집단급식소의 설치·운영자의 준수사항(식품위생법 시행규칙 [별표 24])
수돗물이 아닌 지하수 등을 먹는 물 또는 식품의 조리· 세척 등에 사용하는 경우에는 「먹는물관리법」에 따른 먹는물 수질검사기관에서 다음의 구분에 따른 검사를 받아야 한다.
• 모든 항목검사 : 2년마다 「먹는 물 수질기준 및 검사 등에 관한 규칙」 제2조에 따른 먹는 물의 수질기준에 따른 검사

13 영업의 허가 및 신고를 받아야 하는 관청이 다른 것은?

① 식품운반업

✅ **식품조사처리업**

③ 단란주점업

④ 유흥주점업

해설

허가를 받아야 하는 영업 및 허가관청(식품위생법 시행령 제23조)
- 식품조사처리업 : 식품의약품안전처장
- 단란주점영업과 유흥주점영업 : 특별자치시장·특별자치도지사 또는 시장·군수·구청장
※ 식품운반업은 특별자치시장·특별자치도지사 또는 시장·군수·구청장에게 신고를 하여야 하는 영업이다(식품위생법 시행령 제25조제1항).

14 식품위생법상 식중독 환자를 진단한 의사는 누구에게 이 사실을 제일 먼저 보고하여야 하는가?

① 보건소장

② 경찰서장

③ 보건복지부장관

✅ **관할 시장·군수·구청장**

해설

식중독에 관한 조사 보고 등(식품위생법 제86조제1항)
식중독 환자나 식중독이 의심되는 자를 진단하거나 그 사체를 검안(檢案)한 의사 또는 한의사는 지체 없이 관할 특별자치시장·시장·군수·구청장에게 보고하여야 한다. 이 경우 의사나 한의사는 대통령령으로 정하는 바에 따라 식중독 환자나 식중독이 의심되는 자의 혈액 또는 배설물을 보관하는 데에 필요한 조치를 하여야 한다.

15 토마토 크림수프를 만들 때 사용되는 우유에 함유된 응고 주성분은?

① 락트알부민(Lactalbumin)

② 락토글로불린(Lactoglobulin)

✅ **카세인(Casein)**

④ 레닌(Renin)

해설

토마토 크림수프를 만들 때 토마토의 유기산이 우유에 함유된 카세인 성분을 응고시킨다.

16 식품을 구입하였는데 포장에 다음 그림과 같은 표시가 있었다. 어떤 종류의 식품 표시인가?

✅ **방사선조사식품**

② 녹색신고식품

③ 자진회수식품

④ 유기농법제조식품

해설

방사선조사식품은 보존성과 위생 품질 향상을 위해 방사선을 쬐인 조사식품을 말한다.

17 베샤멜 소스(Béchamel Sauce)가 모체 소스가 아닌 것은?

① 모던 소스(Modern Sauce)

② **홀스래디시 소스(Horseradish Sauce)** ✓

③ 모르네이 소스(Mornay Sauce)

④ 크림 소스(Cream Sauce)

해설
모체 소스는 다양한 파생 소스의 기본이 되는 소스로, 주재료에 의한 분류와 색상에 의한 분류를 한다. 대표적인 우유 소스로 베샤멜 소스가 있으며, 모던 소스, 크림 소스, 모르네이 소스는 베샤멜 소스의 파생 소스이다.

18 지방에 대한 설명으로 틀린 것은?

① 동식물에 널리 분포되어 있으며 물에 잘 녹지 않고 유기용매에 녹는다.

② 에너지원으로 1g당 9kcal의 열량을 공급한다.

③ **포화지방산은 이중결합을 가지고 있는 지방산이다.** ✓

④ 포화 정도에 따라 융점이 달라진다.

해설
포화지방산은 이중결합이 없고 상온에서 고체로 존재한다.

19 바퀴벌레의 특성이 아닌 것은?

① 잡식성　　　② 군거성

③ **독립성** ✓　　④ 질주성

해설
바퀴벌레의 특성 : 야간 활동성, 질주성, 군거성, 잡식성

20 조리장에 비치된 소화기가 '정상'일 때 가리키는 눈금은?

① 노란색　　　② 적 색

③ **녹 색** ✓　　④ 흰 색

해설
소화기 눈금이 녹색에 위치해야 정상이다.

21 다음 중 신체의 여러 가지 생리적 기능에 관여하는 것은?

① 탄수화물, 단백질

② 지방, 비타민

③ **비타민, 무기질** ✓

④ 탄수화물, 무기질

해설
영양소의 구분
• 조절소 : 신체의 기능을 조절하는 영양소로서 비타민, 무기질, 물을 들 수 있다.
• 열량소 : 탄수화물, 지방, 단백질은 체내에서 화학반응을 거쳐 에너지를 발생시킨다(3대 영양소).
• 구성소 : 단백질, 무기질, 물은 체구성 성분으로서 새로운 조직 형성이나 보수에 관여하고, 몸을 구성한다.

22 탄수화물 식품의 노화를 억제하는 방법과 가장 거리가 먼 것은?

✔ ① 항산화제의 사용
② 수분 함량 조절
③ 설탕의 첨가
④ 유화제의 사용

해설

전분의 노화를 억제하는 방법
• 수분 함량 조절 : 10~15% 이하로 조절
• 설탕 첨가 : 탈수제로 작용
• 냉동건조 : 0℃ 이하에서 급속 냉동
• 유화제 사용 : 교질용액의 안정성 증가

24 카로티노이드(Carotenoid) 색소와 소재 식품의 연결이 틀린 것은?

① 베타카로틴(β-carotene) – 당근, 녹황색 채소
② 라이코펜(Lycopene) – 토마토, 수박
✔ ③ 아스타잔틴(Astaxanthin) – 감, 옥수수, 난황
④ 푸코잔틴(Fucoxanthin) – 다시마, 미역

해설

아스타잔틴(Astaxanthin) : 연어, 송어, 도미, 새우, 바닷가재 등

23 다음 중 아이오딘을 가장 많이 함유한 식품은?

① 우 유
② 소고기
✔ ③ 미 역
④ 시금치

해설

해조류 특히 갈조류의 미역, 다시마 등은 아이오딘 함유량이 많다.

25 설탕을 포도당과 과당으로 분해하여 전화당을 만드는 효소는?

① 아밀레이스(Amylase)
✔ ② 인버테이스(Invertase)
③ 라이페이스(Lipase)
④ 피테이스(Phytase)

해설

① 아밀레이스(Amylase) : 탄수화물 분해효소
③ 라이페이스(Lipase) : 지방 분해효소
④ 피테이스(Phytase) : 피틴을 가수분해해서 인산을 유리하는 효소

26 육류 조리 시 향미성분과 관계가 먼 것은?

① 질소함유물
② 유기산
③ 유리아미노산
④ **아밀로스**

해설
아밀로스는 전분의 노화와 관련이 있다.

27 머랭(Meringue)은 달걀의 어떤 성질을 이용하여 만든 것인가?

① 유화성
② **기포성**
③ 응고성
④ 점 성

해설
머랭은 난백의 기포성을 이용하여 팽창제 역할을 한다.

28 연화 작용력이 가장 작은 것은?

① 버 터
② 쇼트닝
③ **마가린**
④ 라 드

해설
• 연화작용 : 밀가루를 반죽할 때 지방을 넣으면 글루텐의 결합을 방해하며 제품을 연하고 부드럽게 한다.
• 연화력 순서 : 라드 > 쇼트닝 > 버터 > 마가린

29 생선에 레몬즙을 뿌렸을 때 나타나는 현상이 아닌 것은?

① 단백질이 응고된다.
② 생선의 비린내가 감소한다.
③ 미생물의 증식이 억제된다.
④ **신맛이 가해져서 생선이 부드러워진다.**

해설
레몬즙은 어육질의 단백질을 응고시켜 고기를 가열하였을 때 육질이 단단해진다.

30 다음 중 습열 조리에 속하는 조리법은?

① 볶 기
② **삶 기**
③ 튀기기
④ 부치기

해설
습열에 의한 조리 : 삶기, 끓이기, 찌기 등

31 우리나라에서 가장 많이 발생하는 식중독 유형은?

① 화학적 식중독
② 자연독 식중독
③ **세균성 식중독**
④ 곰팡이 독소

해설
우리나라에서 가장 많이 발병하는 식중독은 식중독 세균에 노출된 음식물을 섭취하여 발생하는 세균성 식중독이다.

32 다음 설명에 해당하는 것은?

> 곱게 간 고기에 달걀이나 크림 등을 넣고, 스푼을 사용하여 럭비공 모양으로 만들어 익혀 낸 음식을 말한다.

① 굴라시(Goulash)
② 룰라드(Roulade)
✔ **크넬(Quenelle)**
④ 라구(Ragout)

해설
양식 스푼을 이용해 간 고기나 크림을 럭비공 모양으로 뜬 음식을 크넬(Quenelle, 커넬, 퀸넬)이라고 한다.

33 영양소의 손실이 가장 큰 조리법은?

✔ **바삭바삭한 튀김을 위해 튀김옷에 탄산수소나트륨을 첨가한다.**
② 푸른색 채소를 데칠 때 약간의 소금을 첨가한다.
③ 감자를 껍질째 삶은 후 절단한다.
④ 쌀을 담가 놓았던 물을 밥물로 사용한다.

해설
밀가루 내의 백색 색소인 플라보노이드라는 성분이 알칼리 성분(탄산수소나트륨)과 만나면 제품이 황색으로 변하며, 특히 비타민 B_1, B_2의 손실을 가져온다.

34 사과나 딸기 등이 잼에 이용되는 가장 중요한 이유는?

① 과숙이 잘되어 좋은 질감을 형성하기 때문이다.
✔ **펙틴과 유기산이 함유되어 잼 제조에 적합하기 때문이다.**
③ 색을 아름답게 하여 잼의 상품가치를 높이기 때문이다.
④ 새콤한 맛 성분이 적합하기 때문이다.

해설
펙틴은 다당의 종류로 잼의 점도를 높이는 역할을 한다. 유기산은 펙틴의 점도를 돕는 역할을 하며 잼을 만들 때 첨가하는 설탕을 분해하는 역할을 한다.

35 세계보건기구(WHO)에 따른 식품위생의 정의 중 식품의 안전성 및 건전성이 요구되는 단계는?

① 식품의 재료, 채취에서 가공까지
✔ **식품의 생육, 생산에서 섭취의 최종까지**
③ 재료 구입에서 섭취 전의 조리까지
④ 식품의 조리에서 섭취 및 폐기까지

해설
식품의 생육, 생산 및 제조로부터 인간이 섭취하는 모든 단계를 말한다.

36 냉매와 같은 저온 액체 속에 넣어 냉각, 냉동시키는 방법으로 닭고기 같은 고체식품에 적합한 냉동법은?

① **침지식 냉동법**
② 분무식 냉동법
③ 접촉식 냉동법
④ 송풍 냉동법

해설
② 분무식 냉동법 : 무해하며 증발하는 액체 질소, 액화 이산화탄소 등을 식품에 직접 살포하는 냉동법이다.
③ 접촉식 냉동법 : −10~−30℃ 정도의 금속판과 접촉시켜 냉동시키는 냉동법이다.
④ 송풍 냉동법 : −30~−40℃ 정도의 찬 공기를 강제순환시켜 냉동시키는 냉동법이다.

37 다음 중 마요네즈의 재료는?

① 밀가루, 버터, 우유
② 식물성 기름, 식초, 소금, 레몬즙
③ 달걀흰자, 식물성 기름, 식초, 소금
④ **달걀노른자, 식물성 기름, 식초, 소금**

해설
마요네즈는 난황의 유화성을 이용한 대표적인 가공품으로, 난황에 식물성 기름, 식초, 소금, 여러 가지 조미료 등을 혼합하여 만든다.

38 예방접종이 감염병 관리상 갖는 의미는?

① 병원소의 제거
② 감염원의 제거
③ 환경의 관리
④ **감수성 숙주의 관리**

해설
감수성 숙주란 감염된 환자가 아닌 감염 위험성을 가진 환자이다. 예방접종은 감염성 질병을 예방하기 위한 활동이므로 감수성 숙주를 관리하는 것이다.

39 식품 등의 표시 · 광고에 관한 법률에 따른 식품의 표시사항이 아닌 것은?

① 식품유형 및 영양성분
② **상표 · 로고**
③ 용기 및 포장의 재질
④ 소비기한 또는 품질유지기한

해설
② 상표, 로고는 식품 등의 표시 · 광고에 관한 법률에 따른 식품의 표시사항이 아니다.
※ 식품 등의 표시 · 광고에 관한 법률 제4조 참고

40 입고량, 출고량, 재고량 등을 계속적으로 기록하는 것은?

✓ ① 영구재고 시스템
② 선입선출 시스템
③ 실사재고 시스템
④ 후입선출 시스템

> 해설
> 물품의 입고 수량과 출고 수량을 계속적으로 기록하여 적정 재고량을 유지하는 방법은 영구재고 시스템이다.

41 환기효과를 높이기 위한 중성대(Neutral Zone)의 위치로 가장 적합한 것은?

① 방바닥 가까이
② 방바닥과 천장의 중간
③ 방바닥과 천장 사이의 1/3 정도의 높이
✓ ④ 천장 가까이

> 해설
> 중성대(Neutral Zone)
> 들어오는 공기는 하부로, 나가는 공기는 상부로 이루어지는데, 실내에 유입되는 공기는 하반부일수록 힘이 강하고, 그 중앙에 압력이 0인 면이 생기는 부분을 중성대라 한다. 중성대가 천장 가까이에 형성될 때 환기량이 크며, 방바닥 가까이 있으면 환기량은 적어진다.

42 조리용 인덕션 레인지에 대한 설명으로 틀린 것은?

① 청소가 쉽고 위생적이다.
② 온도 변화가 빠르다.
③ 가스폭발 위험이 없다.
✓ ④ 요금이 경제적이다.

> 해설
> 전력 소모가 많고 같은 음식을 끓일 때 가스요금보다 더 많이 나온다.

43 700℃ 이하로 구운 옹기독에 음식물을 넣으면 유해물질이 용출되는데, 이때의 유독 성분은 무엇인가?

① 주석(Sn)
✓ ② 납(Pb)
③ 아연(Zn)
④ 폴리염화바이페닐(PCB)

> 해설
> 납(Pb)의 중독 경로 : 통조림의 땜납, 도자기나 법랑용기의 안료, 납 성분이 함유된 수도관, 납 함유 연료의 배기가스 등

44 튀김 시 기름에서 일어나는 변화를 설명한 것 중 틀린 것은?

① 기름은 비열이 낮기 때문에 온도가 쉽게 상승하고 쉽게 저하된다.
② 튀김재료의 당, 지방 함량이 많거나 표면적이 넓을 때 흡유량이 많아진다.
③ 기름의 열용량에 비하여 재료의 열용량이 클 경우 온도의 회복이 빠르다.
④ 튀김옷으로 사용하는 밀가루는 글루텐의 양이 적은 것이 좋다.

> **해설**
> ③ 기름의 열용량에 비하여 재료의 열용량이 작을 경우 온도의 회복이 빠르다.

45 식초 첨가 시 얻어지는 효과가 아닌 것은?

① 방부성
② 콩의 연화
③ 생선 가시 연화
④ 생선의 비린내 제거

> **해설**
> 콩을 빨리 연화시키는 방법으로 1%의 식염수에 담가두었다가 끓이는 방법과 0.3%의 탄산수소나트륨(중조)을 가하여 끓이는 방법이 있다.

46 조리장에서 식용유 사용 관련 화재 발생 시 해당하는 것은?

① A급 화재
② B급 화재
③ C급 화재
④ K급 화재

> **해설**
> 식용유 화재는 K급 화재로, 일반 유류화재와는 달리 자연 발화로 발생하기 때문에 발화점 이상에서 화염이 발생하면 온도가 더욱 빠르게 상승한다.

47 급속여과법과 비교하여 완속여과법이 갖는 특징으로 맞는 것은?

① 역류세척
② 많은 운영비
③ 약품침전법
④ 넓은 면적 필요

> **해설**
> 완속여과법과 급속여과법

구 분	완속여과법	급속여과법
여과속도	3~5m/day	120~150m/day
예비처리	보통침전법 (중력침전)	약품침전법
제거율	98~99%	95~98%
경상비	적 음	많 음
건설비	많 음	적 음
모래층 청소	사면대치	역류세척
면 적	광대한 면적 필요	좁은 면적도 가능
특 징	세균 제거율이 높음	탁도, 색도가 높은 물이 좋고 수면 동결이 쉬워야 함

48 식초의 기능에 대한 설명으로 틀린 것은?

① 양파에 식초를 넣으면 색이 희게 변한다.

② 붉은색 채소인 비트(Beet)에 넣으면 붉은색이 유지된다.

③ 마요네즈에 식초를 넣으면 유화제 기능을 한다.

④ 생선 조리 시 식초를 넣으면 생선살이 부드러워진다.

해설
식초의 유기산은 생선의 단백질을 단단하게 만든다.

49 튀김요리에 사용한 기름을 보관하는 방법으로 가장 적절한 것은?

① 철제 팬에 담아 보관한다.

② 공기와의 접촉면을 넓게 하여 보관한다.

③ 망에 거른 후 갈색 병에 담아 보관한다.

④ 식힌 후 그대로 서늘한 곳에 보관한다.

해설
산패를 막기 위해 튀김기름을 식힌 다음 거름망에 걸러서 약병이나 색깔이 있는 병에 넣어 보관한다.

50 다음 중 상온에서 가장 변질되기 쉬운 식품은?

① 김　　　　　② 달 걀

③ 사 탕　　　　④ 소 주

해설
달걀은 상온에서 변질되기 쉽기 때문에 0~4℃ 정도로 냉장 보관한다.

51 다음 중 조리장의 입지조건으로 적당하지 않은 곳은?

① 재료의 반입, 오물의 반출이 편리한 곳

② 사고발생 시 대피하기 쉬운 곳

③ 조리장이 지하층에 위치하여 조용한 곳

④ 급·배수가 용이하고 소음, 악취, 분진, 공해 등이 없는 곳

해설
조리장의 입지조건
• 통풍, 채광 및 급수와 배수가 용이한 곳이 좋다.
• 소음, 악취, 가스, 분진 등이 없는 곳이어야 한다.
• 변소 및 오물처리장 등에서 오염될 염려가 없을 정도의 거리에 떨어져 있는 곳이 좋다.
• 물건 구입 및 반출이 용이한 곳이 좋다.
• 종업원의 출입이 편리하고 작업에 불편하지 않은 곳이어야 한다.

52 과실류나 채소류 등 식품의 살균 목적 이외에 사용하여서는 아니 되는 살균소독제는?(단, 참깨에는 사용 금지)

✓ **① 차아염소산나트륨**
② 양성비누
③ 과산화수소수
④ 에틸알코올

해설
차아염소산나트륨 : 잔류 염소가 미생물의 호흡계 효소를 저해하여 세포의 동화작용을 정지시키는 염소계 살균제로 채소, 식기, 과일, 음료수 소독(50~100ppm) 등에 사용된다.

53 우유 100g 중에 당질 5g, 단백질 4g, 지방 3.5g이 들어 있다면 우유 180g은 몇 kcal를 내는가?

① 114.5kcal
✓ **② 121.5kcal**
③ 131.5kcal
④ 142.3kcal

해설
우유 100g의 열량
= (5g × 4kcal/g) + (4g × 4kcal/g) + (3.5g × 9kcal/g)
= 67.5kcal
우유 180g의 열량을 x 라 하면
100g : 67.5kcal = 180g : x
$\therefore x = \dfrac{180g \times 67.5kcal}{100g} = 121.5kcal$

54 육류, 채소 등 식품을 다질 때 사용하는 조리기구는?

✓ **① 초퍼(Chopper)**
② 슬라이서(Slicer)
③ 브로일러(Broiler)
④ 롤 커터(Roll Cutter)

해설
② 슬라이서(Slicer) : 육류, 생선, 야채 등을 일정한 크기로 얇게 썰 수 있음
③ 브로일러(Broiler) : 열원이 위에 있고 육류, 생선, 가금류 등을 직접 구울 때 사용
④ 롤 커터(Roll Cutter) : 반죽을 자를 때 사용(반죽 칼)

55 미생물의 발육을 억제하기 위한 식품저장법을 이용한 조리는?

① 샐러드
② 갈비찜
✓ **③ 딸기 잼**
④ 생선구이

해설
딸기 잼은 당장법을 이용하여 만든다. 당장법은 농도 50% 이상의 설탕에 식품을 절여 미생물의 발육을 억제하는 저장법으로 잼, 젤리, 연유 등에 이용된다.

56 단맛을 가지고 있어 감미료로도 사용되며, 포도당과 이성체(Isomer) 관계인 것은?

① 한 천   ② 펙 틴
③ 과 당   ④ 전 분

해설
과당(Fructose)
• 과실과 꽃 등에 유리상태로 존재한다.
• 벌꿀에 특히 많이 함유되어 있다.
• 단맛은 포도당의 2배 정도로 가장 강하다.
• 포도당과 결합하여 서당을 이룬다.

57 토마토 가공품 중 고형분량이 25% 정도이며 조미하지 않은 것은?

① 토마토 주스
② 토마토 케첩
③ 토마토 소스
④ 토마토 페이스트

해설
토마토 페이스트는 토마토 퓌레(Purée)를 농축시켜 만든 것으로 가용성 고형분 25%가 기준이다.

58 샐러드의 기본 구성이 아닌 것은?

① 스톡(Stock)
② 바탕(Base)
③ 본체(Body)
④ 드레싱(Dressing)

해설
샐러드는 바탕(Base)과 본체(Body), 드레싱(Dressing), 가니시(Garnish)로 구성되어 있다.

59 냄새를 제거할 때 이용되는 향신료가 아닌 것은?

① 세이지(Sage)
② 마 늘
③ 소 금
④ 월계수잎(Bay Leaf)

해설
소금은 음식에 짠맛을 내 주는 가장 기본적인 조미료이다.

60 파스타 제품의 일반적인 명칭과 그 모양이 바르게 설명된 것은?

① 라비올리 – 일자형 국수 형태
② 라자냐 – 수제비 밀듯이 넓적하게 네모로 자른 형태
③ 푸실리 – 튜브형의 속이 빈 형태
④ 펜네 – 만두처럼 소를 넣어 빚은 형태

해설
① 라비올리 : 만두 형태
③ 푸실리 : 나선형의 파스타
④ 펜네 : 마카로니 끝을 대각선으로 자른 모양

01 세균성 식중독과 병원성 소화기계 감염병을 비교한 것으로 틀린 것은?

	세균성 식중독	병원성 소화기계 감염병
㉠	많은 균량으로 발병	균량이 적어도 발병
㉡	2차 감염이 빈번함	2차 감염이 없음
㉢	식품위생법으로 관리	감염병예방법으로 관리
㉣	비교적 짧은 잠복기	비교적 긴 잠복기

① ㉠　　　　　　　② ㉡ ✓

③ ㉢　　　　　　　④ ㉣

해설

세균성 식중독은 2차 감염이 드물고, 병원성 소화기계 감염병은 2차 감염이 빈번하다.

02 어니언 페이스트(Onion Paste)가 사용되지 않는 것은?

① 비프 콩소메 수프

② 프렌치 어니언 수프

③ 헝가리안 굴라시 수프 ✓

④ 브라운 스톡

해설

옅은 보리차 색깔을 낸 어니언 페이스트는 주로 비프 콩소메 수프나 브라운 그래비 소스에 사용한다. 진한 갈색의 어니언 페이스트는 프렌치 어니언 수프에, 가장 진한 갈색의 어니언 페이스트는 브라운 스톡에 사용한다.

03 다음 중 이타이이타이병과 관계있는 중금속 물질은?

① 수은(Hg)　　　　② 카드뮴(Cd) ✓

③ 크로뮴(Cr)　　　④ 납(Pb)

해설

이타이이타이병

일본 도야마현의 진즈(神通)강 하류에서 발생한 카드뮴에 의한 공해병으로 '아프다, 아프다(일본어로 이타이, 이타이)'라고 하는 데에서 유래되었다. 카드뮴에 중독되면 신장에 이상이 발생하고 칼슘이 부족하게 되어 뼈가 물러지며 작은 움직임에도 골절이 일어나며 결국 죽음에 이르게 된다.

04 일반음식점의 모범업소 지정기준이 아닌 것은?

① 화장실에 일회용 위생종이 또는 에어타월이 비치되어 있어야 한다.

② 주방에는 입식조리대가 설치되어 있어야 한다.

③ 일회용 물컵을 사용하여야 한다. ✓

④ 종업원은 청결한 위생복을 입고 있어야 한다.

해설

일반음식점의 모범업소 지정기준(식품위생법 시행규칙 [별표 19])

일회용 컵, 일회용 숟가락, 일회용 젓가락 등을 사용하지 않아야 한다.

05 식품접객업소의 조리판매 등에 대한 기준 및 규격에 의한 조리용 칼·도마, 식기류의 미생물 규격은?(단, 사용 중인 것은 제외한다)

① 살모넬라 음성, 대장균 양성

☑ **살모넬라 음성, 대장균 음성**

③ 황색포도상구균 양성, 대장균 음성

④ 황색포도상구균 음성, 대장균 양성

> **해설**
> 식품접객업소(집단급식소 포함)의 조리식품 등에 대한 기준 및 규격(식품공전)
> 칼·도마 및 숟가락, 젓가락, 식기, 찬기 등 음식을 먹을 때 사용하거나 담는 것(사용 중인 것은 제외한다)
> • 살모넬라 : 음성이어야 한다.
> • 대장균 : 음성이어야 한다.

06 우리나라 식품위생법 등 식품위생행정 업무를 담당하고 있는 기관은?

① 환경부

② 고용노동부

③ 보건복지부

☑ **식품의약품안전처**

> **해설**
> 우리나라 「식품위생법」 등 식품위생행정 업무를 총괄 관장하는 기관은 식품의약품안전처이다.

07 식품 등의 표시기준에 의한 용어 설명으로 틀린 것은?

① 제품명 – 개개의 제품을 나타내는 고유의 명칭

☑ **소비기한 – 제품의 제조일로부터 소비자에게 판매가 허용되는 기한**

③ 품질유지기한 – 식품의 특성에 맞는 적절한 보존방법이나 기준에 따라 보관할 경우 해당 식품 고유의 품질이 유지될 수 있는 기한

④ 영양성분표시 – 제품의 일정량에 함유된 영양성분의 함량을 표시하는 것

> **해설**
> 소비기한 : 식품 등(식품, 축산물, 식품첨가물, 기구 또는 용기·포장을 말함)에 표시된 보관방법을 준수할 경우 섭취하여도 안전에 이상이 없는 기한을 말한다(식품 등의 표시기준).

08 과실의 젤리화 3요소와 관계없는 것은?

☑ **젤라틴** 　 ② 당

③ 펙틴 　 ④ 산

> **해설**
> 펙틴, 산, 당분이 일정한 비율로 들어 있을 때 젤리화가 일어난다.

09 식품위생법상 식품 등의 위생적인 취급에 관한 기준이 아닌 것은?

① 식품 등을 취급하는 원료보관실, 제조가공실, 조리실, 포장실 등의 내부는 항상 청결하게 관리하여야 한다.

② 식품을 운반할 때는 이물이 혼입되거나 병원성 미생물 등으로 오염되지 않도록 위생적으로 취급해야 한다.

③ 소비기한이 경과된 식품 등을 판매하거나 판매의 목적으로 진열·보관하여서는 아니 된다.

✔ **모든 식품 및 원료는 냉장·냉동시설에 보관·관리하여야 한다.**

> **해설**
> 식품 등의 위생적인 취급에 관한 기준(식품위생법 시행규칙 [별표 1])
> 식품 등의 원료 및 제품 중 부패·변질이 되기 쉬운 것은 냉동·냉장시설에 보관·관리하여야 한다.

10 다음 중 식품 재료에 직접 불이 닿게 하여 조리하는 기구는?

✔ **브로일러(Broiler)**
② 오븐(Oven)
③ 그리들(Griddle)
④ 레인지(Range)

> **해설**
> 브로일러(Broiler)는 식재료를 직화로 구워서 요리하는 기구를 말하며, 직화로 굽기 때문에 식재료가 가지고 있는 풍미를 살릴 수 있다.

11 소분업 판매를 할 수 있는 식품은?

① 전 분   ② 레토르트식품
③ 식 초   ✔ **벌 꿀**

> **해설**
> 식품소분업의 신고대상(식품위생법 시행규칙 제38조 제1항)
> 식품제조·가공업 및 식품첨가물제조업의 대상이 되는 식품 또는 식품첨가물과 벌꿀(영업자가 자가채취하여 직접 소분·포장하는 경우를 제외)을 말한다. 다만, 다음의 어느 하나에 해당하는 경우에는 소분·판매해서는 안 된다.
> • 어육 제품
> • 특수용도식품(체중조절용 조제식품은 제외)
> • 통·병조림 제품
> • 레토르트식품
> • 전분
> • 장류 및 식초(제품의 내용물이 외부에 노출되지 않도록 개별 포장되어 있어 위해가 발생할 우려가 없는 경우는 제외)

12 바지락 속에 들어 있는 독성분은?

✔ **베네루핀(Venerupin)**
② 솔라닌(Solanine)
③ 무스카린(Muscarine)
④ 아마니타톡신(Amanitatoxin)

> **해설**
> 베네루핀(Venerupin)
> • 조개류 : 모시조개, 바지락, 굴, 고둥 등
> • 독소 : 열에 안정한 간독소
> • 중독 증상 : 출혈반점, 간기능 저하, 토혈, 혈변, 식욕부진, 혼수 등

13 다음 중 잠복기가 가장 짧은 식중독은?

✔ **황색포도상구균 식중독**

② 살모넬라균 식중독

③ 장염 비브리오 식중독

④ 장구균 식중독

해설
① 황색포도상구균 식중독 : 1~6시간
② 살모넬라균 식중독 : 12~20시간
③ 장염 비브리오 식중독 : 10~18시간
④ 장구균 식중독 : 5~10시간

14 다음 중 식품의 기호성과 관능 만족에 사용되는 식품첨가물이 아닌 것은?

① 동클로로필린나트륨

② 질산나트륨

③ 아스파탐

✔ **소브산**

해설
소브산(Sorbic Acid) : 미생물의 생육을 억제하여 가공식품의 보존료로 사용되는 식품첨가물이다. 치즈, 식육가공품, 잼류 등에 사용된다.

15 식품의 변화 현상을 설명한 것으로 옳지 않은 것은?

① 산패 – 유지 식품의 지방질 산화

✔ **발효 – 화학물질에 의한 유기화합물의 분해**

③ 변질 – 식품의 품질 저하

④ 부패 – 단백질과 유기물이 부패 미생물에 의해 분해

해설
발효 : 탄수화물이 미생물의 작용을 받아 유기산, 알코올 등을 생성하는 현상

16 생균(Live Vaccine)을 사용하는 예방접종으로 면역이 되는 질병은?

① 파상풍

② 콜레라

✔ **폴리오**

④ 백일해

해설
인공능동면역

방 법	질 병
생균백신 (Live Vaccine)	두창, 탄저, 광견병, 결핵, 폴리오 (경구), 홍역, 황열, 수두 등
사균백신 (Killed Vaccine)	장티푸스, 파라티푸스, 콜레라, 백일해, 일본뇌염, 폴리오(경피), B형간염 등
순화독소(Toxoid)	디프테리아, 파상풍

17 적외선에 속하는 파장은?

① 200nm   ② 400nm

③ 600nm   ✔④ **800nm**

해설

일반적인 감지기 등에 사용되는 근적외선의 파장 범위는 780~1,400nm이다.

18 중성지방의 구성성분은?

① 탄소와 질소

② 아미노산

✔③ **지방산과 글리세롤**

④ 포도당과 지방산

해설

TG(Triglyceride, 중성지방) : 3가알코올인 글리세롤이 함유한 3개의 수산기에 지방산 3분자가 에스터(에스테르) 결합한 것을 말한다.

19 못처럼 생겨서 정향이라고도 하며 양고기, 피클, 청어절임, 마리네이드 절임 등에 이용되는 향신료는?

✔① **클로브**   ② 코리앤더

③ 캐러웨이   ④ 아니스

해설

클로브(Clove)의 어원인 클라부스(Clavus)는 '못[丁]'이라는 뜻으로, 모양과 냄새까지 못과 비슷하기 때문에 정향(丁香)이라는 이름이 붙었다.

20 다음 중 알칼리성 식품에 대한 설명으로 옳은 것은?

✔① **Na, K, Ca, Mg이 많이 함유되어 있는 식품**

② S, P, Cl이 많이 함유되어 있는 식품

③ 당질, 지질, 단백질 등이 많이 함유되어 있는 식품

④ 곡류, 육류, 치즈 등의 식품

해설

알칼리성 식품과 산성 식품

• 알칼리성 식품 : 나트륨(Na), 칼슘(Ca), 칼륨(K), 마그네슘(Mg)을 함유한 식품(채소, 과일, 우유, 기름, 굴 등)

• 산성 식품 : 인(P), 황(S), 염소(Cl)를 함유한 식품(곡류, 육류, 어패류, 달걀류 등)

21 공중보건학의 목표에 관한 설명으로 틀린 것은?

① 건강 유지

② 질병 예방

✔③ **질병 치료**

④ 지역사회 보건수준 향상

해설

공중보건의 3대 요소(목적)

• 질병의 예방

• 생명의 연장

• 신체적 · 정신적 효율의 증진

22 다음 중 달걀에 우유를 섞어 만든 요리가 아닌 것은?

① 오믈렛

☑ **머 랭**

③ 커스터드

④ 스크램블 에그

【해설】
머랭이란 달걀흰자에 설탕과 아몬드, 코코넛 등을 넣고 거품을 낸 뒤에 오븐에서 구운 것을 말한다.

23 결합수의 특징이 아닌 것은?

☑ **전해질을 잘 녹여 용매로 작용한다.**

② 자유수보다 밀도가 크다.

③ 식품에서 미생물의 번식과 발아에 이용되지 못한다.

④ 동식물의 조직에 존재할 때 그 조직에 큰 압력을 가하여 압착해도 제거되지 않는다.

【해설】
결합수 : 식품의 구성성분인 탄수화물이나 단백질 등의 유기물과 결합되어 있는 수분으로 조직과 든든하게 결합한 물(용질에 대해 용매로 작용하지 않음)

24 맥아당의 결합 형태는?

☑ **포도당 2분자가 결합된 것**

② 과당과 포도당 각 1분자가 결합된 것

③ 과당 2분자가 결합된 것

④ 포도당과 전분이 결합된 것

【해설】
맥아당은 2분자의 포도당이 $\alpha-1,4$ 결합으로 이어진 환원성 이당류이다.
② 과당과 포도당 각 1분자가 결합된 것은 설탕이다.

25 열에 의해 가장 쉽게 파괴되는 비타민은?

☑ **비타민 C**   ② 비타민 A

③ 비타민 E   ④ 비타민 K

【해설】
비타민 A, 비타민 E, 비타민 K는 열의 노출에 손실이 작은 편이나 비타민 C는 공기, 물, 빛, 열의 모든 부분에서 쉽게 노출되어 파괴된다.

26 1g당 발생하는 열량이 가장 큰 것은?

① 당 질   ② 단백질

☑ **지 방**   ④ 알코올

【해설】
1g당 탄수화물 4kcal, 지방 9kcal, 단백질 4kcal, 알코올 7kcal의 열량을 낸다.

27 한국표준산업분류상 '커피 전문점'의 세분류는?

① 기타 간이 음식점업

② 외국식 음식점업

③ 주점업

④ **비알코올 음료점업** ✓

해설
음식점 및 주점업(한국표준산업분류)
- 음식점업 : 한식 음식점업, 외국식 음식점업, 기관 구내식당업, 출장 및 이동 음식점업, 제과점업, 피자·햄버거 및 치킨전문점, 김밥 및 기타 간이 음식점업
- 주점 및 비알코올 음료점업 : 주점업, 비알코올 음료점업(커피 전문점, 기타 비알코올 음료점업)

28 브로멜린(Bromelin)이 함유되어 있어 고기를 연화시키는 데 이용되는 과일은?

① 사 과   ② **파인애플** ✓

③ 귤   ④ 복숭아

해설
브로멜린(Bromelin)은 파인애플 줄기에서 발견되는 단백질 분해효소 중 하나이다. 고기를 양념할 때 파인애플 즙을 첨가하면 고기의 육질을 부드럽게 하는 연육작용을 한다.

29 단맛 성분에 소량의 짠맛 성분을 혼합할 때 단맛이 증가하는 현상은?

① 맛의 상쇄현상

② 맛의 억제현상

③ 맛의 변조현상

④ **맛의 대비현상** ✓

해설
대비현상 : 주된 맛을 내는 물질에 다른 맛을 혼합할 경우 원래의 맛이 강해지는 현상

30 다음 빈칸에 들어갈 말로 알맞은 것은?

> 수분 함량이 많은 식품에는 (㉠)이/가 우선 증식하며, 건조식품에는 (㉡)이/가 우선 증식한다.

① **㉠ 세균, ㉡ 곰팡이** ✓

② ㉠ 곰팡이, ㉡ 세균

③ ㉠ 효모, ㉡ 곰팡이

④ ㉠ 효모, ㉡ 방선균

해설
수분 함량이 높은 식품에서는 세균이 우선적으로 증식하고, 수분 함량이 낮은 건조식품이나 과일류에서는 곰팡이가 우선적으로 증식한다.

31 완성된 스톡이 맑지 않을 경우 그 이유와 조치로 적절한 것은?

✔ **조리 시 불 조절 실패 → 찬물에서 스톡 조리를 시작한다.**

② 충분히 조리되지 않음 → 조리 시간을 더 길게 한다.

③ 뼈와 미르포아가 충분히 태워지지 않음 → 뼈와 미르포아를 짙은 갈색이 나도록 태운다.

④ 뼈와 물의 불균형 → 뼈를 추가로 더 넣는다.

해설
②는 스톡의 향이 약한 경우, ③은 스톡의 색상이 옅은 경우, ④는 스톡의 무게감이 없는 경우의 이유와 조치에 해당된다.

32 전채 요리에 사용되는 콩디망(Condiment) 종류가 아닌 것은?

① 올리브유
② 스파이스
③ 마요네즈
✔ **안초비**

해설
④ 안초비는 샐러드 소스에 사용된다.
전채 요리는 신맛과 짠맛이 침샘을 자극하여 식욕을 촉진시키는 요리이다. 콩디망(Condiment, 콘디멘트)은 양념을 지칭하며, 전채 요리에는 소금, 식초, 올리브유 등과 겨자, 마요네즈와 같은 소스류를 사용한다. 맛을 향상시키기 위해 허브와 스파이스를 사용하기도 한다.

33 식품창고의 소독제와 관련이 없는 것은?

① 표백분
✔ **과망가니즈산칼륨**
③ 차아염소산나트륨
④ 역성비누

해설
조리장, 식품창고의 화학적 소독법 : 역성비누, 표백분, 오존, 차아염소산나트륨 등 사용

34 원가계산의 목적으로 옳지 않은 것은?

① 원가의 절감 방안을 모색하기 위해
② 제품의 판매가격을 결정하기 위해
✔ **경영손실을 제품가격에서 만회하기 위해**
④ 예산편성의 기초자료로 활용하기 위해

해설
원가계산의 목적
• 가격결정의 목적 : 생산된 제품의 판매가격을 결정할 목적으로 원가를 계산한다.
• 원가관리의 목적 : 원가관리의 기초자료를 제공하여 원가를 절감하기 위해 원가를 계산한다.
• 예산편성의 목적 : 제품의 제조, 판매 및 유통 등에 대한 예산을 편성하는 데 따른 기초자료 제공에 이용한다.
• 재무제표 작성의 목적 : 경영활동의 결과를 재무제표로 작성하여 기업의 외부 이해 관계자에게 보고할 때 기초자료로 제공한다.

35 조리기구의 재질 중 열전도율이 커서 열을 전달하기 쉬운 것은?

① 유 리 　　　　② 도자기
③ 알루미늄 　　　④ 석 면

해설

열전도율
- 열이 전해지는 속도이다.
- 열전도율이 큰 금속(은, 구리, 알루미늄 등)은 빨리 데워지고 빨리 식는다.
- 열전도율이 작은 재질(유리, 도자기류 등)은 서서히 데워지고 쉽게 식지 않는다.
- 열전도율이 높은 순서 : 순은 > 구리 > 금 > 알루미늄 > 텅스텐 > 철 > 백금 > 청동 > 주철 > 스테인리스

36 식품의 물성에서 외부의 힘에 의해 모양이 변형되었을 때 힘을 제거한 뒤에도 처음 상태로 되돌아가지 않는 성질은?

① 소 성 　　　　② 탄 성
③ 점 성 　　　　④ 점탄성

해설

① 소성 : 외부의 힘이나 압력 등에 의해 변형된 물체가 원상태로 돌아가지 않는 성질이다.
② 탄성 : 힘을 없애면 원상태로 되돌아가는 성질이다.
③ 점성 : 내부의 마찰력에 의해 일어나는 끈끈한 액체의 성질이다.
④ 점탄성 : 점성 + 탄성의 상태이다.

37 자색 양배추, 가지 등 적색채소를 조리할 때 색을 보존하기 위한 가장 바람직한 방법은?

① 뚜껑을 열고 다량의 조리수를 사용한다.
② 뚜껑을 열고 소량의 조리수를 사용한다.
③ 뚜껑을 덮고 다량의 조리수를 사용한다.
④ 뚜껑을 덮고 소량의 조리수를 사용한다.

해설

적색채소를 조리할 때는 조리수를 소량 사용하고 뚜껑을 덮는 것이 바람직하다. 또한 색을 안정시키기 위해 식초나 레몬즙을 첨가할 수도 있다.

38 밀가루의 용도별 분류는 어느 성분을 기준으로 하는가?

① 글리아딘 　　　② 글로불린
③ 글루타민 　　　④ 글루텐

해설

글루텐 함량에 따른 밀가루의 용도

종 류	글루텐의 함량	용 도
강력분	13% 이상	식빵, 마카로니
중력분	10~13%	면류, 만두류
박력분	10% 이하	케이크, 쿠키, 튀김옷

39 당도 10%인 설탕물 200cc의 열량은?

① 20kcal   ② 40kcal

③ 60kcal   ④ **80kcal**

해설
당류는 1g당 4kcal의 열량을 내는 에너지원이다. 설탕
물 200cc의 10%는 설탕 20g이므로, 20 × 4 = 80kcal
가 된다.

40 CA저장에 가장 적합한 식품은?

① 육 류   ② **과일류**

③ 우 유   ④ 생선류

해설
CA(Controlled Atmosphere)저장
냉장실의 온도와 공기조성을 함께 제어하여 냉장하는
방법으로, 사과 등의 청과물 저장에 많이 사용된다.
온도는 적당히 낮추고, 냉장실 내 공기 중의 CO_2 분압을
높이고 O_2 분압은 낮춤으로써 호흡을 억제하는 방법이
사용된다.

41 닭을 가열 조리할 때 닭뼈 주위의 근육이
짙은 갈색으로 변하는 이유는?

① **해동한 냉동닭의 가열에 의한 변색**

② 병에 걸린 닭의 가열에 의한 변색

③ 늙은 닭의 질긴 육질이 가열에 의해 변색

④ 닭의 지방이 가열에 의해 변색

해설
냉동한 닭으로 가열 조리할 때 뼈 주위의 근육이 짙은
갈색으로 변하는데, 이는 냉동과정 중에 적혈구가 파괴
된 것을 그대로 가열했기 때문이다.

42 편육을 할 때 가장 적합한 삶기 방법은?

① **끓는 물에 고기를 덩어리째 넣고 삶는다.**

② 끓는 물에 고기를 잘게 썰어 넣고 삶는다.

③ 찬물에서부터 고기를 넣고 삶는다.

④ 찬물에 고기와 생강을 동시에 넣고 삶
는다.

해설
편육은 끓는 물에 덩어리째 넣어 근육 표면의 단백질을
빨리 응고시켜야 육즙이 빠지지 않아 좋다. 탕을 할
때는 냉수에 고기를 넣어 조리한다.

43 어류의 염장법 중 건염법(마른간법)에 대
한 설명으로 틀린 것은?

① 식염의 침투가 빠르다.

② 품질이 균일하지 못하다.

③ **선도가 낮은 어류로 염장을 할 경우 생
산량이 증가한다.**

④ 지방질의 산화로 변색이 쉽게 일어난다.

해설
선도가 높은 어류로 염장을 해야 생산량이 증가한다.

44 식품 종사자의 건강진단 항목, 횟수의 연결로 적절한 것은?

✔ 파라티푸스 – 1년마다 1회

② 폐결핵 – 2년마다 1회

③ 감염성 피부질환 – 6개월마다 1회

④ 장티푸스 – 18개월마다 1회

해설

건강진단 항목 등(식품위생 분야 종사자의 건강진단 규칙 제2조)
• 건강진단 항목 : 장티푸스, 파라티푸스, 폐결핵
• 식품위생법에 따라 건강진단을 받아야 하는 영업자 및 그 종업원은 매 1년마다 건강진단을 받아야 한다.

45 단체급식 조리장을 신축할 때 우선적으로 고려할 사항 순으로 배열된 것은?

> ㉠ 위 생
> ㉡ 경 제
> ㉢ 능 률

① ㉢ → ㉡ → ㉠

② ㉡ → ㉠ → ㉢

✔ ㉠ → ㉢ → ㉡

④ ㉡ → ㉢ → ㉠

해설

조리장을 신축 또는 중·개축할 때는 위생, 능률, 경제의 3요소를 기본으로 하며 위생을 가장 우선시하고 능률, 경제 순으로 고려한다.

46 상수처리 과정 중 가장 마지막 단계는?

✔ 급 수   ② 취 수

③ 정 수   ④ 도 수

해설

상수처리 과정 : 수원 → 취수 → 도수 → 정수 → 송수 → 배수 → 급수

47 다음 중 안전관리 책임자가 실시해야 할 법정 안전교육에 해당하지 않는 것은?

① 정기교육

② 채용 시 교육

✔ 긴급교육

④ 작업내용 변경 시 교육

해설

안전관리 책임자가 실시해야 할 법정 안전교육은 정기교육, 채용 시 교육, 작업내용 변경 시 교육, 특별교육의 4가지이다(산업안전보건법 시행규칙 [별표 4]).

48 냉동생선을 해동하는 방법으로 위생적이며 영양 손실이 가장 적은 경우는?

① 18~22℃의 실온에 방치한다.

② 40℃의 미지근한 물에 담가둔다.

✔ 냉장고 속에서 해동한다.

④ 23~25℃의 흐르는 물에 담가둔다.

해설

냉동생선은 5~6℃에서 해동하는 것이 단백질의 변성이 가장 적으므로 시간적 여유가 있으면 냉장고에서 해동하는 것이 가장 좋다. 해동은 냉장고나 흐르는 물, 실온의 서늘한 곳에서 하는 것이 좋고, 일단 해동된 식품은 다시 냉동시키지 않도록 하는 것이 좋다.

49 튀김의 특징이 아닌 것은?

① 고온・단시간 가열로 영양소의 손실이 적다.
② 기름의 맛이 더해져 맛이 좋아진다.
③ 표면이 바삭바삭해 입안에서의 촉감이 좋아진다.
✔ **불미성분이 제거된다.**

해설
쓴맛, 떫은맛, 아린 맛 등의 불미성분은 튀김으로 제거되지는 않는다.

50 밀가루 반죽 시 넣는 첨가물에 관한 설명으로 옳은 것은?

✔ **유지는 글루텐 구조 형성을 방해하여 반죽을 부드럽게 한다.**
② 소금은 글루텐 단백질을 연화시켜 밀가루 반죽의 점탄성을 떨어뜨린다.
③ 설탕은 글루텐 망상구조를 치밀하게 하여 반죽을 질기고 단단하게 한다.
④ 달걀을 넣고 가열하면 단백질의 연화작용으로 반죽이 부드러워진다.

해설
② 소금은 밀가루 반죽을 매끄럽게 하고 끈기가 생겨 질기고 쫄깃하게 만든다.
③ 설탕은 밀가루 반죽을 연하게 만들어 부드러운 식감을 준다.
④ 달걀은 글루텐 형성을 촉진시켜 단단하게 만들고 난백의 기포성은 믹싱 중에 공기를 포집하여 팽창제 역할을 한다.

51 시리얼류의 특징을 옳게 설명한 것은?

① 콘플레이크 - 밀기울을 으깨 가공한 것
② 올 브랜 - 오트밀(귀리)을 기본으로 견과류, 과일 등을 넣은 것
✔ **슈레디드 휘트 - 밀을 조각내어 으깨어 사각형 모양으로 만든 비스킷 형태**
④ 레이진 브랜 - 옥수수를 구워서 얇게 으깨어 만든 것

해설
① 콘플레이크 : 옥수수를 구워서 얇게 으깨 만든 것
② 올 브랜 : 밀기울을 으깨어 가공한 것
④ 레이진 브랜 : 구운 밀기울 조각에 달콤한 건포도(Raisin)를 넣은 것

52 식품첨가물과 주요 용도를 연결한 내용이 적절한 것은?

① 베타인 - 표백제
② 이산화타이타늄 - 발색제
③ 산화철 - 보존료
✔ **호박산 - 산도조절제**

해설
① 베타인 : 향미증진제
② 이산화타이타늄(이산화티타늄) : 착색료
③ 산화철 : 착색료

53 조리방법 중 '끓이기'의 특징이 아닌 것은?

① 조직의 경화가 일어난다.
② 영양소의 손실이 비교적 적다.
③ 전분의 호화가 일어난다.
④ 음식물을 고루 익힐 수 있다.

해설
끓이기는 물속에서 가열하는 조리법으로 식품에 함유된 맛 성분을 우려내어 국물까지 이용하므로 영양소의 손실은 비교적 적고 조직의 연화, 전분의 호화, 단백질의 응고, 콜라겐의 젤라틴화 등이 진행되어 소화흡수를 돕는다.

54 가열용 기구인 프로판가스에 대한 설명 중 옳지 않은 것은?

① 가스용기는 직사광선을 피해 둔다.
② 가스는 누출되면 폭발되기 쉽다.
③ 가스용기는 세워서 조리대 밑이나 지하에 설치한다.
④ 가스용기 가까이 화기를 두지 않는다.

해설
가스용기는 직사광선을 피하고 환기가 잘되는 곳에 보관한다.

55 적자색 양배추를 채 썰어 물에 장시간 담가 두었더니 탈색되었다. 이 현상의 원인이 되는 색소와 그 성질을 바르게 연결한 것은?

① 안토사이아닌계 색소 – 수용성
② 플라보노이드계 색소 – 지용성
③ 헴계 색소 – 수용성
④ 클로로필계 색소 – 지용성

해설
안토사이아닌 색소 : 과실, 꽃, 뿌리에 있는 붉은색, 보라색, 청색의 색소로, 산성에서는 붉은색, 중성에서는 보라색, 알칼리에서는 청색을 띤다.

56 수프 조리 시 미리 전분가루나 밀가루를 우유에 잘 섞어 익힌 다음 채소즙을 섞어 익히는 이유는?

① 카세인 입자의 응고를 방지하기 위해
② 전해질 물질의 흡착을 형성시키기 위해
③ 산소이온이 들어 있기 때문
④ 카세인 입자의 응고를 위해

해설
토마토 크림수프나 아스파라거스 크림수프를 만들 때 미리 전분가루나 밀가루를 우유와 잘 섞어 익힌 다음 수소이온이 들어 있는 채소즙이나 토마토즙을 섞어 익히면 카세인(Casein) 입자의 응고를 방지할 수 있다.

57 프랑스의 전통 빵으로 밀가루, 버터, 이스트, 설탕 등으로 달콤하게 만들며, 주로 아침 식사용으로 먹는 빵은?

① 브리오슈(Brioche)
② 호밀 빵(Rye Bread)
③ 프렌치 브레드(French Bread)
④ 크루아상(Croissant)

해설
② 호밀 빵 : 호밀을 주원료로 하며, 독일의 전통 빵으로 속이 꽉 차 있고, 향이 강하며 섬유소가 많다.
③ 프렌치 브레드 : 밀가루, 이스트, 물, 소금만으로 만든 프랑스의 주식인 빵이다.
④ 크루아상 : 버터를 켜켜이 넣어 만든 페이스트리 반죽을 초승달 모양으로 만든 프랑스의 대표적인 페이스트리이다.

58 다음 재료로 만들 수 있는 샌드위치는?

- 빵류 : 식빵
- 속재료 : 베이컨
- 가니시 : 양상추, 토마토
- 스프레드 : 마요네즈
- 양념류 : 소금, 검은 후춧가루

① 타코 샌드위치
② 베이글 샌드위치
③ BLT 샌드위치
④ 핫도그 샌드위치

해설
BLT 샌드위치 조리
- 양상추는 깨끗이 씻어 물기를 제거하고 식빵 크기에 맞게 펴 놓는다.
- 토마토는 슬라이스를 하고, 베이컨은 구운 후 기름기를 제거한다.
- 마요네즈를 바른 빵 위에 양상추, 베이컨, 후춧가루, 마요네즈 바른 빵(양면 모두), 양상추, 토마토, 소금, 마요네즈 바른 빵의 순으로 덮는다.

59 전채 요리를 접시에 담을 때 고려해야 할 내용으로 적절한 것은?

① 가니시는 요리 재료와 중복되게 담는다.
② 소스는 과하게 뿌릴수록 좋다.
③ 전채 요리에 일정한 간격과 질서를 두고 담는다.
④ 전채 요리의 양과 크기가 주요리보다 크거나 많도록 한다.

해설
전채 요리를 접시에 담을 때 고려할 점
- 전채 요리에 일정한 간격과 질서를 두고 담는다.
- 전채 요리의 소스(Sauce)는 너무 많이 뿌리지 않고 적당하게 뿌린다.
- 전채 요리의 가니시(Garnish)는 요리 재료의 중복을 피해 담는다.
- 전채 요리의 양과 크기가 주요리보다 크거나 많지 않게 주의한다.
- 전채 요리의 색과 맛, 풍미, 온도에 유의하여 담는다.

60 다음 중 파스타를 삶는 방법으로 적절하지 않은 것은?

① 파스타 면을 삶는 면수는 파스타 소스의 농도를 잡아 준다.
② 파스타를 삶는 냄비는 깊이가 있어야 하며 물의 양은 파스타 양의 2배 정도가 알맞다.
③ 파스타가 서로 달라붙지 않도록 분산되게 넣어야 하며 잘 저어주어야 한다.
④ 소금을 첨가하면 파스타의 풍미를 살려 주고 면에 탄력을 준다.

해설
파스타를 삶는 냄비는 깊이가 있어야 하며 물의 양은 파스타 양의 10배 정도가 알맞다.

PART

02

모의고사

제1회~제7회 모의고사
정답 및 해설

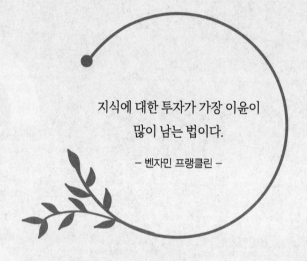

지식에 대한 투자가 가장 이윤이
많이 남는 법이다.

– 벤자민 프랭클린 –

01 버터의 수분 함량이 23%라면, 버터 20g
은 몇 킬로칼로리(kcal)의 열량을 내는가?

① 61.6kcal
② 138.6kcal
③ 153.6kcal
④ 180.0kcal

02 다음 유지류 중 필수지방산이 가장 많이
함유되어 있는 것은?

① 버 터
② 소기름
③ 콩기름
④ 쇼트닝

03 경단백질로서 가열에 의해 젤라틴으로 변
하는 것은?

① 케라틴(Keratin)
② 콜라겐(Collagen)
③ 엘라스틴(Elastin)
④ 히스톤(Histone)

04 일반적으로 미생물이 관계하여 일어나는
현상은?

① 육류의 경직해제
② 생선의 부패(Putrefaction)
③ 과일의 호흡작용(후숙)
④ 유지의 자동산화(Autoxidation)

05 식품과 해당 독성분이 잘못 연결된 것은?

① 감자 – Solanine(솔라닌)
② 조개류 – Saxitoxin(삭시톡신)
③ 독버섯 – Venerupin(베네루핀)
④ 복어 – Tetrodotoxin(테트로도톡신)

06 감칠맛 성분과 소재식품의 연결이 잘못된 것은?

① 베타인(Betaine) – 버섯, 죽순
② 크레아티닌(Creatinine) – 어류, 육류
③ 카노신(Carnosine) – 육류, 어류
④ 글루탐산(Glutamic Acid) – 간장, 다시마

07 스톡 조리 시 처음 끓어오르기 시작할 때 표면 위로 불순물과 거품이 생긴다. 이때 무엇을 이용하여 제거하면 좋은가?

① 스키머(Skimmer)
② 숫돌(Whetstone)
③ 제스터(Zester)
④ 스패출러(Spatula)

08 다음 중 보존료에 해당하지 않는 것은?

① 안식향산(Benzoic Acid)
② 구아닐산(Guanylic Acid)
③ 프로피온산(Propionic Acid)
④ 데하이드로초산(Dehydroacetic Acid)

09 영업 및 허가관청의 연결로 잘못된 것은?

① 단란주점영업 – 시장·군수·구청장
② 식품첨가물제조업 – 식품의약품안전처장
③ 식품조사처리업 – 시·도지사
④ 유흥주점영업 – 시장·군수·구청장

10 식품위생법상 국민의 보건위생을 위하여 필요하다고 판단되는 경우 영업소의 출입·검사·수거 등은 몇 회 실시하는가?

① 1년에 1회
② 1년에 4회
③ 6개월에 1회
④ 필요할 때마다 수시로

11 식품위생법상 식품접객업 중 음주행위가 허용되지 않는 영업은?

① 단란주점영업
② 유흥주점영업
③ 휴게음식점영업
④ 일반음식점영업

13 곰국이나 스톡을 조리하는 방법으로 은근하게 오랫동안 끓이는 조리법은?

① 포칭(Poaching)
② 스터핑(Stuffing)
③ 시머링(Simmering)
④ 블랜칭(Blanching)

14 영양소와 급원식품의 연결이 옳은 것은?

① 칼슘 – 우유, 뱅어포
② 비타민 A – 당근, 미역
③ 필수지방산 – 대두유, 버터
④ 동물성 단백질 – 두부, 소고기

12 다음 중 조리사 또는 영양사의 면허를 발급받을 수 있는 자는?

① 마약중독자
② 감염병예방법에 따른 감염병환자
③ B형간염환자
④ 조리사 면허의 취소처분을 받고 그 취소된 날부터 1년이 지나지 아니한 자

15 아이오딘값(Iodine Value)이 높은 지방은 어느 지방산의 함량이 높겠는가?

① 라우르산(Lauric Acid)
② 팔미트산(Palmitic Acid)
③ 리놀렌산(Linolenic Acid)
④ 스테아르산(Stearic Acid)

16 다음 중 동물성 식품(육류)의 대표적인 색소성분은?

① 마이오글로빈(Myoglobin)
② 페오피틴(Pheophytin)
③ 안토잔틴(Anthoxanthin)
④ 안토사이아닌(Anthocyanin)

17 다음 중 당질의 구성요소가 아닌 것은?

① 탄 소　　② 산 소
③ 질 소　　④ 수 소

18 식품에 식염을 직접 뿌리는 염장법은?

① 물간법　　② 마른간법
③ 압착염장법　　④ 염수주사법

19 다음 식품 감별에 대한 설명으로 적절하지 않은 것은?

① 생선은 눈이 불룩하고, 비늘은 광택이 있고 단단히 부착된 것이 좋다.
② 어패류는 겨울철 산란기 전보다 봄철에 더 맛이 좋다.
③ 당근은 선홍색이 선명하며 단단하고 잘랐을 때 단단한 심이 없는 것이 좋다.
④ 오이는 색이 좋고 굵기가 고르며, 만졌을 때 가시가 있고 무거운 것이 좋다.

20 튀김 조리 시 흡유량에 대한 설명으로 적절하지 않은 것은?

① 흡유량이 많으면 소화속도가 느려진다.
② 튀김시간이 길어질수록 흡유량이 많아진다.
③ 튀기는 기름의 온도가 낮을수록 흡유량이 많아진다.
④ 튀기는 식품의 표면적이 클수록 흡유량은 감소한다.

21 냉동시켰던 소고기를 해동하니 드립(Drip)이 많이 발생했다. 다음 중 가장 관계 깊은 것은?

① 탄수화물의 호화
② 단백질의 변성
③ 무기질의 분해
④ 지방의 산패

22 다음 중 유지의 발연점이 낮아지는 원인이 아닌 것은?

① 유리지방산의 함량이 높은 경우
② 튀김하는 그릇의 표면적이 좁은 경우
③ 기름에 이물질이 많이 들어 있는 경우
④ 오래 사용하여 기름이 지나치게 산패된 경우

23 우유 가공품이 아닌 것은?

① 버 터
② 마요네즈
③ 치 즈
④ 아이스크림

24 다음 중 상태가 좋은 식품이 아닌 것은?

① 오이 – 가시가 있고 곧은 것
② 고기 – 육색이 선명하고 윤기 있는 것
③ 달걀 – 빛에 비췄을 때 밝게 보이는 것
④ 고구마 – 모양이 둥글고 매끄럽지 않은 것

25 달걀흰자의 거품 형성과 관련된 내용으로 옳지 않은 것은?

① 교반시간이 짧을수록 거품의 용적과 안정성이 유지된다.
② 거품 형성에는 전동교반기가 수동교반기보다 효과가 더 크다.
③ 달걀흰자는 실온보다 냉장온도에서 보관한 것이 더 교반하기 쉽다.
④ 지나치게 오래 교반하면 거품은 작아지지만 가만히 두면 굵은 거품을 형성하게 된다.

26 다음 중 전분의 호화에 필요한 요소는?

① 물, 열
② 물, 기름
③ 기름, 설탕
④ 열, 설탕

27 채소의 무기질, 비타민의 손실을 줄일 수 있는 조리방법은?

① 볶 기　　② 끓이기
③ 삶 기　　④ 데치기

28 작업장에서 발생하는 작업의 흐름에 따라 시설과 기기를 배치할 때 작업의 흐름이 순서대로 연결된 것은?

> ㉠ 전처리
> ㉡ 장식 · 배식
> ㉢ 식재료의 구매 · 검수
> ㉣ 조 리
> ㉤ 식기세척 · 수납

① ㉠ → ㉡ → ㉢ → ㉣ → ㉤
② ㉢ → ㉠ → ㉣ → ㉤ → ㉡
③ ㉢ → ㉠ → ㉣ → ㉡ → ㉤
④ ㉤ → ㉣ → ㉡ → ㉠ → ㉢

29 다음 중 원가의 구성으로 틀린 것은?

① 직접원가 = 직접재료비 + 직접노무비 + 직접경비
② 제조원가 = 직접원가 + 제조간접비
③ 총원가 = 제조원가 + 판매경비 + 일반관리비
④ 판매가격 = 총원가 + 판매경비

30 제1급 감염병이 아닌 것은?

① 백일해　　② 라싸열
③ 페스트　　④ 마버그열

31 신선한 달걀에 해당하지 않는 것은?

① 껍질이 까칠까칠한 것
② 흔들었을 때 소리가 들리지 않는 것
③ 6~10% 소금물에 담그면 위로 뜨는 것
④ 깨뜨렸을 때 노른자의 높이가 높고 흰자가 퍼지지 않는 것

32 우유를 가열할 때 용기 바닥이나 옆에 눌어붙은 것은 주로 어떤 성분인가?

① 카세인 ② 유 청
③ 레시틴 ④ 유 당

33 과일의 일반적인 특성과는 다르게 지방 함량이 가장 높은 과일은?

① 아보카도 ② 수 박
③ 바나나 ④ 감

34 다음 냄새 성분 중 어류와 관계가 먼 것은?

① 암모니아(Ammonia)
② 피페리딘(Piperidine)
③ 다이아세틸(Diacetyl)
④ 트라이메틸아민(Trimethylamine)

35 다음 중 완성된 음식을 더욱 돋보이게 하는 장식을 일컫는 말은?

① 가니시(Garnish)
② 쿠르 부용(Court Bouillon)
③ 스톡(Stock)
④ 미르포아(Mirepoix)

36 영양소와 해당 소화효소의 연결이 잘못된 것은?

① 지방 – 말테이스(Maltase)
② 단백질 – 트립신(Trypsin)
③ 설탕 – 수크레이스(Sucrase)
④ 탄수화물 – 아밀레이스(Amylase)

37 다음 중 병원체가 세균인 것은?

① 유행성 간염　　② 폴리오

③ 말라리아　　　④ 장티푸스

38 대기오염을 일으키는 주된 원인은?

① 고기압일 때

② 저기압일 때

③ 기온역전일 때

④ 바람이 심하게 불 때

39 자외선에 대한 설명으로 틀린 것은?

① 가시광선보다 짧은 파장이다.

② 피부의 홍반 및 색소침착을 일으킨다.

③ 인체 내 비타민 D를 형성하게 하여 구루병을 예방한다.

④ 고열물체의 복사열을 운반하므로 열선이라고도 하며, 피부온도의 상승을 일으킨다.

40 석탄산계수가 3이고, 석탄산의 희석배수가 40일 때 실제 소독약품의 희석배수는?

① 20배　　　　② 40배

③ 80배　　　　④ 120배

41 달걀에 대한 설명 중 옳지 않은 것은?

① 흰자는 기포성을 갖는다.

② 노른자는 유화성을 갖는다.

③ 흰자는 인지질을 다량 함유하고 있다.

④ 흰자와 노른자의 비율은 13 : 7이다.

42 샌드위치의 플레이팅 시 고려해야 할 사항으로 옳지 않은 것은?

① 재료 자체가 가지고 있는 고유의 색감과 질감을 잘 표현한다.
② 전체적으로 화려하게 담는다.
③ 요리에 맞게 음식과 접시 온도에 신경을 써야 한다.
④ 식재료의 조합으로 인한 다양한 맛과 향이 공존하도록 유의한다.

44 다음에서 설명하는 조미료는?

- 수란을 뜰 때 끓는 물에 이것을 넣고 달걀을 넣으면 난백의 응고를 돕는다.
- 생선을 조릴 때 이것을 가하면 뼈가 부드러워진다.
- 기름기 많은 재료에 이것을 사용하면 맛이 부드럽고 산뜻해진다.

① 설 탕   ② 후 추
③ 식 초   ④ 소 금

43 시장조사에서 행해지는 조사내용으로 옳지 않은 것은?

① 수량 – 어느 정도의 양을 구매할 것인가
② 거래조건 – 어떠한 조건으로 구매할 것인가
③ 구매 거래처 – 어떠한 품질과 가격의 물품을 구매할 것인가
④ 품목 – 무엇을 구매해야 하는가

45 결합조직이 많은 고기에 이용하는 조리법으로, 습열 조리와 건열 조리를 혼합한 조리법은?

① 스튜(Stew)
② 스팀(Steam)
③ 보일링(Boiling)
④ 브레이즈(Braise)

46 분변소독에 가장 적합한 것은?

① 생석회
② 약용비누
③ 과산화수소
④ 표백분

47 시리얼류 조리에 대한 설명으로 적절하지 않은 것은?

① 시리얼은 아침 식사 대용으로 먹는 가공 식품이다.
② 올 브랜은 따뜻하게 먹는 시리얼이다.
③ 콘플레이크는 옥수수를 구워 얇게 으깬 것이다.
④ 오트밀은 식이섬유소가 풍부하다.

48 육류의 결합조직을 장시간 물에 넣어 가열 했을 때의 변화는?

① 콜라겐이 젤라틴으로 된다.
② 액틴이 젤라틴으로 된다.
③ 마이오신이 콜라겐으로 된다.
④ 엘라스틴이 콜라겐으로 된다.

49 두부 제조의 주체가 되는 성분은?

① 레시틴
② 글리시닌
③ 자 당
④ 키 틴

50 곰팡이 독소로, 간 장애 증상을 일으키는 것은?

① 사포닌
② 에르고톡신
③ 시트리닌
④ 아플라톡신

51 경구감염병과 비교하여 세균성 식중독이 가지는 일반적인 특성은?

① 잠복기가 짧다.
② 2차 발병률이 매우 높다.
③ 소량의 균으로도 발병한다.
④ 면역성이 있다.

54 녹색 채소를 데칠 때 소다를 넣을 경우 나타나는 현상이 아닌 것은?

① 비타민 C가 파괴된다.
② 채소의 질감이 유지된다.
③ 채소의 섬유질을 연화시킨다.
④ 채소의 색을 더욱 선명하게 고정시킨다.

52 다음 중 유해성 식품첨가물이 아닌 것은?

① 소브산(Sorbic Acid)
② 아우라민(Auramine)
③ 둘신(Dulcin)
④ 론갈리트(Rongalite)

53 다음 중 신선한 생선에 대한 설명으로 옳지 않은 것은?

① 살이 탄력적이다.
② 꼬리가 약간 치켜 올라갔다.
③ 안구가 맑고 돌출되어 있다.
④ 히스타민(Histamine)의 함량이 많다.

55 소시지 등 가공육 제품의 육색을 고정하기 위해 사용하는 식품첨가물은?

① 발색제
② 착색제
③ 보존제
④ 강화제

56 효소적 갈변반응에 의해 색을 나타내는 식품은?

① 분말 오렌지
② 간 장
③ 캐러멜
④ 홍 차

57 샐러드의 기본 구성에 대한 설명으로 옳지 않은 것은?

① 샐러드의 종류는 주재료에 따라 결정된다.
② 가니시는 본체보다 화려하게 장식한다.
③ 일반적으로 바탕은 잎상추, 로메인 상추와 같은 샐러드 채소로 구성된다.
④ 바탕(Base)의 목적은 일반적으로 그릇을 채워주는 역할과 사용된 본체와의 색 대비를 이루는 것이다.

58 습식열을 이용한 달걀요리가 아닌 것은?

① 포치드 에그(Poached Egg)
② 서니 사이드 업(Sunny Side Up)
③ 보일드 에그(Boiled Egg)
④ 완숙 달걀(Hard Boiled Egg)

59 식빵에 버터를 펴서 바를 때처럼 버터에 힘을 가한 후 그 힘을 제거해도 원래 상태로 돌아오지 않고 변형된 상태로 유지되는 성질은?

① 유화성
② 가소성
③ 쇼트닝성
④ 크림성

60 채소 냉동 시 전처리로 데치기(Blanching)하는 이유와 거리가 먼 것은?

① 탈색효과
② 살균효과
③ 부피감소 효과
④ 조직유연 효과

↻ 정답 및 해설 p.192

01 식품첨가물의 사용 목적이 아닌 것은?

① 변질·부패 방지
② 질병 예방
③ 관능 개선
④ 품질 개량·유지

02 식품과 독성분이 잘못 연결된 것은?

① 감자 – 솔라닌(Solanine)
② 독버섯 – 무스카린(Muscarine)
③ 독미나리 – 베네루핀(Venerupin)
④ 복어 – 테트로도톡신(Tetrodotoxin)

03 간디스토마와 폐디스토마의 제1중간숙주를 순서대로 짝지어 놓은 것은?

① 가재 – 붕어
② 다슬기 – 가재
③ 우렁이 – 다슬기
④ 붕어 – 우렁이

04 다음 중 살모넬라균의 식품 오염원으로 가장 중시되는 것은?

① 곰팡이   ② 해조류
③ 가금류   ④ 독버섯

05 다음 중 HACCP의 7가지 원칙에 해당하지 않는 것은?

① 위해요소 분석
② 한계기준 설정
③ 문서화, 기록유지 방법 설정
④ HACCP 팀 구성

06 주방 내 주요 교차오염의 원인과 개선방안에 대한 설명으로 옳지 않은 것은?

① 나무 재질의 도마, 주방 바닥, 트렌치 등에서 교차오염이 발생하고 있다.
② 원재료 상태로 들여와 준비하는 것보다 가공 상태로 들여와 준비하는 과정에서 교차오염 발생 가능성이 더 높아진다.
③ 교차오염 방지를 위해서는 행주, 바닥, 생선 취급 코너에 집중적으로 위생관리를 해야 한다.
④ 식재료의 전처리 과정에서 더욱 세심한 청결상태의 유지와 식재료의 관리가 필요하다.

07 돼지고기를 완전히 익히지 않고 먹을 경우 감염될 수 있는 기생충은?

① 아니사키스
② 무구조충
③ 선모충
④ 광절열두조충

08 소독약품이 갖추어야 할 조건으로 적절하지 않은 것은?

① 사용이 간단할 것
② 살균력이 약할 것
③ 불쾌한 냄새가 나지 않을 것
④ 소독 대상물에 대한 부식성이 없을 것

09 다음 중 상온에서 보관하는 것이 가장 좋은 식품은?

① 바나나
② 사 과
③ 포 도
④ 딸 기

10 달걀의 양쪽 면을 살짝 익힌 것으로, 달걀 흰자는 익고 노른자는 익지 않은 상태는?

① 서니 사이드 업(Sunny Side Up)
② 오버 이지(Over Easy)
③ 오버 미디엄(Over Medium)
④ 오버 하드(Over Hard)

11 다음 중 알레르기성 식중독에 관계되는 원인 물질과 균은?

① 아세토인(Acetoin), 살모넬라균
② 지방(Fat), 장염 비브리오균
③ 히스타민(Histamine), 모르가니균
④ 엔테로톡신(Enterotoxin), 포도상구균

12 식품위생법령상 집단급식소에 대해 바르게 설명한 것은?

① 불특정 다수인을 대상으로 급식한다.
② 영리를 목적으로 하는 상업시설을 포함한다.
③ 특정 다수인에게 계속적으로 식사를 제공하는 것이다.
④ 병원, 사회복지시설의 급식시설은 제외한다.

13 식품위생법령상 소분·판매할 수 있는 식품은?

① 벌꿀제품
② 어육제품
③ 통조림제품
④ 레토르트식품

14 식품접객업 중 시설기준상 객실을 설치할 수 없는 영업은?

① 유흥주점영업
② 일반음식점영업
③ 단란주점영업
④ 휴게음식점영업

15 식품위생법령상 일반음식점영업을 하기 위하여 수행하여야 할 사항과 관할 관청으로 적절한 것은?

① 영업허가 – 지방식품의약품안전청
② 영업신고 – 지방식품의약품안전청
③ 영업허가 – 특별자치시·특별자치도, 시·군·구청
④ 영업신고 – 특별자치시·특별자치도, 시·군·구청

16 당질의 기능에 대한 설명 중 틀린 것은?

① 당질은 평균 1g당 4kcal를 공급한다.
② 혈당을 유지한다.
③ 단백질 절약작용을 한다.
④ 당질은 섭취가 부족해도 체내 대사의 조절에는 큰 영향이 없다.

17 유지류에 대해 잘못 설명한 것은?

① 지방이 주성분인 식품이다.
② 중량에 비해 칼로리가 높다.
③ 튀김기름은 발연점이 높은 것이 좋다.
④ 포화지방산은 불포화지방산보다 융점이 낮다.

18 육류의 부패과정에서 pH가 약간 저하되었다가 다시 상승하는 데 관계하는 것은?

① 암모니아   ② 비타민
③ 글리코겐   ④ 지 방

19 과일통조림으로부터 용출되며, 다량 섭취 시 구토, 설사, 복통 등을 일으킬 수 있는 물질은?

① 수 은   ② 주 석
③ 아 연   ④ 구 리

20 다음 중 필수지방산이 아닌 것은?

① 리놀레산(Linoleic Acid)
② 스테아르산(Stearic Acid)
③ 리놀렌산(Linolenic Acid)
④ 아라키돈산(Arachidonic Acid)

21 무기질만으로 짝지어진 것은?

① 칼슘, 인, 나트륨
② 지방, 나트륨, 비타민 A
③ 지방산, 염소, 비타민 B
④ 아미노산, 아이오딘, 지방

23 미생물 살균에 가장 효과적인 것은?

① 가시광선　　　② X-선
③ 자외선　　　　④ 적외선

24 글루텐을 형성하는 단백질을 가장 많이 함유하는 것은?

① 보 리　　　② 쌀
③ 밀　　　　④ 옥수수

22 밀가루와 물을 섞은 반죽을 체에 걸러 물로 계속해서 씻으면 남게 되는 단백질은?

① 글리시닌(Glycinin)
② 글루텐(Gluten)
③ 글루테닌(Glutenin)
④ 글리아딘(Gliadin)

25 두부의 응고제 중 간수의 주성분은?

① KOH　　　② KCl
③ NaOH　　　④ $MgCl_2$

26 한천에 대해 잘못 설명한 것은?

① 동물의 뼈를 원료로 한다.
② 젤(Gel)화되는 성질이 있다.
③ 양장피나 양갱을 만드는 데 사용된다.
④ 미생물의 배지에 이용된다.

27 우유 100g 중에 당질 5g, 단백질 3.5g, 지방 3.7g이 들어 있다면 우유는 몇 kcal 인가?

① 67.3kcal   ② 95.3kcal
③ 112.3kcal   ④ 155.3kcal

28 달걀의 기포 형성에 도움이 되는 것은?

① 식 초   ② 우 유
③ 설 탕   ④ 소 금

29 다음 중 기름의 발연점이 낮아지는 경우로 옳은 것은?

① 기름을 사용한 횟수가 적을수록
② 유리지방산 함량이 많을수록
③ 기름 속에 이물질의 유입이 적을수록
④ 튀김용기의 표면적이 좁을수록

30 소스 종류에 따른 좋은 품질 선별법으로 옳지 않은 것은?

① 브라운 소스 – 질 좋은 재료의 사용이 중요하며 색깔을 내기 위해 재료를 탄내가 나지 않게 볶아야 한다.
② 버터소스 – 100℃ 이상의 온도로 가열할 경우 수분과 유분이 분리되어 사용할 수 없는 기름이 될 수 있으므로 보관 및 관리가 중요하다.
③ 토마토 소스 – 색감이 주는 역할이 매우 중요하므로 완성된 소스의 색이 먹음직스러운 붉은색을 띠어야 하며, 적당한 스파이스향이 배합된 것이 좋다.
④ 홀랜다이즈 – 따뜻하게 보관하는 것이 가장 중요하며, 다른 소스에 곁들여 색을 내는 용도로도 사용하는 경우가 많으므로 농도에 유의한다.

31 파스타 종류에 속하지 않는 것은?

① 스파게티   ② 라자냐
③ 라비올리   ④ 리소토

34 육류나 어류의 구수한 맛을 내는 성분은?

① 이노신산
② 호박산
③ 알리신
④ 나린진

32 판매원가는 총원가에 무엇을 더한 것인가?

① 직접노무비
② 판매관리비
③ 직접원가
④ 이 익

33 식품의 색소에 관한 설명 중 옳은 것은?

① 클로로필은 마그네슘을 중성원자로 하고 산에 의해 클로로필린이라는 갈색물질로 된다.
② 카로티노이드 색소에는 카로틴과 잔토필 등이 있다.
③ 플라보노이드 색소는 산성-중성-알칼리성으로 변함에 따라 적색-자색-청색으로 된다.
④ 동물성 색소 중 근육색소는 헤모글로빈이고, 혈색소는 마이오글로빈이다.

35 샐러드 채소를 다루는 방법으로 적절하지 않은 것은?

① 물의 양을 충분히 하여 야채에 묻어 있는 흙이나 모래를 깨끗이 씻는다.
② 채소는 일주일 이상 냉장 보관이 가능하다.
③ 가능한 한입 크기로 정선해 준다.
④ 채소가 상하지 않게 넓은 용기에 담아 둔다.

36 사과, 배 등의 갈변촉진 현상에 영향을 주는 효소는?

① 아밀레이스(Amylase)
② 라이페이스(Lipase)
③ 아스코비네이스(Ascorbinase)
④ 폴리페놀 옥시데이스(Polyphenol Oxidase)

38 다음 중 결합수의 특징이 아닌 것은?

① 용질에 대해 용매로 작용하지 않는다.
② 자유수보다 밀도가 크다.
③ 식품에서 미생물의 번식과 발아에 이용되지 못한다.
④ 대기 중에서 100℃로 가열하면 쉽게 수증기가 된다.

37 식재료 품질 감별법 중 잘못된 것은?

① 소고기 – 적색이고 탄력이 있으며 이취가 없는 것이 좋다.
② 닭고기 – 신선하며 광택이 있고 닭고기 특유의 냄새를 가진 것이 좋다.
③ 건조버섯 – 건조가 고르게 되어 부서진 것 없이 갓의 형태를 잘 유지한 것이 좋다.
④ 어류 – 눈이 들어가 있고 비늘이 잘 부착된 것이 좋다.

39 회복기 보균자의 설명으로 옳은 것은?

① 병원체에 감염되어 있지만 임상증상이 아직 나타나지 않은 상태의 사람
② 병원체를 몸에 지니고 있으나 겉으로는 증상이 나타나지 않는 건강한 사람
③ 질병의 임상증상이 회복되는 시기에도 여전히 병원체를 지닌 사람
④ 몸에 세균 등 병원체를 오랫동안 보유하고 있으면서 자신은 병의 증상을 나타내지 아니하고 다른 사람에게 옮기는 사람

40 저온저장의 효과와 가장 거리가 먼 것은?

① 미생물의 생육을 억제할 수 있다.
② 효소활성이 낮아져 수확 후 호흡, 발아 등의 대사를 억제할 수 있다.
③ 살균효과가 있다.
④ 영양 손실의 속도를 저하시킨다.

41 단백질의 열변성에 대한 설명으로 적절한 것은?

① 단백질에 설탕을 넣으면 응고온도가 높아진다.
② 보통 30℃에서 일어난다.
③ 전해질이 존재하면 변성속도가 늦어진다.
④ 수분이 적게 존재할수록 잘 일어난다.

42 말린 버섯이나 생선의 간에 많이 들어 있으며, 부족하면 골다공증이 나타날 수 있는 비타민은?

① 비타민 C
② 비타민 K
③ 비타민 D
④ 비타민 E

43 다음 중 훈연식품이 아닌 것은?

① 베이컨
② 치 즈
③ 소시지
④ 햄

44 다음 ㉠, ㉡에 들어갈 말로 옳은 것은?

> 고기의 질긴 결합조직 부위를 물과 함께 장시간 끓였을 때 (㉠)이 (㉡)으로 변화되어 연해진다.

① ㉠ 엘라스틴, ㉡ 알부민
② ㉠ 엘라스틴, ㉡ 젤라틴
③ ㉠ 콜라겐, ㉡ 알부민
④ ㉠ 콜라겐, ㉡ 젤라틴

45 육류의 직화구이 및 훈연 중에 발생하는 발암물질은?

① 벤조피렌
② 나이트로사민
③ 아질산염
④ 포르말린

46 전분의 호화와 점성에 대한 설명 중 틀린 것은?

① 곡류는 서류보다 호화온도가 높다.
② 수분 함량이 많을수록 빨리 호화된다.
③ 높은 온도는 호화를 촉진시킨다.
④ 산을 첨가하면 가수분해를 일으켜 호화를 촉진시킨다.

47 유지나 지질을 많이 함유한 식품이 빛, 열, 산소 등과 접촉하여 산패를 일으키는 것을 막기 위하여 사용하는 첨가물은?

① 보존료
② 살균제
③ 산미료
④ 산화방지제

48 감미 재료와 거리가 먼 것은?

① 사탕무
② 정 향
③ 사탕수수
④ 스테비아

49 마요네즈 제조 시 안정된 마요네즈를 형성하는 경우는?

① 기름을 빠르게 많이 넣을 때
② 달걀흰자만 사용할 때
③ 약간 더운 기름을 사용할 때
④ 유화제 첨가량에 비하여 기름의 양이 많을 때

50 입고가 먼저된 것부터 순차적으로 출고하여 출고 단가를 결정하는 방법은?

① 선입선출법
② 후입선출법
③ 이동평균법
④ 총평균법

51 일반적으로 비스킷 및 튀김의 제품 특성에 가장 적합한 밀가루는?

① 박력분 ② 중력분
③ 강력분 ④ 반강력분

52 버터와 마가린의 지방 함량은 얼마인가?

① 50% 이상
② 60% 이상
③ 70% 이상
④ 80% 이상

53 역성비누를 보통비누와 함께 사용할 때 가장 올바른 방법은?

① 보통비누로 먼저 때를 씻어낸 후 역성비누를 사용
② 보통비누와 역성비누를 섞어서 거품을 내며 사용
③ 역성비누를 먼저 사용한 후 보통비누를 사용
④ 역성비누와 보통비누의 사용 순서는 무관하게 사용

54 밀가루를 반죽할 때 연화(쇼트닝)작용과 팽화작용의 효과를 얻기 위해 넣는 것은?

① 소 금
② 지 방
③ 달 걀
④ 이스트

55 칼슘(Ca)과 인(P)의 대사이상을 초래하여 골연화증을 유발하는 유해금속은?

① 철(Fe)
② 카드뮴(Cd)
③ 은(Ag)
④ 주석(Sn)

56 다음 중 토마토 크림수프를 만들 때 나타나는 응고현상은?

① 산에 의한 우유의 응고
② 레닌에 의한 우유의 응고
③ 염류에 의한 밀가루의 응고
④ 가열에 의한 밀가루의 응고

57 채소를 믹서에 갈아 체에 걸러 빵가루, 마늘, 올리브유 등을 넣어 걸쭉하게 만들어 먹는 차가운 수프는?

① 가스파초
② 차우더
③ 포타주
④ 미네스트로네

58 샌드위치를 형태에 따라 분류했을 때 속하지 않는 것은?

① 오픈 샌드위치
② 핑거 샌드위치
③ 클로즈드 샌드위치
④ 콜드 샌드위치

59 베샤멜 소스를 만들 때 양파, 밀가루와 버터, 우유의 비율로 가장 적당한 것은?

① 1 : 1 : 1 : 1
② 1 : 20 : 1 : 1
③ 1 : 1 : 1 : 20
④ 1 : 1 : 10 : 20

60 스톡 조리 시 불 조절을 실패하거나 이물질 제거를 하지 않았을 때 발생할 수 있는 문제점은?

① 스톡의 향이 적다.
② 스톡의 색상이 옅다.
③ 스톡이 무게감이 없다.
④ 스톡이 맑지 않다.

정답 및 해설 p.197

01 토마토의 붉은색을 나타내는 색소는?

① 카로티노이드
② 클로로필
③ 안토사이아닌
④ 타 닌

02 다음 중 식품의 냉동 보관에 대한 설명으로 틀린 것은?

① 미생물의 번식을 억제할 수 있다.
② 식품 중의 효소작용을 억제하여 품질 저하를 막는다.
③ 급속 냉동 시 얼음 결정이 작게 형성되어 식품의 조직 파괴가 적다.
④ 소고기의 드립(Drip)을 막기 위해 높은 온도에서 빨리 해동하는 것이 좋다.

03 다음 식품 중 직접 가열하는 급속해동법이 가장 많이 이용되는 것은?

① 생선류   ② 육 류
③ 반조리 식품 ④ 계 육

04 식품첨가물이 갖추어야 할 조건으로 옳지 않은 것은?

① 인체에 유해한 영향이 없을 것
② 유해물질의 해독작용이 있을 것
③ 상품의 가치를 향상시킬 것
④ 식품을 소비자에게 이롭게 할 것

05 식품의 위생적 취급에 대한 설명으로 옳지 않은 것은?

① 식재료 적재 시에는 벽과 바닥으로부터 일정 간격 이상을 유지한다.
② 원료, 자재, 완제품 및 시험시료는 구분하여 보관하며, 제시된 조건(장소, 온도, 식별 표시)에 따라 관리한다.
③ 냉장식품은 비냉장 상태인지, 냉동식품은 해동 흔적이 있는지, 통조림은 찌그러짐, 팽창이 있는지 등을 확인한다.
④ 보존한 식품은 선입선출 방식으로 사용하고, 신선도가 떨어지지만 판매 유효기간 내에 있는 상품은 곧바로 폐기하지 않는다.

06 다음에서 설명하는 것은?

> 식품의 원료관리 및 제조·가공·조리·소분·유통의 모든 과정에서 위해한 물질이 식품에 섞이거나 식품이 오염되는 것을 방지하기 위하여 각 과정의 위해요소를 확인·평가하여 중점적으로 관리하는 기준

① 식품안전관리인증기준(HACCP)
② 식품이력추적관리제도
③ 식품 CODEX 기준
④ ISO 인증제도

07 감자, 고구마 및 양파와 같은 식품에 뿌리가 나고 싹이 트는 것을 억제하는 효과가 있는 것은?

① 자외선살균법
② 적외선살균법
③ 일광소독법
④ 방사선살균법

08 프랑스어로 진공 저온을 뜻하는 말로, 진공 포장 후 55~65℃에서 장시간 조리하여 맛, 향, 영양소를 보존하며 조리하는 방법은?

① 앙글레이즈(Anglaise)
② 수비드(Sous Vide)
③ 글레이징(Glazing)
④ 베르 블랑(Beurre Blanc)

09 건강선(Dorno-ray)이란?

① 감각온도를 표시한 도표
② 가시광선
③ 강력한 진동으로 살균작용을 하는 음파
④ 자외선 중 살균효과를 가지는 파장

10 탈기·밀봉의 공정과정을 거치는 제품이 아닌 것은?

① 통조림
② 병조림
③ 레토르트 파우치
④ CA저장 과일

11 주류 발효과정에서 존재하고 포도주, 사과주 등에 메탄올이 생성되어 함유될 수 있으며, 중독 증상은 구토, 복통, 설사 등으로 심하면 실명하게 되는 성분은?

① 펙 틴　　② 붕 산
③ 지방산　　④ 질산염

12 식품의 조리 · 가공 · 저장 중에 생성되는 유해물질 중 아민과 반응하여 나이트로소 화합물을 생성하는 성분은?

① 지 질　　② 아황산
③ 아질산염　　④ 삼염화질소

13 소고기를 가열하지 않고 회로 먹을 때 생길 가능성이 가장 큰 기생충은?

① 민촌충
② 선모충
③ 유구조충
④ 회 충

14 황변미 중독을 일으키는 오염 미생물은?

① 곰팡이
② 효 모
③ 세 균
④ 기생충

15 화학적 살균방법이 아닌 것은?

① 오존 사용
② 차아염소산나트륨살균
③ 간헐살균
④ 역성비누 사용

16 열과 소독약에 저항성이 강한 독소형 식중독은?

① 장염 비브리오균
② 클로스트리듐 보툴리눔
③ 살모넬라균
④ 장출혈성 대장균

17 웰치균(*Clostridium perfringens*)에 대한 설명으로 옳은 것은?

① 운동성이 강하다.
② 혐기성 균주이다.
③ 냉장온도에서 잘 발육한다.
④ 당질 식품에서 주로 발생한다.

18 식물과 그 유독성분이 잘못 연결된 것은?

① 감자 – 솔라닌(Solanine)
② 피마자 – 리신(Ricin)
③ 목화씨 – 고시폴(Gossypol)
④ 독맥 – 시큐톡신(Cicutoxin)

19 병원체가 생활, 증식을 계속하여 인간에게 전파될 수 있는 상태로 저장되는 곳은?

① 숙 주   ② 보균자
③ 환 경   ④ 병원소

20 식품위생법상 조리사를 두어야 하는 영업장은?

① 식품접객영업자 자신이 조리사로서 직접 음식물을 조리하는 경우
② 1회 급식인원 100명 미만의 산업체인 경우
③ 영양사가 조리사의 면허를 받은 경우
④ 복어를 조리·판매하는 영업을 하는 경우

21 식품위생법령상 집단급식소는 상시 1회 몇 인에게 식사를 제공하는 급식소인가?

① 20명 이상

② 40명 이상

③ 50명 이상

④ 70명 이상

22 식품위생법상 식품 또는 식품첨가물의 완제품을 나누어 유통할 목적으로 재포장·판매하는 영업은?

① 식품제조·가공업

② 식품운반업

③ 식품소분업

④ 즉석판매제조·가공업

23 식품위생법령상 영업허가를 받아야 할 업종이 아닌 것은?

① 단란주점영업

② 유흥주점영업

③ 식품조사처리업

④ 일반음식점영업

24 다음의 식품 등의 표시기준상 영양성분별 세부표시 방법에서 (   ) 안에 들어갈 알맞은 것은?

열량의 단위는 킬로칼로리(kcal)로 표시하되, 그 값을 그대로 표시하거나 그 값에 가장 가까운 (   ) 단위로 표시하여야 한다. 이 경우 (   ) 미만은 "0"으로 표시할 수 있다.

① 5kcal

② 10kcal

③ 15kcal

④ 20kcal

25 기름 성분이 배수관 벽에 부착되는 것을 막는 데 유용한 하수관 형태는?

① S 트랩

② P 트랩

③ 그리스 트랩

④ U 트랩

26 다음 중 비말감염이 가장 잘 이루어질 수 있는 조건은?

① 군 집
② 영양결핍
③ 피 로
④ 매개곤충의 서식

27 액상 기름을 고체 상태로 변화시킨 경화유 과정에 첨가되는 물질은?

① 산 소   ② 수 소
③ 질 소   ④ 칼 슘

28 식육이 공기와 결합하면 선홍색의 무엇이 되는가?

① 옥시마이오글로빈
② 마이오글로빈
③ 메트마이오글로빈
④ 헤모글로빈

29 유해감미료에 속하는 것은?

① 사카린나트륨
② D-소비톨
③ 자일리톨
④ 둘 신

30 파슬리 줄기, 셀러리, 타임, 통후추, 월계수잎 등을 묶어 만든 향초다발은?

① 부케가르니
② 퓌 메
③ 미르포아
④ 쿠르 부용

31 샐러드에 대한 설명으로 옳지 않은 것은?

① 채소, 과일, 육류 제품을 골고루 섞어 마요네즈나 드레싱으로 간을 맞추어 먹는 서양음식이다.
② 재료는 신선한 것을 사용하는 것이 중요하다.
③ 식사 30분~1시간 전에 미리 소스에 무쳐 준비한다.
④ 토마토 등의 빛깔 있는 재료를 섞어 시각적인 효과를 내어 한층 미각을 돋울 수 있다.

32 신맛 성분과 소재식품의 연결로 적절하지 않은 것은?

① 초산(Acetic Acid) – 식초
② 젖산(Lactic Acid) – 김치류
③ 구연산(Citric Acid) – 시금치
④ 주석산(Tartaric Acid) – 포도

33 단백질의 분해효소로 식물성 식품에서 얻어지는 것은?

① 펩신(Pepsin)
② 트립신(Trypsin)
③ 파파인(Papain)
④ 레닌(Rennin)

34 카로티노이드(Carotinoid)에 대한 설명으로 옳은 것은?

① 클로로필과 공존하는 경우가 많다.
② 산화효소에 의해 쉽게 산화되지 않는다.
③ 자외선을 쉽게 흡수한다.
④ 물에 쉽게 용해된다.

35 다음 중 열량영양소로만 짝지어진 것은?

① 단백질, 탄수화물
② 비타민, 단백질
③ 비타민, 무기질
④ 무기질, 탄수화물

36 원가에 대한 설명으로 틀린 것은?

① 원가의 3요소는 재료비, 노무비, 경비이다.
② 임금, 상여금은 경비에 속한다.
③ 직접원가는 직접재료비, 직접노무비, 직접경비를 포함한다.
④ 재료비는 제품 제조를 위하여 소요되는 물품의 원가를 말한다.

37 전분의 호화에 대한 설명으로 맞는 것은?

① 가열하기 전 수침(물에 담그는)시간이 짧을수록 호화되기 쉽다.
② 전분의 마이셀(Micelle) 구조가 파괴된다.
③ 온도가 낮으면 호화시간이 빠르다.
④ 서류는 곡류보다 호화온도가 높다.

38 우유의 균질화(Homogenization)에 대한 설명으로 옳은 것은?

① 우유의 성분을 일정하게 하는 과정이다.
② 우유의 색을 고정시키기 위한 과정이다.
③ 우유의 단백질 입자의 크기를 미세하게 하기 위한 과정이다.
④ 우유 지방 입자의 크기를 미세하게 하기 위한 과정이다.

39 다음 중 신선한 달걀은?

① 프라이를 하려고 깨 보니 난백이 넓게 퍼진다.
② 난황과 난백을 분리하려는데 난황막이 터져 분리가 어렵다.
③ 흔들어 보았을 때 진동소리가 난다.
④ 6% 식염수에 넣었을 때 가라앉는다.

40 다음 중 어류의 혈합육에 대한 설명으로 틀린 것은?

① 정어리, 고등어, 꽁치 등의 육질에 많다.
② 비타민 B군의 함량이 높다.
③ 헤모글로빈과 마이오글로빈의 함량이 높다.
④ 운동이 활발한 생선은 함량이 낮다.

41 폐기율이 10%인 식품의 출고계수는 약 얼마인가?

① 0.55
② 0.76
③ 1.11
④ 1.85

42 다음 중 계량방법이 잘못된 것은?

① 저울은 수평으로 놓고 눈금은 정면에서 읽으며 바늘은 0에 고정시킨다.
② 가루상태의 식품은 계량기에 꾹꾹 눌러 담은 다음 윗면이 수평이 되도록 스패츌러로 깎아서 잰다.
③ 액체식품은 투명한 계량용기를 사용하여 계량컵의 눈금과 눈높이를 맞추어서 계량한다.
④ 다진 고기 등의 식품 재료는 계량기구에 눌러 담아 빈 공간이 없도록 채워서 깎아 잰다.

43 해조류에서 추출한 성분으로 식품에 점성을 주고 안정제, 유화제로 널리 이용되는 것은?

① 섬유소(Cellulose)
② 펙틴(Pectin)
③ 글리코겐(Glycogen)
④ 알긴산(Alginic Acid)

44 다음 중 어취 제거방법에 대한 설명으로 틀린 것은?

① 식초나 레몬즙을 이용하여 어취를 약화시킨다.
② 된장, 고추장의 흡착성은 어취 제거효과가 있다.
③ 술을 넣으면 알코올에 의하여 어취가 더 심해진다.
④ 우유에 담가 두면 어취가 약화된다.

45 식품의 갈변현상을 억제하기 위한 방법과 거리가 먼 것은?

① 효소의 활성화
② 염류 또는 당 첨가
③ 아황산 첨가
④ 열처리

46 과일의 조리에서 열에 의해 가장 영향을 많이 받는 수용성 비타민으로, 부족하면 괴혈병을 유발하는 영양소는?

① 비타민 C
② 비타민 A
③ 비타민 B_1
④ 비타민 E

47 식품 구매 시 대체식품으로 옳은 것은?

① 치즈 – 버터, 마가린
② 두부 – 뱅어포, 멸치
③ 우유 – 당근, 오이
④ 밥 – 국수, 라면

48 다음 중 결합수의 특징으로 옳은 것은?

① 식품을 건조시키면 쉽게 증발한다.
② 용질에 대해 용매로 작용한다.
③ 보통의 물보다 밀도가 크다.
④ 식품의 변질에 영향을 준다.

49 다음 중 다당류에 속하는 탄수화물은?

① 전 분
② 포도당
③ 과 당
④ 갈락토스

50 소고기가 값이 비싸 돼지고기로 대체하려고 할 때 소고기 600g을 돼지고기 몇 g으로 대체하면 되는가?(단, 식품분석표상 단백질 함량은 소고기 20g, 돼지고기 15g이다)

① 400g　　② 600g
③ 760g　　④ 800g

51 녹색 채소의 색소 고정에 관계하고 헤모글로빈 형성의 촉매작용을 하는 무기질은?

① 알루미늄(Al) ② 염소(Cl)
③ 구리(Cu) ④ 코발트(Co)

52 다음 중 버터의 특성이 아닌 것은?

① 독특한 맛과 향기를 가져 음식에 풍미를 준다.
② 냄새를 빨리 흡수하므로 밀폐하여 저장하여야 한다.
③ 포화지방산과 불포화지방산을 모두 함유하고 있다.
④ 성분은 단백질이 80% 이상이다.

53 브로멜린(Bromelin)이 함유되어 있어 고기를 연화시키는 데 이용되는 과일은?

① 사 과 ② 파인애플
③ 귤 ④ 복숭아

54 다음 중 조리를 하는 목적으로 적합하지 않은 것은?

① 소화흡수율을 높여 영양효과를 증진
② 식품 자체의 부족한 영양성분을 보충
③ 풍미, 외관을 향상시켜 기호성을 증진
④ 세균 등의 위해요소로부터 안전성 확보

55 전채 조리의 특징으로 옳지 않은 것은?

① 단맛 위주로 만든다.
② 전채 요리는 메인 요리가 나오기 전에 식욕촉진제로 제공되는 음식이다.
③ 주요리에 사용되는 재료와 반복된 조리법을 사용하지 않는다.
④ 전채 요리는 크기를 작게 하고 주요리보다 소량으로 만든다.

56 전채 요리의 분류 중 플레인에 속하지 않는 것은?

① 새우 카나페   ② 캐비아
③ 생 굴   ④ 육류 카나페

57 다음 중 샌드위치의 구성요소로 적합하지 않은 것은?

① 빵   ② 가니시
③ 속재료   ④ 드레싱

58 포도주 식초의 일종으로, 단맛이 강한 포도즙을 나무통에 넣고 목질이 다른 통에 여러 번 옮겨 담아 숙성시킨 식초는?

① 셰리 식초
② 발사믹 식초
③ 와인 식초
④ 비네그레트

59 진한 소스를 뽑기 위해 5일 이상의 시간이 필요하며, 길게는 일주일간 끓인 소스로 고급 소스라고 할 수 있는 소스는?

① 브라운 소스
② 베샤멜 소스
③ 홀랜다이즈 소스
④ 벨루테 소스

60 서양 요리 조리방법 중 건열 조리와 거리가 먼 것은?

① 브로일링(Broiling)
② 로스팅(Roasting)
③ 팬프라잉(Pan-frying)
④ 시머링(Simmering)

↻ 정답 및 해설 p.202

01 다음 중 제1 및 제2중간숙주가 있는 것은?

① 요충, 십이지장충
② 사상충, 회충
③ 간흡충, 유구조충
④ 폐흡충, 광절열두조충

02 화학물질에 의한 식중독으로 일반 중독 증상과 시신경의 염증으로 실명의 원인이 되는 물질은?

① 수 은   ② 청 산
③ 카드뮴   ④ 메틸알코올

03 식품에서 흔히 볼 수 있는 푸른곰팡이는?

① 털곰팡이속(*Mucor*)
② 푸사륨속(*Fusarium*)
③ 페니실륨속(*Penicillium*)
④ 거미줄곰팡이속(*Rhizopus*)

04 미생물 종류 중 크기가 가장 큰 것은?

① 세균(Bacteria)
② 바이러스(Virus)
③ 곰팡이(Mold)
④ 효모(Yeast)

05 집단감염이 잘되며, 항문 주위나 회음부에 소양증이 생기는 기생충은?

① 흡 충
② 편 충
③ 요 충
④ 십이지장충

06 소독제의 살균력을 비교하기 위해서 이용되는 소독약은?

① 알코올
② 석탄산
③ 과산화수소
④ 차아염소산나트륨

08 다음 중 식당 종업원의 손 소독에 가장 적당한 것은?

① 과산화수소　　② 승홍수
③ 중성세제　　　④ 역성비누

09 다음 중 자외선을 이용하여 살균할 때 가장 유효한 파장은?

① 260~280nm
② 350~360nm
③ 450~460nm
④ 550~560nm

07 식품을 계량하는 방법으로 틀린 것은?

① 액체는 원하는 양을 담은 뒤 눈높이를 맞춰 읽는다.
② 흑설탕은 체로 친 뒤 누르지 말고 윗면을 평평하게 깎아 계량한다.
③ 마가린은 실온에서 계량컵에 꾹꾹 눌러 담아 측정한다.
④ 꿀같이 점성이 있는 것은 계량컵을 이용한다.

10 샐러드를 만들 때 곡물의 조리방법은?

① 스티밍(Steaming)
② 삶기(Poaching)
③ 데치기(Blanching)
④ 은근히 끓이기(Simmering)

11 다음 중 식품위생행정의 목적과 가장 거리가 먼 것은?

① 국민보건의 증진
② 식품영양의 질적 향상 도모
③ 식품위생상의 위해 방지
④ 식품의 판매 촉진

12 다음 중 조리사 또는 영양사의 면허를 발급받을 수 있는 자는?

① 파산선고자
② 마약중독자
③ 조리사 면허 취소처분을 받고 6개월이 지난 자
④ 정신질환자(전문의가 적합하다고 인정하는 자 제외)

13 HACCP(식품안전관리인증기준) 적용업소는 이 기준에 따라 관리되는 사항에 대한 기록을 최소 몇 년 이상 보관하여야 하는가?(단, 관계 법령에 특별히 규정된 것은 제외)

① 1년　　　　② 2년
③ 5년　　　　④ 10년

14 식품접객업소 중 모범업소를 지정할 수 있는 권한을 가진 사람은?

① 관할 시장　　② 관할 소방서장
③ 관할 보건소장　④ 관할 세무서장

15 세계보건기구(WHO)가 정의한 건강의 내용이 아닌 것은?

① 육체적으로 완전한 상태
② 정신적으로 완전한 상태
③ 영양적으로 완전한 상태
④ 사회적 안녕의 완전한 상태

16 방사능 강하물 중에서 식품의 오염과 관련
하여 위생상 문제가 되는 것은?

① Ca-45
② Sr-90
③ Na-24
④ Zn-65

18 다음 중 클로로필에 대한 설명으로 옳지
않은 것은?

① 수용성 색소이다.
② 엽록체 안에 들어 있다.
③ 식물성 광합성에 중요한 역할을 한다.
④ 산이나 클로로필 분해효소를 만나면 갈
색으로 변한다.

19 공기의 자정작용에 속하지 않는 것은?

① 살균작용
② 희석작용
③ 세정작용
④ 여과작용

17 다음 중 비타민 B_{12}가 많이 함유되어 있는
급원식품은?

① 딸기, 배, 귤
② 조개, 난황, 어육
③ 미역, 김, 우뭇가사리
④ 당근, 오이, 양파

20 작업장의 부적당한 조명으로 발생하는 질
병과 가장 관계가 적은 것은?

① 가성근시   ② 열사병
③ 안정피로   ④ 안구진탕증

21 다음 각 영양소와 그 소화효소의 연결이 옳지 않은 것은?

① 녹말 – 아밀레이스
② 지방 – 라이페이스
③ 단백질 – 펩신
④ 젖당 – 프티알린

23 다음 중 쓴맛 물질과 식품 소재의 연결이 잘못된 것은?

① 테오브로민(Theobromine) – 초콜릿
② 나린진(Naringin) – 감귤류의 과피
③ 휴물론(Humulone) – 맥주
④ 쿠쿠르비타신(Cucurbitacin) – 도토리

24 백신 등 예방접종으로 형성되는 면역은?

① 자연능동면역
② 자연수동면역
③ 인공수동면역
④ 인공능동면역

22 다음 중 우유에 첨가하면 응고현상을 나타낼 수 있는 것으로만 짝지어진 것은?

① 소금, 레닌(Lennin)
② 레닌(Lennin), 설탕
③ 식초, 레닌(Lennin)
④ 설탕, 카세인(Casein)

25 트랜스지방은 식물성 기름에 어떤 원소를 첨가하는 과정에서 발생하는가?

① 수 소　　　② 질 소
③ 산 소　　　④ 탄 소

26 쓰거나 신 음식을 맛본 후 금방 물을 마시면 물이 달게 느껴지는데 이는 어떤 원리에 의한 것인가?

① 변조현상　　② 대비현상
③ 피로현상　　④ 상쇄현상

29 급식인원이 600명인 단체급식소에서 연근조림을 하려고 한다. 연근의 1인당 중량이 20g이고, 폐기율이 8%일 때 총발주량은?

① 약 10kg　　② 약 13kg
③ 약 20kg　　④ 약 25kg

27 스튜(Stew)의 지미성분이 우러나오도록 조리해야 할 때의 적당한 불은?

① 처음부터 센 불로
② 처음부터 중간 불로
③ 처음에는 센 불에서, 끓기 시작하면 중간 불로
④ 처음에는 약한 불에서, 끓기 시작하면 중간 불로

30 침수 조리에 대한 설명으로 틀린 것은?

① 곡류, 두류 등은 조리 전에 충분히 침수시켜 조미료의 침투를 용이하게 하고 조리시간을 단축시킨다.
② 당장법, 염장법 등은 보존성을 높일 수 있고, 식품을 장시간 담가둘수록 영양성분이 많이 침투되어 좋다.
③ 간장, 술, 식초, 조미액, 기름 등에 담가 필요한 성분을 침투시켜 맛을 좋게 해 준다.
④ 쓴맛, 떫은맛, 아린 맛 등의 불필요한 성분을 용출시킬 수 있다.

28 샐러드를 만들 때 주의할 점이 아닌 것은?

① 신선한 재료를 선택해야 한다.
② 드레싱에 사용하는 오일은 샐러드 주재료와 궁합이 맞아야 한다.
③ 재료를 드레싱에 미리 버무려 간이 들게 두었다 담아야 한다.
④ 재료의 향미, 질감, 색의 조화를 고려하여 먹음직스럽게 담는다.

31 직접원가에 속하지 않는 것은?

① 직접재료비
② 직접노무비
③ 직접경비
④ 판매관리비

32 다음에서 설명하는 식재료 썰기 방법은?

> 바토네, 쥘리엔 등을 써는 초기 작업으로, 덩어리 형태의 재료를 위에서 작업대와 직각으로 절단하는 형태이다. 한식 조리에서 비교하면 편 썰기와 같은 방법이다.

① 슬라이스(Slice)
② 스몰 다이스(Small Dice)
③ 시포나드(Chiffonnade)
④ 샤또(Chateau)

33 조리장 내에서 사용되는 기기의 주요 재질별 관리방법으로 부적합한 것은?

① 알루미늄제 냄비는 부드러운 솔을 사용하여 중성세제로 닦는다.
② 주철로 만든 국솥 등은 수세 후 습기를 건조시킨다.
③ 스테인리스 스틸제의 작업대는 거친 솔을 사용하여 알칼리성 세제로 닦는다.
④ 철강제의 구이 기계류는 오물을 세제로 씻고 습기를 건조시킨다.

34 곡물의 저장 과정에서 일어나는 변화에 대한 설명으로 옳은 것은?

① 곡류는 저장 시 호흡작용을 하지 않는다.
② 곡물 저장 때 동물에 의한 피해는 거의 없다.
③ 쌀의 변질에 가장 관계가 깊은 것은 곰팡이다.
④ 수분과 온도는 저장에 큰 영향을 주지 못한다.

35 훈연 시 발생하는 연기성분이 아닌 것은?

① 페놀(Phenol)
② 폼알데하이드(Formaldehyde)
③ 개미산(Formic Acid)
④ N-나이트로사민(N-nitrosamine)

36 가공치즈(Processed Cheese)의 설명으로 틀린 것은?

① 자연치즈에 식품 또는 식품첨가물 등을 더한다.
② 일반적으로 자연치즈보다 저장성이 크다.
③ 약 85℃에서 살균하여, Pasteurized Cheese라고도 한다.
④ 자연치즈를 원료로 사용하지 않는다.

37 주방위생을 위협하는 위해요소 관리에 대한 설명으로 옳지 않은 것은?

① 장비, 용기 및 도구는 내부를 들여다보기 어려운 복잡한 디자인일수록 위해요소로부터 안전하다.
② 조리기구의 식품 접촉 표면은 염소계 소독제 200ppm을 사용하여 살균한다.
③ 의류용 세제에는 형광염료가 포함되어 있으므로 식품에 행주 사용을 금지한다.
④ 허가된 지정약품만 사용하고 일정 기간이 지나면 약품을 교체한다.

38 소금에 대한 설명 중 틀린 것은?

① 단맛을 높여 준다.
② 무기질의 공급원이다.
③ 제면 시 제품의 물성을 향상시킨다.
④ 온도에 따른 용해도의 차가 크다.

39 다음 중 안전교육의 목적이 아닌 것은?

① 안전한 생활을 위한 습관을 형성한다.
② 불의의 사고를 사후에 예방·조치한다.
③ 인간 생명의 존엄성에 대해 인식시킨다.
④ 일상생활에서 필요한 안전에 대한 지식, 기능, 태도 등을 이해시킨다.

40 조리된 상태의 냉동식품을 해동하는 가장 좋은 방법은?

① 공기해동   ② 가열해동
③ 저온해동   ④ 청수해동

41 다음 중 황 함유 아미노산은?

① 류 신　　　　② 메티오닌
③ 페닐알라닌　　④ 트립토판

44 살균 효과가 가장 강한 알코올 농도는?

① 60~65%　　② 70~75%
③ 80~85%　　④ 90~95%

42 다음 중 레토르트 식품의 가공과 관계가 없는 것은?

① 통조림　　　② 파우치
③ 플라스틱 필름　④ 고압솥

45 직접 불에 굽는 구이 방법은?

① 스튜(Stew)
② 브로일링(Broiling)
③ 딥 프라잉(Deep-frying)
④ 샐러맨더(Salamander)

43 전자레인지의 주된 조리 원리는?

① 복 사　　　② 초단파
③ 대 류　　　④ 전 도

46 소스나 크림 등을 만들 때 녹말가루나 밀가루에 덩어리가 생기지 않도록 하기 위해 전분입자를 분리시키는 역할을 하는 재료로 적당하지 않은 것은?

① 냉 수　　　② 설 탕
③ 소 금　　　④ 버 터

47 무화과에서 얻는 육류의 연화 효소는?

① 프로테이스   ② 브로멜린

③ 파파인   ④ 피 신

48 식품의 보존료가 아닌 것은?

① 데하이드로초산(Dehydroacetic Acid)

② 소브산(Sorbic Acid)

③ 안식향산(Benzoic Acid)

④ 아스파탐(Aspartame)

49 전분질 식품은 시간이 경과함에 따라 노화된다. 다음 중 노화를 방지하는 방법과 관계가 적은 것은?

① 유화제를 첨가한다.

② 냉동고에 보관한다.

③ 수분 함량을 15% 이하로 줄인다.

④ 냉장고에 보관한다.

50 식품과 유지의 특성이 잘못된 것은?

① 버터크림 – 크림성

② 쿠키 – 점성

③ 마요네즈 – 유화성

④ 튀김 – 열매체

51 복합 조리방법에 대한 설명으로 적절하지 않은 것은?

① 글레이징 – 육류, 가금류 등에 윤기가 흐르게 하는 조리방법

② 스튜잉 – 건식 열과 습식 열을 겸해서 사용하는 조리방법

③ 브레이징 – 부피가 큰 고기를 조리할 때 주로 사용하는 방법

④ 수비드 – 밀폐한 재료를 미지근한 물에서 오랫동안 익히는 방법

52 불 조절에 가장 유의해야 하는 조리법은?

① 찌 기　　② 튀기기
③ 굽 기　　④ 끓이기

54 다음 중 난백에 거품을 일으켜 조리하는 것은?

① 커스터드
② 머 랭
③ 오믈렛
④ 스크램블 에그

53 다음 중 파스타를 완성하는 과정을 설명한 것으로 적절한 것은?

① 조개나 해산물을 이용한 육수는 요리의 향과 맛을 살리기 위함이 주된 목적이므로 센 불에 오랫동안 끓이는 것이 중요하다.
② 토마토 소스의 경우 씨 부분이 믹서에 갈리지 않도록 주의한다. 믹서에 갈리면 신맛이 나기 때문에 칼로 다지는 것이 가장 좋다.
③ 바질 페스토 소스는 변색을 방지하기 위해 데쳐서 사용하거나 조리과정에서 뜨거운 환경에 오래 방치하면 안 된다.
④ 화이트 크림을 이용한 파스타는 만드는 과정에서 육수를 사용하여야 눌거나 타는 것을 방지할 수 있다.

55 분리된 마요네즈를 재생시키는 방법으로 옳은 것은?

① 분리된 마요네즈에 난황을 넣어 약하게 저어 준다.
② 새 난황 한 개에 분리된 마요네즈를 조금씩 넣어 힘차게 저어 준다.
③ 식초를 넣으면서 계속 힘차게 저어 준다.
④ 소금을 소량 넣으면서 힘차게 저어 준다.

56 파스타(Pasta)를 만드는 밀의 종류는?

① 박력분
② 라이밀
③ 호 밀
④ 듀럼밀

57 다음 설명에 해당하는 허브(Herbs)는?

- 마조람보다 더욱 강한 맛을 지닌 민트과에 속하는 조그마한 식물이다.
- 피자와 파스타 등에는 건조시킨 잎이나 곱게 간 파우더를 이용한다.
- 신선한 것은 소스나 드레싱의 장식용 등 주로 멕시칸과 이탈리아 요리에 사용한다.

① 오레가노(Oregano)
② 파슬리(Parsley)
③ 커리앤더(Coriander)
④ 로즈메리(Rosemary)

59 수프의 농도를 조절하는 농후제는?

① 루(Roux)
② 리에종(Liaison)
③ 퓌레(Purée)
④ 비네그레트(Vinaigrette)

58 조찬용 빵의 종류 중 영국에서 아침 식사에 먹는 달지 않은 납작한 빵은?

① 크루아상(Croissant)
② 베이글(Bagel)
③ 소프트 롤(Soft Roll)
④ 잉글리시 머핀(English Muffin)

60 고기를 양념에 재는 과정을 말하며 향신료와 소금 등으로 고기의 누린내를 제거하고 향을 부여하며 맛을 좋게 하는 과정은?

① 마리네이드(Marinade)
② 글레이징(Glazing)
③ 그레티네이팅(Gratinaing)
④ 쿨리(Coulie)

제 **5**회

모의고사

↻ 정답 및 해설 p.207

01 화재가 발생했을 때 대처 요령과 소화기 사용에 대한 설명으로 옳지 않은 것은?

① 불의 원인을 신속히 제거한다.
② 몸에 불이 붙었을 경우 제자리에서 바닥에 구른다.
③ 소화기는 건조하지 않은 곳에 보관한다.
④ 화재 발생 시 경보를 울리거나 큰소리로 주위에 먼저 알린다.

02 음식물 섭취와 관계없는 기생충은?

① 요 충
② 사상충
③ 광절열두조충
④ 회 충

03 복어의 먹을 수 있는 부위는?

① 알   ② 내 장
③ 껍 질   ④ 아가미

04 기생충과 중간숙주의 연결이 틀린 것은?

① 무구조충 – 소
② 요코가와흡충 – 다슬기, 은어
③ 폐흡충 – 다슬기, 게
④ 광절열두조충 – 돼지

05 다음 표고버섯에 관한 설명으로 옳지 않은 것은?

① 표고버섯은 에르고스테롤을 많이 함유하고 있어 영양이 우수하다.
② 표고버섯의 감칠맛은 구아닐산에 의하여 고기와 비슷한 맛을 낸다.
③ 표고버섯은 버섯 갓이 고르게 피어 있고 상처가 없는 것이 좋다.
④ 건조 표고버섯은 물에 오래 불릴수록 감칠맛이 강해진다.

06 식품의 본래의 색을 없애거나 퇴색을 방지하기 위하여 사용하는 첨가물은?

① 소포제
② 발색제
③ 살균제
④ 표백제

07 식품구입 시 감별법으로 옳은 것은?

① 도라지는 뿌리가 곧고 굵으며 잔뿌리가 많아야 하며 색깔은 희고 촉감이 부드러운 것이 좋다.
② 다시마는 두껍고 지미, 감미, 염미가 혼합되어 있는 것이 좋다.
③ 소고기는 썰었을 때 표면에서 수분이 많이 나올수록 맛이 있다.
④ 미나리는 줄기가 굵고 마디 사이가 짧고 잎은 진녹색으로 윤기가 뛰어나며 줄기에 붉은색이 있는 것이 좋다.

08 식품첨가물의 사용 목적과 이에 따른 첨가물의 종류가 바르게 연결된 것은?

① 식품의 영양 강화를 위한 것 - 강화제
② 식품의 관능을 만족시키기 위한 것 - 보존료
③ 식품의 변질이나 변패를 방지하기 위한 것 - 감미료
④ 식품의 품질을 개량하거나 유지하기 위한 것 - 산미료

09 맥각 중독을 일으키는 원인 물질은?

① 파툴린   ② 오크라톡신
③ 에르고타민   ④ 루브라톡신

10 다수인이 밀집한 실내 공기가 물리 · 화학적 조성의 변화로 불쾌감, 두통, 권태, 현기증 등을 일으키는 것은?

① 빈 혈   ② 진균독
③ 군집독   ④ 산소 중독

11 다음 중 식중독 발생 시 즉시 취해야 할 행정적 조치는?

① 식중독 발생신고
② 원인식품의 폐기처분
③ 연막소독
④ 역학조사

13 식품위생 수준 및 자질의 향상을 위해 조리사 및 영양사에게 교육을 받을 것을 명할 수 있는 자는?

① 보건소장
② 보건복지부장관
③ 식품의약품안전처장
④ 시장·군수·구청장

14 식품 등을 제조·가공하는 영업자가 식품 등이 기준과 규격에 맞는지 자체적으로 검사하는 것을 일컫는 식품위생법상 용어는?

① 제품검사　　② 정밀검사
③ 수거검사　　④ 자가품질검사

12 식품 등을 판매하거나 판매할 목적으로 취급할 수 있는 것은?

① 포장에 표시된 내용량에 비하여 중량이 부족한 식품
② 썩거나 상하거나 설익어서 인체의 건강을 해칠 우려가 있는 식품
③ 영업의 신고를 하여야 하는 경우에 신고하지 아니한 자가 제조한 식품
④ 병을 일으키는 미생물에 오염되었거나 그 염려가 있어 인체의 건강을 해칠 우려가 있는 식품

15 식품위생법의 화학적 수단에 의하여 원소 또는 화합물에 분해반응 외의 화학반응을 일으켜 얻은 물질은?

① 식품첨가물　　② 화학적 합성품
③ 표 시　　　　④ 기 구

16 식중독이나 그 밖에 위생과 관련한 중대한 사고 발생 시 조리사의 직무상 책임에 대한 1차 위반 시 행정처분기준은?

① 영업정지 15일
② 업무정지 1개월
③ 업무정지 2개월
④ 면허취소

17 다음 중 연질밀이면서 단백질은 7.5%, 제분율은 40~70%인 밀가루의 용도로 가장 적합한 것은?

① 케이크   ② 스파게티
③ 다목적   ④ 식 빵

18 화학적 산소요구량을 나타내는 것은?

① SS   ② DO
③ BOD   ④ COD

19 카드뮴 만성 중독의 주요 3대 증상이 아닌 것은?

① 녹내장
② 폐기종
③ 신장기능 장애
④ 단백뇨

20 주방의 바닥 조건으로 적절한 것은?

① 바닥 전체의 물매는 5분의 1이 적당하다.
② 산이나 알칼리에 약하고, 습기ㆍ열에 강해야 한다.
③ 조리작업을 드라이 시스템화할 경우의 물매는 100분의 1 정도가 적당하다.
④ 고무타일, 합성수지타일 등이 잘 미끄러지지 않으므로 적합하다.

21 필수지방산이 가장 많이 들어 있는 것은?

① 보 리　　② 풋 콩
③ 땅 콩　　④ 녹 두

22 돼지의 지방조직을 가공하여 만든 것은?

① 라 드　　② 쇼트닝
③ 젤라틴　　④ 헤드치즈

23 당류 중에 가장 단맛이 약한 것은?

① 포도당　　② 유 당
③ 설 탕　　④ 맥아당

24 난백의 기포성에 대한 설명으로 적절하지 않은 것은?

① 난백에 식용유를 소량 첨가하면 거품이 잘 생기고 윤기도 난다.
② 신선한 달걀보다는 어느 정도 묵은 달걀이 수양난백이 많아 거품이 쉽게 형성된다.
③ 난백의 거품이 형성된 후 설탕을 서서히 소량씩 첨가하면 안정성 있는 거품이 형성된다.
④ 난백은 냉장온도보다 실내온도에 저장했을 때 점도가 낮고 표면장력이 작아져 거품이 잘 형성된다.

25 어떤 단백질의 질소 함량이 14%라면 이 단백질의 질소계수는 약 얼마인가?

① 5.92　　② 6.35
③ 6.83　　④ 7.14

26 에너지원으로 사용되는 영양소는?

① 물, 비타민, 무기질
② 탄수화물, 지방, 단백질
③ 무기질, 탄수화물, 물
④ 비타민, 지방, 단백질

27 폐기율이 15%인 식품의 출고계수는 약 얼마인가?

① 0.3   ② 1.0
③ 1.2   ④ 2.0

28 다음 중 신선한 생선을 판별하는 방법으로 틀린 것은?

① 사후경직 중인 탄력있는 것
② 아가미가 빨간색 또는 자주색인 것
③ 내장을 눌렀을 때 물렁물렁한 것
④ 생선 특유의 색과 광택이 있는 것

29 어패류의 신선도 판정 시 초기부패의 기준이 되는 물질은?

① 삭시톡신(Saxitoxin)
② 에르고톡신(Ergotoxin)
③ 아플라톡신(Aflatoxin)
④ 트라이메틸아민(Trimethylamine)

30 겉보리를 이용한 음식은?

① 부꾸미   ② 송 편
③ 오트밀   ④ 식 혜

31 우유 가공품 중 발효유에 속하는 것은?

① 가당연유   ② 전지분유
③ 무당연유   ④ 요구르트

32 다음 식품 중 캡사이신(Capsaicin)에 의해 매운맛을 내는 것은?

① 겨 자   ② 고 추
③ 후 추   ④ 양 파

33 다음 중 어떤 무기질이 결핍되면 크레틴병이 발생될 수 있는가?

① 인(P)   ② 칼슘(Ca)
③ 아이오딘(I)   ④ 마그네슘(Mg)

34 다음 중 수용성 비타민은?

① 레티놀(Retinol)
② 티아민(Thiamine)
③ 토코페롤(Tocopherol)
④ 칼시페롤(Calciferol)

35 다음 중 계량방법이 올바른 것은?

① 버터를 잴 때는 실온일 때 계량컵을 꾹꾹 눌러 담고, 직선으로 된 칼이나 스패출러로 깎아 계량한다.
② 밀가루를 잴 때는 측정 직전에 체로 치거나 스푼으로 휘저은 뒤 누르지 말고 가만히 수북하게 담은 상태에서 측정한다.
③ 흑설탕을 측정할 때는 체로 친 뒤 누르지 말고 가만히 수북하게 담고 직선 스패출러로 깎아 측정한다.
④ 쇼트닝은 냉장온도에서 계량컵에 꼭 눌러 담은 뒤, 직선 스패출러로 깎아 측정한다.

36 조리대 배치형태 중 작업대의 어느 한 면도 벽에 붙지 않아 마치 섬처럼 놓여 있는 주방을 의미하는 것은?

① 일렬형
② ㄷ자형
③ 병렬형
④ 아일랜드형

37 식품의 부패 · 변질과 관련이 적은 것은?

① 수 분
② 온 도
③ 압 력
④ 효 소

38 우유의 가공에 관한 설명으로 틀린 것은?

① 크림의 주성분은 우유의 지방성분이다.
② 분유는 전유, 탈지유, 반탈지유 등을 건조시켜 분말화한 것이다.
③ 무당연유는 살균과정을 거치지 않고, 유당연유만 살균과정을 거친다.
④ 초고온살균법이란 약 130~150℃에서 1~2초간 살균하는 것이다.

39 다음 중 훈연제품이 아닌 것은?

① 햄
② 치 즈
③ 베이컨
④ 소시지

40 식품별 보관장소로 옳지 않은 것은?

① 감자 – 실온보관
② 쌀 – 식품창고
③ 바나나 – 냉장고
④ 마요네즈 – 냉장고

41 토마토 퓌레를 농축하여 설탕, 소금, 마늘 등을 넣어 만든 것은?

① 토마토 페이스트
② 토마토 케첩
③ 토마토 소스
④ 토마토 주스

42 다음 중 과일, 채소류의 저장법으로 적합하지 않은 것은?

① 방사선저장법
② 포일포장 상온저장법
③ 피막제 이용법
④ ICF(Ice Coating Film)저장법

43 달걀의 조리 특성과 요리의 상호관계로 가장 거리가 먼 것은?

① 응고성 - 계란찜
② 유화성 - 마요네즈
③ 가소성 - 수란
④ 기포성 - 스펀지케이크

44 튀김기름을 여러 번 사용하였을 때 일어나는 현상이 아닌 것은?

① 산화가 많이 일어난다.
② 흡유량이 작아진다.
③ 점도가 증가한다.
④ 튀김 시 거품이 생긴다.

45 노화를 억제하기 위한 방법이 아닌 것은?

① 유화제를 첨가한다.
② 설탕을 첨가한다.
③ 급속 냉동한다.
④ 온도를 0℃로 조절한다.

46 냉동 중 육질의 변화가 아닌 것은?

① 갈변현상이 일어난다.
② 단백질 용해도가 증가된다.
③ 고기 단백질이 변성되어 고기의 맛이 저해된다.
④ 건조에 의한 감량이 발생한다.

47 재해의 원인 요소에 속하지 않는 것은?

① 인 간　　② 기 계
③ 관 리　　④ 환 경

48 교차오염 방지를 위해 하는 행동으로 옳지 않은 것은?

① 식자재와 음식물이 직접 닿는 랙(Rack)이나 내부 표면, 용기는 매일 세척·살균한다.
② 주방공간에 설치된 장비나 기물은 정기적인 세척을 해 주어야 한다.
③ 상온창고의 바닥은 일정 습도를 유지해야 한다.
④ 만일에 대비해 주방설비의 작동 매뉴얼과 세척을 위한 설명서를 확보해 두는 것이 좋다.

49 유지를 가열할 때 유지 표면에서 엷은 푸른 연기가 나기 시작할 때의 온도는?

① 응고점
② 연화점
③ 용해점
④ 발연점

50 스파게티나 국수에 이용되는 문어나 오징어의 먹물 색소는?

① 타우린
② 멜라닌
③ 마이오글로빈
④ 트라이메틸아민

51 다음 중 액체가 흐르기 쉬운지 어려운지를 나타내는 성질을 나타내는 것은?

① 점 성
② 탄 성
③ 가소성
④ 기포성

52 식빵을 만들 때 이스트에 의해 발생되는 가스는 무엇인가?

① 수소가스
② 메탄가스
③ 탄산가스
④ 아황산가스

53 밀, 감자, 연근에 들어 있는 색소는?

① 안토사이아닌
② 플라보노이드 색소
③ 카로티노이드 색소
④ 클로로필 색소

54 과실의 젤리화 3요소와 관계없는 것은?

① 당
② 산
③ 펙 틴
④ 젤라틴

55 다음 중 식품의 색, 향, 모양을 최대로 유지할 수 있는 건조법은?

① 산저장법
② 자연건조법
③ 당장법
④ 냉동건조법

56 귤, 레몬, 오렌지, 라임 등의 껍질을 벗겨 요리의 재료로 사용하는 도구는?

① 제스터(Zester)
② 카빙 칼(Carving Knife)
③ 차이나 캡(China Cap)
④ 콜랜더(Colander)

57 마요네즈, 비네그레트 등 샐러드의 향과 풍미를 충분하게 제공하며, 상큼한 맛으로 식욕을 촉진시키는 역할을 하는 것은?

① 드레싱(Dressing)
② 드레스드(Dressed)
③ 토핑(Topping)
④ 가니시(Garnish)

58 수프 조리에 대한 내용으로 적절하지 않은 것은?

① 수프의 구성요소는 야채, 향신료, 뼈, 물이다.
② 루(Roux)를 사용하는 수프는 서서히 저어가며 끓인다.
③ 수프는 농도에 따라 맑은 수프와 진한 수프로 구분하며, 온도에 따라 뜨거운 수프와 차가운 수프로 분류할 수 있다.
④ 수프를 보관할 때는 냉동 또는 냉장고에 보관한 다음, 다시 데워서 사용한다.

59 전채 요리에 사용되는 채소류의 특성으로 옳지 않은 것은?

① 양상추 – 샐러드로 많이 이용되며, 수분이 전체의 95% 정도를 차지한다.
② 당근 – 뿌리는 굵고 곧으며 황색, 감색, 붉은색을 띠고 샐러드나 스튜 등 다양하게 사용된다.
③ 로메인 상추 – 독특한 향이 있는 식물로, 성질이 따뜻하고 쌉쌀한 맛이 있다.
④ 양파 – 주로 비늘줄기를 식용으로 하며 샐러드, 수프, 고기요리와 향신료 용도로 사용한다.

60 칼날을 연마하는 방법에 대한 설명으로 적절하지 않은 것은?

① 칼날의 앞뒷면을 칼의 형태에 따라 고르게 갈아 준다.
② 식재료를 깔끔하게 절단할 수 있도록 칼은 늘 연마되어 있어야 한다.
③ 숫돌에 칼날의 일부만 갈아 날을 세워 준다.
④ 칼날의 끝을 숫돌에 대고 칼등을 살짝 들어 각도는 약 15° 정도를 유지한다.

☞ 정답 및 해설 p.212

01 다음에서 설명하고 있는 우유의 살균처리 방법은?

> 130~150℃에서 2초간 가열처리하는 방법

① 저온살균법
② 초저온살균법
③ 고온단시간살균법
④ 초고온살균법

02 다음 식품첨가물 중 영양강화제는?

① 비타민류, 아미노산류
② 검류, 락톤류
③ 에터류, 에스터류
④ 지방산류, 페놀류

03 식품첨가물에 대한 설명으로 틀린 것은?

① 조미료는 식품의 미생물에 의한 부패를 방지할 목적으로 사용된다.
② 소포제는 식품의 제조과정에서 생기는 거품을 소멸하고 억제할 목적으로 사용한다.
③ 유화제, 이형제 등은 식품의 품질 개량 및 유지에 사용된다.
④ 감미료, 착색료 등은 식품의 기호성을 높이고 관능을 만족시키는 첨가물이다.

04 공중보건사업의 최소 단위가 되는 것은?

① 개 인
② 가 족
③ 지역사회
④ 국 가

05 증식에 필요한 최저 수분활성도(Aw)가 낮은 미생물부터 바르게 나열된 것은?

① 세균 - 효모 - 곰팡이
② 곰팡이 - 효모 - 세균
③ 효모 - 곰팡이 - 세균
④ 세균 - 곰팡이 - 효모

06 자외선에 대한 설명으로 옳지 않은 것은?

① 감각온도를 표시한 도표이다.
② 일광 중 파장이 가장 짧다.
③ 성장과 신진대사에 관여한다.
④ 2,600~2,800Å에서 살균작용이 강하다.

07 중금속 오염과 관계된 공해 질병은?

① 백내장
② 잠함병
③ 이타이이타이병
④ 세균성 식중독

08 식인성 병해 생성요인 중 유기성 원인 물질에 해당되는 것은?

① 감염형 식중독균
② 방사선 물질
③ N-나이트로소(N-nitroso) 화합물
④ 복어독

09 다음 중 아플라톡신(Aflatoxin)에 대한 설명으로 틀린 것은?

① 곰팡이 독으로서 간암을 유발한다.
② 탄수화물이 풍부한 곡물에서 많이 발생한다.
③ 열에 비교적 약하여 100℃에서 쉽게 불활성화된다.
④ 강산이나 강알칼리에서 쉽게 분해되어 불활성화된다.

10 다음 중 식품위생법상 식품위생감시원의 직무가 아닌 것은?

① 사용이 금지된 식품의 취급 여부에 관한 단속
② 영업자의 건강진단 및 위생교육의 이행 여부의 확인·지도
③ 식품 제조방법에 대한 기준 설정
④ 영업소의 폐쇄를 위한 간판 제거 등의 조치

11 식품운반업을 신규로 하고자 하는 경우 몇 시간의 위생교육을 받아야 하는가?

① 2시간
② 4시간
③ 6시간
④ 8시간

12 식품위생법상 식품위생의 대상은?

① 식품, 약품, 기구, 용기, 포장
② 조리법, 조리시설, 기구, 용기, 포장
③ 조리법, 단체급식, 기구, 용기, 포장
④ 식품, 식품첨가물, 기구, 용기, 포장

13 조리사가 업무정지기간 중에 조리사의 업무를 한 경우 행정처분기준은?

① 업무정지 1개월
② 업무정지 2개월
③ 업무정지 3개월
④ 면허취소

14 지방의 성질 중 옳은 것은?

① 검화란 지방이 알칼리(가성소다)에 의해 가수분해되는 것이다.
② 불포화지방산을 많이 함유하고 있는 지방은 아이오딘값이 낮다.
③ 일반적으로 어류의 지방은 불포화지방산의 함량이 낮아서 상온에서 고체상태로 존재한다.
④ 복합지질은 친수기와 친유기가 있어 지방을 응고시키려는 성질이 있다.

15 5대 영양소에 대한 설명으로 틀린 것은?

① 노폐물을 배출하고 체온을 조절한다.
② 새로운 조직이나 효소, 호르몬 등을 구성한다.
③ 신체대사에 필요한 열량을 공급한다.
④ 소화·흡수 등의 대사를 조절한다.

16 설탕이 캐러멜화하는 일반적인 온도는?

① 50~60℃
② 70~80℃
③ 100~110℃
④ 160~180℃

17 다음 중 식품의 수분활성도를 올바르게 설명한 것은?

① 임의의 온도에서 식품과 동량의 순수한 물의 최대 수증기압
② 임의의 온도에서 식품이 나타내는 수증기압
③ 임의의 온도에서 식품의 수분 함량
④ 임의의 온도에서 식품이 나타내는 수증기압에 대한 같은 온도에 있어서 순수한 물의 수증기압의 비율

18 마늘에 함유된 황화합물로 특유의 냄새를 가지는 성분은?

① 피페린
② 알리신
③ 쇼가올
④ 캡사이신

19 다음 중 필수지방산이 아닌 것은?

① 아이코사펜타에노산(Eicosapentaenoic Acid)
② 리놀레산(Linoleic Acid)
③ 리놀렌산(Linolenic Acid)
④ 아라키돈산(Arachidonic Acid)

20 식품의 감별법으로 옳지 않은 것은?

① 돼지고기의 지방은 하얗고 탄력이 있어야 하며, 살코기는 엷은 분홍색을 띠어야 한다.

② 고등어는 아가미가 붉으며 눈이 들어가고 냄새가 없는 것이어야 한다.

③ 달걀은 껍질이 까칠까칠하고 광택이 없는 것이 좋다.

④ 쌀은 알갱이가 고르고 광택이 있으며 경도가 높아야 한다.

21 식당의 원가 요소 중 급식재료비는?

① 임 금
② 조리제 식품비
③ 수도 · 광열비
④ 외주가공비

22 2월 한 달간 과일통조림의 구입현황이 다음과 같고, 재고량이 모두 20캔인 경우 선입선출법에 따른 재고금액은?

날 짜	구입량(캔)	구입단가(원)
2월 3일	10	1,000
2월 10일	25	1,100
2월 18일	20	1,200
2월 23일	15	1,300

① 14,500원
② 19,000원
③ 25,500원
④ 30,000원

23 조리용 소도구의 용도가 옳지 않은 것은?

① 믹서(Mixer) - 재료를 다질 때 사용

② 휘퍼(Whipper) - 달걀의 거품을 내는 기구

③ 필러(Peeler) - 무, 당근, 감자 등의 껍질을 벗기는 기구

④ 그라인더(Grinder) - 소고기를 갈 때 사용하는 기구

24 비타민 A의 함량이 가장 많은 식품은?

① 감 자
② 양 파
③ 당 근
④ 오 이

25 딸기 속에 많이 들어 있는 유기산은?

① 아이오딘　　② 구연산

③ 호박산　　　④ 주석산

26 폐기율이 30%인 식품의 출고계수는 약 얼마인가?

① 0.5　　　　② 1.0

③ 1.25　　　　④ 1.43

27 다음 중 생선의 신선도가 저하될 때 나타나는 현상은?

① 복부가 물렁하고 부드럽다.

② 테르펜류가 많이 생성된다.

③ 어육이 산성이다.

④ 근육이 뼈에 밀착되어 잘 떨어지지 않는다.

28 수질의 분변 오염 지표균은?

① 웰치균

② 대장균

③ 살모넬라균

④ 포도상구균

29 초기 청력장애 시 직업성 난청을 조기 발견할 수 있는 주파수는?

① 1,000Hz

② 2,000Hz

③ 3,000Hz

④ 4,000Hz

30 효소적 갈변반응을 방지하기 위한 방법이 아닌 것은?

① 가열한다.

② 산화제를 첨가한다.

③ 금속이온을 제거한다.

④ 아황산가스 처리를 한다.

31 전채 요리를 담을 때 안정되고 세련된 느낌을 주며, 모던하고 개성이 강한 이미지를 표현할 때 사용되는 접시의 모양은?

① 원형 접시
② 삼각형 접시
③ 사각형 접시
④ 타원형 접시

32 화이트 스톡 조리과정에 대한 내용으로 적절하지 않은 것은?

① 스톡을 조리할 때는 반드시 찬물로 재료를 충분히 잠길 정도까지 부은 다음에 시작한다.
② 스톡이 끓기 시작하면 불의 세기를 조절하여 은근히 끓여 준다.
③ 조리하면서 스톡 포트(Stock Pot) 안쪽에 생긴 불순물은 젖은 타월로 닦아 낸다.
④ 표면 위로 떠오르는 불순물과 거품을 스키머로 제거해 준 후 살짝 소금간 한다.

33 밀가루 반죽에 사용되는 물의 기능으로 적절하지 않은 것은?

① 글루텐을 형성한다.
② 반죽의 되기를 조절한다.
③ 전분의 호화를 도와준다.
④ 탄산가스 형성을 방지한다.

34 달걀에서 시간이 지남에 따라 나타나는 변화가 아닌 것은?

① 껍질이 반질반질해진다.
② 흰자의 점성이 커져 끈적끈적해진다.
③ 흰자에서는 황화수소가 검출된다.
④ 주위의 냄새를 흡수한다.

35 주방에서 후드(Hood)의 역할이 아닌 것은?

① 환기효과
② 탈취효과
③ 온도 유지
④ 먼지 제거

36 조리작업장의 위치선정 조건으로 가장 거리가 먼 것은?

① 변질의 우려로 햇빛이 들지 않는 곳
② 통풍이 잘되고 밝고 청결한 곳
③ 음식의 운반과 배선이 편리한 곳
④ 재료의 반입과 오물의 반출이 쉬운 곳

37 달걀의 열응고성에 대한 설명으로 적절하지 않은 것은?

① 소량의 산(식초, 레몬즙, 주석산)의 첨가는 응고를 촉진한다.
② 소금은 응고온도를 낮추어 준다.
③ 설탕은 응고온도를 내려 주어 응고물을 연하게 한다.
④ 달걀을 높은 온도로 가열하면 단단하게 응고하고, 낮은 온도에서 응고시키면 부드럽고 연한 응고물이 된다.

38 육류의 사후경직과 숙성에 대한 설명으로 옳은 것은?

① 자가분해효소인 카텝신(Cathepsin)에 의해 연해지고 맛이 좋아진다.
② 도살 후 글리코겐이 호기적 상태에서 젖산을 생성하여 pH가 저하된다.
③ 사후경직 시기에는 보수성이 높아지고 육즙을 많이 함유한다.
④ 육류의 사후경직 현상은 근섬유가 액토마이오신(Actomyosin)을 형성하여 근육이 이완되는 상태이다.

39 양갱 제조 시 팥소를 굳히는 작용을 하는 것은?

① 펙 틴   ② 회 분
③ 한 천   ④ 밀가루

40 밀가루를 반죽할 때 연화(쇼트닝)작용과 팽화작용의 효과를 얻기 위해 넣는 것은?

① 설 탕   ② 지 방
③ 달 걀   ④ 이스트

41 식품의 동결건조에 이용되는 주요 현상은?

① 응 고　　　　② 기 화
③ 승 화　　　　④ 액 화

42 흰색 채소의 흰색을 그대로 유지할 수 있는 방법으로 옳은 것은?

① 알코올이나 우유를 넣어 삶는다.
② 채소를 물에 담가 두었다가 삶는다.
③ 약간의 식초를 넣어 삶는다.
④ 약간의 탄산수소나트륨(중조)을 넣어 삶는다.

43 튀김유의 보관방법으로 옳은 것은?

① 직경이 넓은 팬에 담아 서늘한 곳에 보관한다.
② 이물질을 거르고 갈색 병에 담아 서늘한 곳에 보관한다.
③ 햇빛이 잘 드는 곳에 보관한다.
④ 철제 팬에 튀긴 기름은 그대로 보관하여도 무방하다.

44 빵 제조 시 설탕을 사용하는 목적과 가장 거리가 먼 것은?

① 단맛을 주기 위해서
② 표면의 갈색화에 도움을 주기 위해서
③ 곰팡이의 발육을 억제하기 위해서
④ 효모 성장을 촉진시키기 위해서

45 어묵 제조에 대한 내용으로 맞는 것은?

① 생선에 소금을 넣어 익힌다.
② 생선에 젤라틴을 첨가한다.
③ 생선의 지방을 분리한다.
④ 생선에 설탕을 넣어 익힌다.

46 차, 커피, 코코아, 과일 등에서 수렴성 맛을 주는 성분은?

① 타닌(Tannin)
② 카로틴(Carotene)
③ 엽록소(Chlorophyll)
④ 안토사이아닌(Anthocyanin)

47 식품원가율을 40%로 하고 햄버거의 1인당 식품단가를 1,000원으로 할 때 햄버거의 판매가격은?

① 4,000원   ② 2,500원
③ 2,250원   ④ 1,250원

48 안토사이아닌 색소의 특징을 가장 올바르게 설명한 것은?

① 산성에서 적색으로 변색된다.
② 연속된 아이소프렌(Isoprene) 구조에 의해 색을 낸다.
③ 황색과 오렌지색을 많이 낸다.
④ 알칼리에서 보라색을 낸다.

49 호화와 노화에 대한 설명으로 옳은 것은?

① 전분입자가 크고 지질 함량이 많을수록 빨리 호화된다.
② 떡의 노화는 냉장고보다 냉동고에서 더 잘 일어난다.
③ 호화된 전분을 80℃ 이상에서 급속히 건조하면 노화가 촉진된다.
④ 설탕의 첨가는 노화를 지연시킨다.

50 다음 ㉠, ㉡에 들어갈 말로 옳은 것은?

> 무에 들어 있는 (㉠)은/는 소화를 촉진하고, 식물성 섬유인 (㉡)은/는 변비를 개선하며 장 내의 노폐물을 청소해 준다.

① ㉠ 디아스타제, ㉡ 이노신산
② ㉠ 디아스타제, ㉡ 리그닌
③ ㉠ 리그닌, ㉡ 디아스타제
④ ㉠ 리그닌, ㉡ 이노신산

51 손, 피부 등에 주로 사용되며 금속부식성이 강하여 관리가 요망되는 소독약은?

① 승 홍
② 석탄산
③ 크레졸
④ 포르말린

52 다음 중 동식물체에 자외선을 쬐면 활성화되는 비타민은?

① 비타민 C
② 비타민 D
③ 비타민 E
④ 비타민 K

53 다음 중 조미료의 사용 순서가 옳게 짝지어진 것은?

① 소금 → 설탕 → 식초
② 설탕 → 소금 → 식초
③ 소금 → 식초 → 설탕
④ 식초 → 소금 → 설탕

54 성인의 필수아미노산이 아닌 것은?

① 메티오닌(Methionine)
② 타이로신(Tyrosine)
③ 아이소류신(Isoleucine)
④ 트립토판(Tryptophan)

55 다음 중 휘핑크림(Whipping Cream)의 원료는?

① 아이스크림
② 유지방률이 18%인 커피크림
③ 유지방률이 36%인 크림
④ 달걀흰자

56 수비드(Sous Vide) 조리법에 대한 내용으로 옳지 않은 것은?

① 높은 온도에서 단시간으로 조리한다.
② 위생 플라스틱 비닐 속에 재료와 부가적인 조미료를 넣고 진공 포장한 후 조리한다.
③ 맛, 향, 수분, 질감, 영양소를 보존할 수 있다.
④ 단백질이 변성하는 시작 온도를 알아내어 적당한 온도와 시간의 조절로 질겨지는 것을 막을 수 있다.

57 다음에서 설명하는 수프의 종류는?

> 바닷가재나 새우 등의 갑각류 껍질을 으깨어 채소와 함께 완전히 우러나올 수 있도록 끓이는 수프이다.

① 비스크 수프(Bisque Soup)
② 퓌레 수프(Puréed Soup)
③ 부야베스 수프(Bouillabaisse Soup)
④ 가스파초(Gazpacho)

58 조찬용 빵의 종류 중 초승달 모양으로 만든 프랑스의 대표적인 페이스트리는?

① 소프트 롤(Soft Roll)
② 스위트 롤(Sweet Roll)
③ 크루아상(Croissant)
④ 프렌치 브레드(French Bread)

59 더운 시리얼로 육수나 우유를 넣고 죽처럼 조리해서 먹는 시리얼의 명칭은?

① 레이진 브랜(Raisin Bran)
② 오트밀(Oatmeal)
③ 올 브랜(All Bran)
④ 슈레디드 휘트(Shredded Wheat)

60 샐러드와 드레싱의 조화에 대한 내용으로 옳지 않은 것은?

① 식재료 간 궁합이 잘 맞아야 한다.
② 맛과 색이 반복되어 어우러질 수 있도록 한다.
③ 식재료 간 맛의 상승작용을 고려해서 만든다.
④ 접시에 플레이팅할 때는 음식의 질감과 색감을 잘 맞혀서 배열한다.

↻ 정답 및 해설 p.217

01 덜 익은 매실, 살구씨, 복숭아씨 등에 들어 있으며, 인체 장내에서 청산을 생산하는 것은?

① 무스카린(Muscarine)

② 고시폴(Gossypol)

③ 시큐톡신(Cicutoxin)

④ 아미그달린(Amygdalin)

02 웰치균에 대한 설명으로 옳지 않은 것은?

① 혐기성 균주이다.

② 발육 최적온도는 37~45℃이다.

③ 단백질성 식품에서 주로 발생한다.

④ 아포는 60℃에서 10분 가열하면 사멸한다.

03 식품제조 공정 시 거품이 많이 날 때 거품 제거의 목적으로 사용되는 식품첨가물은?

① 용 제   ② 피막제

③ 소포제   ④ 보존제

04 감미재료와 거리가 먼 것은?

① 사탕무   ② 생 강

③ 사탕수수   ④ 스테비아

05 다음 중 일반적으로 꽃 부분을 식용으로 하는 것과 가장 거리가 먼 것은?

① 브로콜리(Broccoli)

② 비트(Beets)

③ 컬리플라워(Cauliflower)

④ 아티초크(Artichoke)

06 조리사가 타인에게 면허를 대여하여 사용하게 한 때 2차 위반 시 행정처분기준은?

① 업무정지 1개월

② 업무정지 2개월

③ 업무정지 3개월

④ 면허취소

07 식품 등의 위생적 취급에 관한 기준으로 틀린 것은?

① 어류·육류·채소류를 취급하는 칼과 도마는 구분하여 사용하여야 한다.
② 소비기한이 경과된 식품 등을 판매하거나 판매의 목적으로 진열·보관하여서는 안 된다.
③ 식품원료 중 부패·변질되기 쉬운 것은 냉동·냉장시설에 보관·관리하여야 한다.
④ 식품의 조리에 직접 사용되는 기구는 사용 전에만 세척·살균하여 항상 청결하게 유지·관리하여야 한다.

08 축산물의 원산지 표시방법에 따라 수입한 소를 국내에서 몇 개월 이상 사육하여 유통하는 경우 '국산'으로 표시할 수 있는가?

① 1개월　　　② 3개월
③ 6개월　　　④ 2개월

09 다음 중 제1급 감염병에 속하는 것은?

① 간흡충증　　　② 페스트
③ A형 간염　　　④ 파라티푸스

10 식품위생법상 위생교육에 관한 설명으로 옳지 않은 것은?

① 위생교육 내용 및 교육비에 관하여 필요한 사항은 대통령령으로 정한다.
② 면허가 있는 조리사는 식품접객업을 할 때에 위생교육을 받지 않아도 된다.
③ 식품위생 영업자는 매년 위생교육을 받아야 한다.
④ 부득이한 사유로 미리 식품위생교육을 받을 수 없는 경우 영업을 시작한 후에 위생교육을 받을 수 있다.

11 효소적 갈변반응과 관련이 없는 것은?

① 홍 차　　　② 감 자
③ 사 과　　　④ 된 장

12 포도상구균 식중독을 예방하기 위한 대책으로 보기 어려운 것은?

① 조리된 식품은 상온(10℃ 이상)에서 보관한다.
② 식품 취급자는 손을 깨끗이 씻는다.
③ 조리된 식품은 빨리 먹는다.
④ 식품 취급자가 화농성 질환이 있으면 식품 취급에 종사하지 않는다.

13 영양결핍 증상과 원인이 되는 영양소의 연결이 잘못된 것은?

① 야맹증 – 비타민 A
② 괴혈병 – 비타민 C
③ 구순구각염 – 비타민 B_{12}
④ 혈액응고 지연 – 비타민 K

14 게, 가재, 새우 등 갑각류의 껍질에 다량 함유된 다당류는?

① 녹 말   ② 키 틴
③ 펙 틴   ④ 셀룰로스

15 시금치를 오래 삶으면 갈색이 되는데, 이 때 변하는 색소는 무엇인가?

① 클로로필
② 안토잔틴
③ 플라보노이드
④ 카로티노이드

16 전분가루를 물에 풀어두면 금방 가라앉는데, 주된 이유는?

① 전분의 호화현상 때문에
② 전분의 유화현상 때문에
③ 전분이 물에 완전히 녹으므로
④ 전분의 비중이 물보다 무거우므로

17 어류를 가열 조리할 때 일어나는 변화와
거리가 먼 것은?

① 지방의 용출
② 열응착성 약화
③ 근육섬유 단백질의 응고수축
④ 콜라겐의 수축 및 용해

20 유지의 산패에 영향을 미치는 인자에 대한
설명으로 옳은 것은?

① 유지의 불포화도가 낮을수록 산패가 활
발하게 일어난다.
② 광선 중 자외선은 산패에 영향을 미치지
않는다.
③ 구리, 납, 알루미늄 등 금속은 유지 및
지방산의 자동 산화를 촉진시킨다.
④ 저장 온도 0℃ 이하에서 산패가 방지
된다.

18 아가미 색깔이 선홍색인 생선의 상태로 가
장 적당한 것은?

① 부패한 생선
② 초기 부패의 생선
③ 점액이 많은 생선
④ 신선한 생선

19 다음의 당류 중 영양소를 공급할 수 없으
나 식이섬유소로서 인체에 중요한 기능을
하는 것은?

① 전 분
② 설 탕
③ 펙 틴
④ 맥아당

21 안토사이아닌(Anthocyanin) 색소가 함유
된 채소를 알칼리성 용액에서 가열하면 어
떻게 변색하는가?

① 푸른색
② 황갈색
③ 흰 색
④ 붉은색

22 다음 중 계량방법으로 옳지 않은 것은?

① 액체(기름, 물, 우유 등) - 투명한 계량 컵을 이용하며 눈높이에서 맞추어 읽는다.

② 가루(밀가루, 백설탕 등) - 계량컵에 담고 살짝 흔들어 수평이 되게 맞춘 다음 측정한다.

③ 고체(버터, 마가린 등) - 저울로 계량하는 것이 바람직하나, 실온에서 부드러워진 후 계량스푼에 눌러 담고 윗면을 깎아 계량한다.

④ 다진 파, 다진 마늘 - 알맞게 눌러서 수평으로 깎아 계량한다.

23 영양소에 대한 설명으로 옳지 않은 것은?

① 영양소는 식품의 성분으로, 생명현상과 건강을 유지하는 데 필요한 요소이다.

② 탄수화물, 지방, 단백질은 체내에서 화학반응을 거쳐 에너지를 발생한다.

③ 물은 체조직 구성요소로서, 보통 성인 체중의 3분의 1을 차지하고 있다.

④ 조절소란 신체의 생리적 기능을 조절하는 무기질과 비타민을 말한다.

24 식품의 재고관리 시 적용되는 방법 중 최근에 구입한 식품부터 사용하는 것으로 가장 오래된 물품이 재고로 남게 되는 것은?

① 총평균법

② 최소-최대관리법

③ 선입선출법(First-In, First-Out)

④ 후입선출법(Last-In, First-Out)

25 하루 필요 열량이 2,700kcal일 때 이 중 24%에 해당하는 열량을 지방에서 얻으려 한다. 이때 필요한 지방의 양은?

① 52g   ② 62g

③ 72g   ④ 82g

26 동결과정 중 식품에 나타나는 변화가 아닌 것은?

① 단백질의 변성

② 지방의 산화

③ 비타민의 손실

④ 탄수화물의 호화

27 검정콩밥을 섭취하면 쌀밥을 먹었을 때보다 쌀에서 부족한 어떤 영양소를 보충할 수 있는가?

① 단백질
② 탄수화물
③ 지 방
④ 비타민

28 식품을 삶는 방법에 대한 설명으로 옳지 않은 것은?

① 연근을 엷은 식초물에 삶으면 하얗게 된다.
② 시금치를 저온에서 오래 삶으면 비타민 C의 손실이 적다.
③ 가지를 백반이나 철분이 녹아 있는 물에 삶으면 색이 안정된다.
④ 완두콩은 황산구리를 적당량 넣은 물에 삶으면 푸른빛이 고정된다.

29 달걀을 삶을 때 녹변현상을 방지하기 위한 방법으로 적절한 것은?

① 달걀의 pH를 알칼리성으로 조정한다.
② 삶는 시간을 15분 이상으로 한다.
③ 달걀을 삶은 후 즉시 찬물에 담근다.
④ 기실(공기주머니)이 큰 달걀을 사용한다.

30 다음 중 채소류를 취급하는 방법으로 적절하지 않은 것은?

① 샐러드용 채소는 냉수에 담갔다가 사용한다.
② 쑥은 소금에 절여 물기를 꼭 짜낸 후 냉장 보관한다.
③ 도라지의 쓴맛을 빼내기 위해 소금물에 주물러 절인다.
④ 배추나 셀러리, 파 등은 세워서 밑동이 아래로 가도록 보관한다.

31 수프에 사용되는 채소 썰기 방법으로 가로와 세로 0.3cm 정육면체 모양으로 써는 방법은?

① 브뤼누아즈(Brunoise)
② 큐브(Cube)
③ 스몰 다이스(Small Dice)
④ 슬라이스(Slice)

32 빵을 얇게 썰어서 여러 가지 모양으로 잘라 여러 가지 재료를 올려 만드는 요리는?

① 오르되브르(Hors d'oeuvre)
② 카나페(Canape)
③ 렐리시(Relish)
④ 올 브랜(All Bran)

33 다음 영문명 및 약자의 예시 중 가장 거리가 먼 것은?

① EXP
② Use by date
③ Expiration date
④ Best before date

34 다음 중 소독을 가장 잘 설명한 것은?

① 모든 미생물을 사멸시킨다.
② 오염된 물질을 깨끗이 닦아 낸다.
③ 미생물의 발육을 저지시켜 분해 또는 부패를 방지한다.
④ 병원성 세균은 사멸시키고 비병원성 세균은 정지시킨다.

35 비타민에 관한 설명 중 잘못된 것은?

① 카로틴은 비타민 B_1에 해당한다.
② 비타민 C가 결핍되면 괴혈병이 발생한다.
③ 비타민 E는 토코페롤이라고도 한다.
④ 비타민 B_{12}는 코발트(Co)와 인(P)을 함유한다.

36 건강진단을 받지 않아도 되는 사람은?

① 식품을 가공하는 자
② 식품첨가물의 제조자
③ 완전 포장된 식품의 판매자
④ 식품 및 식품첨가물의 채취자

37 다음 중 조리기구의 소독에 사용하는 약품은 무엇인가?

① 석탄산수, 크레졸수, 포르말린수
② 염소, 표백분, 차아염소산나트륨
③ 석탄산수, 크레졸수, 생석회
④ 역성비누, 차아염소산나트륨

38 일반적으로 식품 1g 중 생균수가 약 얼마 이상일 때 초기부패로 판정하는가?

① 10개
② 10^2개
③ 10^4개
④ 10^7개

39 다음 과일 중 저장온도가 가장 낮은 것은?

① 사 과
② 바나나
③ 수 박
④ 복숭아

40 아이오딘값(Iodine Value)에 의한 식물성 기름의 분류로 맞는 것은?

① 건성유 – 올리브유, 콩기름, 땅콩기름
② 반건성유 – 참기름, 채종유, 면실유
③ 불건성유 – 아마인유, 면실유, 종유
④ 경화유 – 미강유, 야자유, 옥수수유

41 단백질과 탈취작용의 관계를 고려할 때, 생선의 조리 시 생강을 사용하는 가장 적합한 방법은?

① 처음부터 생강을 함께 넣는다.
② 생강을 먼저 끓여낸 후 생선을 넣는다.
③ 생선이 거의 익은 후에 생강을 넣는다.
④ 생강즙을 내어 물에 혼합한 후 생선을 넣고 끓인다.

42 뜨거워진 공기를 팬(Fan)으로 강제 대류시켜 균일하게 열이 순환되므로 조리시간이 짧고 대량 조리에 적당하나 식품 표면이 건조해지기 쉬운 조리기기는?

① 틸팅 튀김팬　　② 튀김기
③ 증기솥　　　　④ 컨벡션 오븐

43 머랭을 만들고자 할 때 설탕 첨가는 어느 단계에 하는 것이 가장 효과적인가?

① 충분히 거품이 생겼을 때
② 거품이 생기려고 할 때
③ 거품이 없어졌을 때
④ 처음 젓기 시작할 때

44 다음은 소고기의 부위 중 어느 부위에 대한 설명인가?

> • 등심과 이어진 부위의 안심을 에워싸고 있고, 육질이 연하고 지방이 적당히 섞여 있다.
> • 스테이크, 로스구이, 샤브샤브, 불고기 등에 알맞다.

① 채 끝　　　　② 양 지
③ 사 태　　　　④ 설 도

45 식품의 갈변에 대한 설명 중 잘못된 것은?

① 감자는 물에 담가 갈변을 억제할 수 있다.
② 사과는 설탕물에 담가 갈변을 억제할 수 있다.
③ 복숭아, 오렌지 등은 갈변 원인 물질이 없기 때문에 껍질을 벗겨 두어도 변색하지 않는다.
④ 냉동 채소의 전처리로 블랜칭을 하여 갈변을 억제할 수 있다.

46 일반적인 식품의 구매방법으로 가장 옳은 것은?

① 고등어는 2주일분을 한꺼번에 구입한다.
② 느타리버섯은 3일에 한 번씩 구입한다.
③ 쌀은 1개월분을 한꺼번에 구입한다.
④ 소고기는 1개월분을 한꺼번에 구입한다.

47 전분에 물을 가하지 않고 160℃ 이상으로 가열하면 가용성 전분을 거쳐 덱스트린으로 분해되는 반응은 무엇이며, 그 예를 바르게 짝지은 것은?

① 호정화 - 식혜
② 호화 - 미숫가루
③ 호화 - 약밥
④ 호정화 - 뻥튀기

48 천연 산화방지제가 아닌 것은?

① 고시폴(Gossypol)
② 티아민(Thiamin)
③ 토코페롤(Tocopherol)
④ 아스코브산(Ascorbic Acid)

49 전처리 음식재료의 제조과정에 쓰이는 일반적인 염소의 농도는?

① 50~100ppm   ② 100~150ppm
③ 150~200ppm   ④ 250~300ppm

50 과일의 숙성에 대한 설명으로 적절하지 않은 것은?

① 과일류 중 일부는 수확 후에 호흡작용이 특이하게 상승되는 현상을 보인다.
② 호흡상승 작용을 보이는 과일류는 적당한 방법으로 호흡을 조절하여 저장기간을 조절하면서 후숙시킬 수 있다.
③ 과일류의 호흡에 따른 변화를 촉진시켜 빠른 시간 내에 과일을 숙성시키는 방법으로 가스저장법(CA)이 이용된다.
④ 호흡상승 현상을 보이지 않는 과일류는 수확하여 저장하여도 품질이 향상되지 않으므로 적당한 시기에 수확하여 곧 식용 또는 가공하여야 한다.

51 재료 소비량을 알아내는 방법과 거리가 먼 것은?

① 계속기록법   ② 재고조사법
③ 후입선출법   ④ 역계산법

52 다시마 표면의 흰 가루 성분으로 감칠맛을 주는 것은?

① 만니톨 ② 시스테인
③ 클로로필 ④ 소비톨

53 다음 중 아이소싸이오사이아네이트(Isothiocyanate) 화합물에 의해 매운맛을 내는 것은?

① 양 파 ② 겨 자
③ 고 추 ④ 후 추

54 젤 형성을 이용한 식품과 젤 형성 주체성분의 연결이 바르게 된 것은?

① 양갱 – 펙틴
② 도토리묵 – 한천
③ 과일잼 – 전분
④ 족편 – 젤라틴

55 다음 중 미르포아(Mirepoix)에 사용되는 재료가 아닌 것은?

① 월계수 잎
② 양 파
③ 당 근
④ 셀러리

56 다음 중 샌드위치에 스프레드를 사용하는 목적과 관련이 없는 것은?

① 코팅제 역할을 하여 빵이 눅눅해지는 것을 방지한다.
② 샌드위치 재료들이 흩어지지 않게 한다.
③ 빵 고유의 맛의 풍미를 살려준다.
④ 빵, 속재료, 가니시의 맛이 잘 어울리게 한다.

57 미국의 대표적 요리로, 구운 잉글리시 머핀에 햄, 포치드 에그를 얹고 홀랜다이즈 소스를 올린 요리는?

① 에그 베네딕틴(Egg Benedictine)
② 스크램블 에그(Scrambled Egg)
③ 오믈렛(Omelet)
④ 서니 사이드 업(Sunny Side Up)

58 스톡에 대한 내용으로 적절한 것은?

① 화이트 스톡과 브라운 스톡의 가장 큰 차이점은 어느 뼈를 주재료로 사용했는지의 여부이다.
② 뼈는 스톡에서 가장 중요한 재료로, 스톡에 향과 색을 부여한다.
③ 메인 코스의 주재료가 흰색이면 브라운 스톡을 사용하고, 갈색이면 화이트 스톡을 쓴다.
④ 스톡의 종류에 따라 스톡의 기본 재료도 큰 차이가 있다.

59 다음 중 건열식 조리방법이 아닌 것은?

① 굽 기
② 볶 기
③ 로스팅
④ 포 칭

60 소스를 용도에 맞게 제공하는 방법으로 옳지 않은 것은?

① 소스는 사용하는 재료의 맛을 끌어 올릴 수 있어야 한다.
② 소스의 향이 너무 강하여 원재료의 맛을 저하시키면 안 된다.
③ 주재료의 맛에 개성이 부족한 요리는 강하지 않은 맛의 소스를 제공한다.
④ 튀김 종류의 소스는 바삭함에 방해되지 않도록 제공 직전 뿌려주어야 한다.

↻ 모의고사 p.103

01	②	02	③	03	②	04	②	05	③	06	①	07	①	08	②	09	③	10	④
11	①	12	②	13	①	14	①	15	③	16	①	17	③	18	②	19	②	20	④
21	②	22	②	23	②	24	④	25	③	26	①	27	①	28	③	29	④	30	①
31	③	32	②	33	①	34	③	35	①	36	①	37	③	38	③	39	④	40	④
41	③	42	②	43	③	44	③	45	④	46	①	47	②	48	①	49	②	50	④
51	①	52	①	53	④	54	②	55	①	56	④	57	②	58	②	59	②	60	①

01 버터는 대표적인 동물성 지방으로 버터 20g은 20g × 9kcal/g = 180kcal이다. 그중 수분 함량이 23%이므로 지방 함량은 77%이다. 180kcal의 77%는 138.6kcal이다.

02 필수지방산은 옥수수나 콩기름, 땅콩 등 천연 식물유에 많이 함유되어 있다.

03 젤라틴은 동물의 뼈, 가죽, 결합조직에 함유된 경단백질인 콜라겐이 물과 함께 가열될 때, 변성하여 용해되어 콜로이드상으로 용출한 것이다.

04 생선의 부패는 혐기성 미생물에 의해 단백질 등이 변질되는 것이다.

05 독버섯의 독성분에는 무스카린, 무스카리딘, 콜린, 팔린, 아마니타톡신, 필지오린, 뉴린 등이 있다. 베네루핀은 모시조개, 바지락, 굴의 독성분이다.

06 베타인(Betaine)은 오징어, 새우 등에 많이 포함되어 있다.

07 스톡 조리 시 표면 위로 떠오르는 불순물과 거품은 스키머(Skimmer)로 제거해 준다. 불순물은 물속에 섞여 스톡을 혼탁하게 하는 원인이 되므로 조리하면서 지속적으로 제거해야 한다.

08 보존료에는 데하이드로초산(DHA), 데하이드로초산나트륨(DHA-S), 소브산, 소브산칼륨, 안식향산, 안식향산나트륨, 프로피온산나트륨, 프로피온산칼슘 등이 있다.
② 구아닐산은 핵산계 감칠맛 조미료이다.

09 허가를 받아야 하는 영업 및 허가관청(식품위생법 시행령 제23조)
• 식품조사처리업 : 식품의약품안전처장
• 단란주점영업과 유흥주점영업 : 특별자치시장·특별자치도지사 또는 시장·군수·구청장

10 출입·검사·수거 등(식품위생법 시행규칙 제19조제1항)
출입·검사·수거 등은 국민의 보건위생을 위하여 필요하다고 판단되는 경우에는 수시로 실시한다.

11 영업의 종류(식품위생법 시행령 제21조제8호)
휴게음식점영업 : 주로 다류, 아이스크림류 등을
조리·판매하거나 패스트푸드점, 분식점 형태
의 영업 등 음식류를 조리·판매하는 영업으로
서 음주행위가 허용되지 아니하는 영업

12 결격사유(식품위생법 제54조)
• 정신질환자. 다만, 전문의가 조리사로서 적합
하다고 인정하는 자는 그러하지 아니하다.
• 감염병환자. 다만, B형간염환자는 제외한다.
• 마약이나 그 밖의 약물 중독자
• 조리사 면허의 취소처분을 받고 그 취소된 날
부터 1년이 지나지 아니한 자

13 시머링(Simmering)은 식지 않을 정도의 60~
90℃ 액체의 약한 불에서 조리하는 것으로, 소스
나 스톡을 끓일 때 사용한다.

14 ② 비타민 A의 급원식품은 간, 버터, 난황, 녹황
색 채소(당근) 등이며, 미역은 아이오딘의 급
원식품이다.
③ 필수지방산은 주로 참기름, 콩기름 등의 식
물성 기름에 들어 있다. 버터는 동물성 기름
에 해당한다.
④ 두부는 식물성 단백질의 급원식품이다.

15 불포화도가 높을수록 아이오딘값이 높다. 리놀
렌산은 불포화지방산이면서 필수지방산에 속
한다.

16 • 식물성 색소 : 클로로필, 카로티노이드, 플라
보노이드, 안토사이아닌
• 동물성 색소 : 헤모글로빈(동물 혈액에 존재),
마이오글로빈(근육 조직에 존재)

17 당질은 탄소(C), 수소(H), 산소(O)로 이루어져
있으며 수소와 산소는 2 : 1의 비율로 구성된다.

18 ② 마른간법 : 생선 등에 물기 없이 직접 소금을
뿌려 간을 하는 방법
① 물간법 : 물고기 등을 소금물에 담가 간을
하는 방법
③ 압착염장법 : 물간법에서 누름돌을 얹어 가
압하면서 염장하는 방법
④ 염수주사법 : 염수를 주사한 후 일반 염장법
으로 염지하는 방법

19 생선은 산란기 직전의 것이 가장 살이 오르고
지방도 많으며 맛이 좋다. 알을 낳은 후에는 맛이
떨어진다.

20 튀기는 식품의 표면적이 클수록 흡유량은 증가
한다.

21 동결식품이 녹으면서 식품 내부의 구성성분과
물의 일부가 식품 조직에 흡수되지 못하고 유출
되는데, 이를 드립(Drip)이라고 한다. 급속 냉동
시 드립의 양이 적고, 완만 냉동 시 단백질이
변성되어 해동 시 드립 유출이 많아진다.

22 튀김기의 표면적이 넓을수록 발연점이 낮다.

23 마요네즈는 식물성 기름과 달걀노른자, 식초,
약간의 소금과 후추를 넣어 만든 소스로 상온에
서 반고체 상태를 형성한다.

24 고구마는 잘 여물고 흰 것보다 길쭉한 것이 좋다.
또 골이 많이 지지 않은 매끄러운 것이어야 한다.

25 달걀흰자의 거품 형성에서 적정 온도는 30℃ 정
도이며, 냉장 보관한 것보다 실온에 두었던 달걀
이 거품이 잘 일어난다.

26 전분의 가열온도가 높을수록, 전분입자의 크기가 작을수록, 가열 시 첨가하는 물의 양이 많을수록, 가열하기 전 수침(물에 담그는)시간이 길수록 호화되기 쉽다.

27 음식을 볶는 방식은 조작이 간편하고, 단시간에 조리하므로 비타민 등의 성분 손실이 적다.

28 우선 식재료를 구입해 상태가 좋은지 검수(ⓒ)한다. 그 다음 다듬기 등의 전처리(ⓐ) 과정을 거쳐 조리(ⓔ)한 다음 배식(ⓑ)하고, 식사가 끝나면 설거지를 해서 청결한 공간에 식기를 보관한다(ⓓ).

29 판매가격 = 총원가(판매원가) + 이익

30 ① 백일해는 제2급 감염병에 해당한다.
제1급 감염병
• 생물테러감염병 또는 치명률이 높거나 집단 발생의 우려가 커서 발생 또는 유행 즉시 신고하여야 하고, 음압격리와 같은 높은 수준의 격리가 필요한 감염병을 말한다. 다만, 갑작스러운 국내 유입 또는 유행이 예견되어 긴급한 예방·관리가 필요하여 질병관리청장이 보건복지부장관과 협의하여 지정하는 감염병을 포함한다.
• 에볼라바이러스병, 마버그열, 라싸열, 크리미안콩고출혈열, 남아메리카출혈열, 리프트밸리열, 두창, 페스트, 탄저, 보툴리눔독소증, 야토병, 신종감염병증후군, 중증급성호흡기증후군(SARS), 중동호흡기증후군(MERS), 동물인플루엔자 인체감염증, 신종인플루엔자, 디프테리아

31 6~10% 정도의 소금물에 달걀을 넣어 가라앉으면 신선한 것이고, 위로 뜨면 오래된 것이다.

32 우유를 가열할 때 용기 바닥에 눌어붙는 이유는 유청 때문이다.

33 아보카도는 과일 중에서 많은 양의 지방을 가지고 있고, 단일불포화지방산으로 콜레스테롤 수치를 낮춰 준다.

34 다이아세틸(Diacetyl)은 버터의 냄새 요인이다.

35 가니시(Garnish)는 완성된 음식을 더욱 돋보이게 하는 장식이다. 색을 좋게 하고 식욕을 돋우기 위해 음식 위에 곁들이는 것으로, 식용 가능한 재료를 이용하여야 하며, 시각적인 효과나 미각을 상승시켜 줄 수 있는 재료를 이용한다.

36 말테이스(Maltase)는 엿당의 소화효소이며, 지방의 소화효소는 라이페이스(Lipase)이다.

37 장티푸스는 병원체가 세균인 세균성 감염병이다. 유행성 간염, 폴리오는 바이러스성 감염병이며, 말라리아는 원충성 감염병이다.

38 기온역전이란 고도가 높아짐에 따라 기온이 증가하는 현상으로, 기온역전현상이 발생하면 대기오염물질의 확산이 이루어지지 못해 대기오염의 피해를 가중시킨다.

39 ④는 적외선에 대한 설명이다.

40 석탄산계수 = $\dfrac{\text{소독약의 희석배수}}{\text{석탄산의 희석배수}}$

41 달걀흰자에는 지질(인지질)이 거의 없고 노른자에 약 33%가 들어 있다.

42 샌드위치 요리 플레이팅
- 재료 자체가 가지고 있는 고유의 색감과 질감을 잘 표현한다.
- 전체적으로 심플하고 청결하며 깔끔하게 담아야 한다.
- 요리의 알맞은 양을 균형감 있게 담아야 한다.
- 고객이 먹기 편하도록 플레이팅이 이루어져야 한다.
- 요리에 맞게 음식과 접시 온도에 신경을 써야 한다.
- 식재료의 조합으로 인한 다양한 맛과 향이 공존하도록 플레이팅을 한다.

43 시장조사의 내용
- 품목 : 무엇을 구매해야 하는가
- 품질 : 어떠한 품질과 가격의 물품을 구매할 것인가
- 수량 : 어느 정도의 양을 구매할 것인가
- 가격 : 어느 정도의 가격에 구매할 것인가
- 시기 : 언제 구매할 것인가
- 구매 거래처 : 최소한 두 곳 이상의 업체로부터 견적을 받은 후 검토하며, 한 군데와 거래하는 경우 구매자는 정기적인 시장가격조사를 통해 가격을 확인
- 거래조건 : 어떠한 조건으로 구매할 것인가

44 ③ 식초 : 난백의 응고를 돕고, 생선의 비린내를 없애 주며, 생선 뼈를 부드럽게 한다.
① 설탕 : 사탕수수나 사탕무가 주원료로, 음식에 단맛을 주는 양념이다.
② 후추 : 향기와 매운맛이 강해 고기의 누린내와 생선의 비린내를 없애주고 음식의 맛과 향을 좋게 한다.
④ 소금 : 짠맛을 내는 가장 기본적인 조미료로, 종류로 호렴, 재제염, 식탁염 등이 있다.

45 브레이즈란 고기를 볶다가 소스를 끼얹어 가면서 조리하는 육류 조리법이다.
브레이징(Braising)
- 서양 요리에서 건식열과 습식열의 두 가지 방식을 이용한 대표적인 조리 방법으로 재료의 품질을 최대한 살려 준다.
- 일반적으로 덩어리가 큰 것을 먼저 건식열로 높은 온도에서 주위를 갈색이 나도록 구워 주어 육류 내부에 있는 육즙이 빠져나오는 것을 막아 준다. 그 다음 야채나 소스 등을 곁들여 적당한 열을 가해 주며 조리하는데, 재료 주변으로 오일을 감싸서 조리되는 동안 재료가 건조되는 것을 막아 준다.
- 브레이징 시 발생한 육즙은 따로 모아서 소스로 사용하는 것이 바람직하다.

46 생석회는 주로 화장실, 하수, 오물, 토사물 등의 소독에 사용되며, 공기 중에 노출되면 살균력이 감소한다.

47 차가운 시리얼의 종류 및 특징
- 콘플레이크(Cornflakes) : 옥수수를 구워서 얇게 으깨어 만든 것이다.
- 올 브랜(All Bran) : 밀기울을 으깨어 가공한 것으로 소화를 돕는 데 중요한 역할을 한다.
- 라이스 크리스피(Rice Crispy) : 쌀을 바삭바삭하게 튀긴 것으로 간편하게 먹을 수 있다.
- 레이진 브랜(Raisin Bran) : 구운 밀기울 조각에 달콤한 건포도를 넣은 것이다.
- 슈레디드 휘트(Shredded Wheat) : 밀을 조각내어 으깨어 사각형 모양으로 만든 비스킷 형태이다.
- 버처 뮤즐리(Bircher Muesli) : 오트밀(귀리)을 기본으로 해서 견과류 등을 넣은 것이다.

48 육류를 장시간 물에 끓이면 콜라겐이 젤라틴으로 되면서 결합조직이 부드러워진다.

49 두부의 제조원리 : 콩단백질(글리시닌) + 무기염류(응고제, 간수) → 응고

50 아플라톡신은 곡류와 콩류에 서식하는 곰팡이에서 나오는 독소로 간장독을 일으킨다.

51 세균성 식중독은 미생물, 유독물질, 유해 화학물질 등이 음식물에 첨가되거나 오염되어 발생하는 것으로 잠복기가 짧아 급성위장염 등의 생리적 이상을 초래한다.

52 소브산은 허용된 보존료이다. 아우라민은 유해성 착색료, 둘신은 유해성 감미료, 론갈리트는 유해성 표백제에 해당한다.

53 생선의 부패과정에서 생성된 히스티딘이 탈탄산작용에 의해 히스타민으로 바뀌어 식중독을 일으킨다.

54 녹색 채소를 데칠 때 소량의 소다를 넣으면 색변화를 막을 수 있으나, 알칼리 성분이 채소의 섬유소를 연화시켜 채소의 질감을 나쁘게 한다.

55 발색제(색소고정제)는 발색제 자체에는 색이 없으나 식품 중의 색소 단백질과 반응하여 식품 자체의 색을 고정(안정화)시키고, 선명하게 하거나 발색되게 하는 물질이다.

56 효소적 갈변
- 정의 : 과실과 채소류 등을 파쇄하거나 껍질을 벗길 때 일어나는 현상이다.
- 원인 : 과실과 채소류의 상처받은 조직이 공기 중에 노출되면 페놀화합물이 갈색색소인 멜라닌으로 전환하기 때문이다.
- 갈변현상이 일어나는 식품 : 사과, 배, 가지, 감자, 고구마, 밤, 바나나, 홍차, 우엉 등

57 가니시(Garnish)의 주목적은 완성된 제품을 아름답게 보이도록 하는 것이다.

58 서니 사이드 업(Sunny Side Up)
달걀의 한쪽 면만 익힌 것을 의미하는데, 달걀노른자 위가 마치 떠오르는 태양과 같다고 해서 붙여진 이름이다. 프라이팬에 버터나 식용유를 두르고 한쪽 면만 익힌다. 서니 사이드 업은 건식열을 이용한 요리이다.

59 가소성은 고체 형태의 지방에 힘을 주면 움직이는 물체와 같은 성질을 띠고 없애도 변형시킨 모양 그대로 남는 성질을 말한다.

60 채소를 데치기(Blanching)하는 이유는 조직의 유연, 부피 감소, 효소 파괴, 살균효과 때문이다.

↻ 모의고사 p.115

01	②	02	③	03	③	04	③	05	④	06	②	07	③	08	②	09	①	10	②
11	③	12	③	13	①	14	④	15	②	16	④	17	③	18	①	19	②	20	①
21	①	22	②	23	③	24	③	25	④	26	①	27	①	28	①	29	②	30	②
31	④	32	④	33	②	34	①	35	②	36	④	37	③	38	①	39	③	40	③
41	①	42	③	43	②	44	④	45	①	46	④	47	③	48	①	49	③	50	①
51	①	52	④	53	①	54	②	55	②	56	①	57	①	58	④	59	③	60	④

01 식품첨가물의 기능
- 식품의 변질·부패 방지
- 식품의 영양가와 신선도 보존
- 식품의 맛, 향과 색깔 증진
- 식품의 조직감 향상

02 식품과 독성분
- 복어 : 테트로도톡신
- 모시조개, 굴, 바지락 : 베네루핀
- 섭조개 : 삭시톡신
- 독미나리 : 시큐톡신
- 독버섯 : 무스카린

03
- 간디스토마
  - 제1중간숙주 : 쇠우렁이
  - 제2중간숙주 : 붕어, 납자루 등의 민물고기
- 폐디스토마
  - 제1중간숙주 : 다슬기
  - 제2중간숙주 : 가재, 게 등

04 살모넬라는 난류, 육류, 가금류와 그 가공품을 원인 식품으로 하는 세균성 식중독이다.

05 안전관리인증기준(HACCP) 적용 원칙(식품 및 축산물 안전관리인증기준 제6조제1항)
- 1단계 : 위해요소 분석
- 2단계 : 중요관리점(CCP) 결정
- 3단계 : 한계기준 설정
- 4단계 : 모니터링 체계 확립
- 5단계 : 개선조치 방법 수립
- 6단계 : 검증 절차 및 방법 수립
- 7단계 : 문서화 및 기록 유지

06 교차오염 발생 가능성은 많은 양의 식품을 원재료 상태로 들여와 준비하는 과정에서 높아진다.

07
① 아니사키스 : 오징어, 대구
② 무구조충 : 소고기
④ 광절열두조충 : 송어, 연어

08 소독약품의 구비조건
- 살균력이 강할 것
- 사용이 간편하고 가격이 저렴할 것
- 인축에 대한 독성이 작을 것
- 소독 대상물에 부식성과 표백성이 없을 것
- 용해성이 높으며 안전성이 있을 것
- 불쾌한 냄새가 나지 않을 것

09 바나나 같은 열대성 과일은 저온에서 급속하게 노화현상이 진행되므로 상온에서 보관하는 것이 좋다.

10 오버 이지(Over Easy Egg)
달걀의 양쪽 면을 살짝 익힌 것을 의미하는데, 달걀흰자는 익고 노른자는 익지 않아야 한다. 프라이팬에 버터나 식용유를 두르고 흰자가 반쯤 익었을 때 노른자가 터지지 않도록 뒤집어 흰자를 익혀야 한다.

11 사람이나 동물의 장내에 상주하는 모르가니균은 알레르기를 일으키는 히스타민을 만든다.

12 집단급식소란 영리를 목적으로 하지 아니하면서 특정 다수인에게 계속하여 음식물을 공급하는 기숙사, 학교, 유치원, 어린이집, 병원, 사회복지시설, 산업체, 국가, 지방자치단체 및 공공기관, 그 밖의 후생기관 등의 어느 하나에 해당하는 곳의 급식시설로서 대통령령으로 정하는 시설을 말한다(식품위생법 제2조제12호).

13 식품소분업 신고대상(식품위생법 시행규칙 제38조제1항)
식품제조·가공업 및 식품첨가물제조업의 대상이 되는 식품 또는 식품첨가물과 벌꿀(영업자가 자가채취하여 직접 소분·포장하는 경우를 제외)을 말한다. 다만, 다음의 어느 하나에 해당하는 경우에는 소분·판매해서는 안 된다.
• 어육 제품
• 특수용도식품(체중조절용 조제식품은 제외)
• 통·병조림 제품
• 레토르트식품
• 전분
• 장류 및 식초(제품의 내용물이 외부에 노출되지 않도록 개별 포장되어 있어 위해가 발생할 우려가 없는 경우는 제외)

14 업종별 시설기준(식품위생법 시행규칙 [별표 14])
휴게음식점 또는 제과점 : 객실(투명한 칸막이 또는 투명한 차단벽을 설치하여 내부가 전체적으로 보이는 경우는 제외)을 둘 수 없으며, 객석을 설치하는 경우 객석에는 높이 1.5m 미만의 칸막이(이동식 또는 고정식)를 설치할 수 있다. 이 경우 2면 이상을 완전히 차단하지 아니하여야 하고, 다른 객석에서 내부가 서로 보이도록 하여야 한다.

15 영업신고 대상 업종(식품위생법 시행령 제25조 제1항)
특별자치시장·특별자치도지사 또는 시장·군수·구청장에게 신고를 하여야 하는 영업은 다음과 같다.
• 즉석판매제조·가공업
• 식품운반업
• 식품소분·판매업
• 식품냉동·냉장업
• 용기·포장류제조업
• 휴게음식점영업, 일반음식점영업, 위탁급식영업 및 제과점영업

16 당질(탄수화물)의 섭취가 부족하게 되면 저혈당으로 뇌에 포도당 공급이 적어지며, 심하면 의식장애를 일으키게 된다. 또한 온몸이 에너지 부족에 빠지고 피로감이 생긴다.

17 • 포화지방산
  – 이중결합이 없고 융점이 높아 상온에서 고체로 존재한다.
  – 동물성 지방에 많이 함유되어 있다.
  • 불포화지방산
  – 융점이 낮아 상온에서 액체로 존재하며, 이중결합이 있는 지방산이다.
  – 식물성 유지, 어류에 많이 함유되어 있다.

18 암모니아는 육류가 부패되는 과정에서 유해균을 생성하여 pH를 상승시킨다.

19 통조림은 강철판에 얇게 주석을 입힌 캔으로 채소나 과일 등을 보관할 때 사용하는데, 캔으로부터 주석이 용출되어 중독을 일으키기도 한다. 다량 섭취 시 구토, 설사, 복통 등의 증상이 나타난다.

20 필수지방산은 불포화지방산 중 체내에서 합성되지 못하여 식품으로 섭취해야 하는 지방산으로 리놀레산, 리놀렌산, 아라키돈산 등이 있다.

21 무기질에는 칼슘, 인, 나트륨 외에 칼륨, 염소, 철, 구리, 마그네슘, 아이오딘 등이 있다.

22 글루텐은 밀가루에 천연적으로 들어 있는 단백질이다. 물을 넣고 밀가루를 반죽하면 글리아딘과 글루테닌이 물과 결합하여 글루텐을 형성한다.

23 260~280nm의 자외선이 살균에 가장 유효한 파장이다.
자외선이 인체에 주는 작용
• 강한 살균작용을 한다.
• 비타민 D를 형성한다.
• 건강선(Dorno-ray)이라고 하며, 피부의 모세혈관을 확장시켜 홍반을 일으킨다.
• 표피의 기저 세포층에 존재하는 멜라닌 색소를 증대시켜 색소침착을 가져온다.
• 피부암, 일시적인 시력장애 등을 유발한다.

24 밀가루의 글리아딘(Gliadin)과 글루테닌(Glu-tenin)이 물과 결합하여 글루텐(Gluten)을 만든다.

25 두유의 응고제로 사용되는 간수의 주성분은 염화마그네슘($MgCl_2$)이다.

26 한천은 우뭇가사리 등의 홍조류에서 얻는다. 동물의 뼈를 원료로 하는 것은 젤라틴이다.

27 우유 100g의 열량
= $(5g \times 4kcal/g) + (3.5g \times 4kcal/g) + (3.7g \times 9kcal/g)$
= 67.3kcal

28 달걀의 난백을 저을 때 기포가 생기는데, 기름, 우유, 설탕, 소금 등은 기포의 형성을 방해하고, 산(식초, 레몬즙)은 기포의 형성을 도와준다.

29 비교적 높은 온도로 가열된 유지는 자동산화가 가속화되어 유리지방산이 증가하고 발연점이 저하되며 점도가 증가한다.

30 좋은 버터를 사용해야 질 좋은 버터소스를 만들어 낼 수 있다. 60℃ 이상으로 가열할 경우 수분과 유분이 분리되어 사용할 수 없는 기름이 될 수 있으므로 보관 및 관리가 중요하다.

31 리소토는 쌀을 볶은 다음 소스에 끓여낸 이탈리아의 전통 요리를 말한다.
파스타의 종류
• 스파게티 : '얇은 줄'이라는 뜻을 지닌 가늘고 긴 둥근형의 파스타면
• 라자냐 : 이탈리아 북부에서 유래한 넓적한 사각형 모양의 파스타면
• 파르팔레 : 나비넥타이 모양 혹은 나비가 날개를 편 모양의 파스타면
• 토르텔리니 : 도(Dough)에 버터나 치즈를 넣고 반지 모양으로 만든 것
• 라비올리 : 두 개의 면 사이에 치즈나 시금치, 고기, 다양한 채소 등으로 속을 채워 만든 것

32 판매원가 = 총원가 + 이익

33 ① 녹색 채소에 있는 엽록소 색소는 산에 약하므로 식초와 만났을 때 클로로필이 황갈색 색소인 페오피틴(Pheophytin)으로 변한다.
③ 플라보노이드 색소는 산성 용액에서는 흰색, 알칼리 용액에서는 황색으로 변한다.
④ 동물성 색소 중 근육색소는 마이오글로빈이고, 혈색소는 헤모글로빈이다.

34 ① 이노신산 : 가다랑어포의 감칠맛 성분
② 호박산 : 청주와 조개류의 신맛 성분
③ 알리신 : 마늘의 매운맛 성분
④ 나린진 : 정미료의 일종으로 쓴맛 성분

35 채소는 시간이 지나면 갈변현상이 나타나고 신선함이 떨어지므로 빠른 시간 안에 사용해야 한다.

36 효소적 갈변
• 폴리페놀 옥시데이스(Polyphenol Oxidase)에 의한 갈변 : 사과, 배, 가지
• 타이로시네이스(Tyrosinase)에 의한 갈변 : 감자, 고구마

37 어류는 눈이 튀어나오고, 비늘이 잘 부착되어 탄력이 있는 것이 좋다.

38 결합수는 수증기압이 보통의 물보다 낮으므로 대기 중에서 100℃ 이상으로 가열하여도 쉽게 증발되지 않는다.

39 회복기 보균자란 질병에서는 회복되었지만 몸안에 병원체를 가지고 있는 자를 의미한다.

40 저온저장만으로 살균효과를 기대할 수는 없다.

41 ② 60~70℃에서 변성이 일어난다.
③ 전해질이 있으면 변성온도가 낮아지고 변성 속도가 빨라진다.
④ 수분이 많으면 낮은 온도에서도 변성이 일어난다.

42 ① 비타민 C : 채소, 과일 등
② 비타민 K : 녹색 채소, 동물의 간, 양배추 등
④ 비타민 E : 소맥배아유, 쌀겨, 옥수수 기름, 면실유 등

43 치즈는 가공식품이다.

44 육류의 결합조직을 장시간 물에 끓이면 콜라겐이 젤라틴으로 되면서 부드러워진다.

45 벤조피렌은 다환방향족 탄화수소로 석탄, 석유, 목재 등을 태울 때 불완전한 연소로 생성된다. 발암성이 매우 강하며 태운 식품이나 훈제품에 함량이 많다.

46 전분의 호화는 수분 함량이 많을수록, 온도가 높을수록, 알칼리성일수록 촉진된다.

47 ① 보존료 : 식품 저장 중 미생물에 의해 일어나는 부패나 변질을 방지하기 위해 사용되는 방부제
② 살균제 : 식품의 부패 미생물 및 감염병 등의 병원균을 사멸하기 위해 사용되는 첨가물
③ 산미료 : 식품에 적합한 신맛을 부여하고 미각에 청량감과 상쾌한 자극을 주기 위하여 사용되는 첨가물

48 정향은 꽃봉오리를 쓰는 향신료이다.

49 마요네즈는 수중유적형 식품이므로 더운 기름을 사용하면 안정적이 된다.

50 ① 선입선출법 : 먼저 구입한 재료부터 먼저 소비하는 것

② 후입선출법 : 나중에 구입한 재료부터 먼저 소비하는 것

③ 이동평균법 : 구입단가가 다른 재료를 구입할 때마다 재고량과의 가중평균가를 산출하여 이를 소비재료의 가격으로 하는 방법

51 밀가루의 종류와 용도

종 류	글루텐 함량	용 도
강력분	13% 이상	빵, 스파게티, 마카로니 등
중력분	10~13%	국수, 만두 등
박력분	10% 이하	케이크, 과자, 튀김 등

52 버터와 마가린은 지방성분이 80% 이상이며 수분 함량은 18% 이하이다.

53 역성비누는 살균력이 강한 양성비누이므로 보통 비누와 동시에 사용하거나, 유기물이 존재하면 살균효과가 떨어지므로 세제로 씻은 후 사용하는 것이 좋다.

54 밀가루 반죽에 지방을 넣으면 글루텐 표면을 둘러싸서 음식이 부드럽고 연해지는데, 이를 연화(쇼트닝화)라고 한다.

55 카드뮴은 골연화증과 신장기능 장애 등을 일으키는 원인이 된다.

56 토마토의 산도가 pH 4.4~4.6이기 때문에 우유 조리 시 산을 가해 주면 응고된다.

57 가스파초(Gazpacho) : 토마토, 오이, 양파, 피망, 토마토 주스 등의 다양한 채소로 만든 차가운 수프이다. 믹서에 채소를 갈아 체에 걸러 빵가루, 마늘, 올리브유, 식초 또는 레몬 주스를 넣어 간을 하여 걸쭉하게 만들어 먹는 수프를 말한다.

58 샌드위치의 분류
- 온도에 따른 분류 : 핫 샌드위치, 콜드 샌드위치
- 형태에 따른 분류 : 오픈 샌드위치, 클로즈드 샌드위치, 핑거 샌드위치, 롤 샌드위치

59 베샤멜 소스는 버터를 두른 팬에 밀가루를 넣고 볶다가 색이 나기 직전에 향을 낸 차가운 우유를 넣고 만든 소스이다. 양파, 밀가루와 버터, 우유의 비율은 1 : 1 : 1 : 20 정도면 좋다.

60 스톡의 품질 평가기준

맑지 않을 경우	• 재료의 이물질을 깨끗하게 잘 제거해야 한다. • 찬물에서부터 시작해서 끓으면 약불에서 서서히 끓인다.
향이 적은 경우	• 충분히 조리되지 않았다. • 뼈와 향신료, 물 등의 분량이 맞지 않았다.
색상이 옅은 경우	뼈와 미르포아를 짙은 갈색이 나오도록 충분히 구워서 사용한다.

제3회 | 모의고사 정답 및 해설

Ö 모의고사 p.127

01	①	02	④	03	③	04	②	05	④	06	①	07	④	08	②	09	④	10	④
11	①	12	③	13	①	14	①	15	③	16	②	17	②	18	④	19	④	20	④
21	③	22	③	23	④	24	①	25	②	26	①	27	④	28	①	29	④	30	①
31	③	32	③	33	③	34	①	35	①	36	②	37	②	38	④	39	④	40	④
41	③	42	③	43	④	44	④	45	①	46	①	47	④	48	③	49	①	50	④
51	③	52	④	53	②	54	②	55	①	56	④	57	④	58	②	59	①	60	④

01 카로티노이드는 황색, 오렌지색, 적색 색소로 토마토, 당근, 고추, 감 등에 함유되어 있는 색소이다.

02 높은 온도에서 해동하면 조직이 상해서 드립이 많이 나와 맛과 영양소의 손실이 크므로 냉장고나 흐르는 냉수에서 해동하는 것이 좋다.

03 반조리 식품은 급속해동을 해도 맛이나 영양소의 파괴가 적다.

04 식품첨가물의 구비조건
- 인체에 유해한 영향이 없을 것
- 소량으로도 충분한 효과를 발휘할 것
- 식품 자체의 영양가를 유지할 것
- 식품 제조 및 가공에 꼭 필요할 것
- 식품에 유해한 변화가 없을 것
- 첨가물을 확인할 수 있어야 할 것
- 식품의 외관을 좋게 할 것
- 식품을 소비자에게 이롭게 할 것

05 보존한 식품은 선입선출 방식으로 사용하고, 판매 유효기간이 지난 상품은 반드시 버려야 한다. 판매 유효기간 내에 있더라도 신선도가 떨어지는 것은 세균 증식이 진행될 우려가 있으므로 폐기한다.

06 식품의 원료관리 및 제조·가공·조리·소분·유통의 모든 과정에서 위해한 물질이 식품에 섞이거나 식품이 오염되는 것을 방지하기 위하여 중점적으로 관리하는 기준은 식품안전관리인증기준(HACCP ; Hazard Analysis Critical Control Point)이다.

07 방사선살균법은 부패 미생물을 없애는 방법으로, 감자, 양파 등의 발아를 억제하여 장기간 저장이 가능하도록 한다.

08 수비드(Sous Vide)는 완전 밀폐와 가열 처리가 가능한 위생 플라스틱 비닐 속에 재료와 조미료나 양념을 넣은 상태로 진공 포장한 후 일반적인 조리 온도보다 상대적으로 낮은 온도(55~65℃)에서 장시간 조리하여 맛과 향, 수분, 질감, 영양소를 보존하며 조리하는 방법이다. 재료에 대한 기본 지식과 정확한 계산에 의한 정확한 온도, 균일한 열전달과 시간의 고려가 중요하며, 자칫 식중독균이 증식할 수도 있으므로 주의가 필요한 조리법이다.

09 건강선(Dorno-ray)은 파장이 2,900~3,200Å 인 자외선으로 살균작용을 한다.

10 CA저장 : CO_2 또는 N_2 가스를 주입시켜 효소를 불활성시킨 후 호흡속도를 줄이고 미생물의 생육과 번식을 억제시켜 저장하는 방법

11 알코올 발효 시에 펙틴으로부터 메탄올이 생성된다. 개인차가 있으나 중독량은 5~10mL이고 치사량은 30~100mL이다. 구토, 복통, 실명 외에 호흡장애, 심장마비도 유발할 수 있다.

12 아질산염과 아민이 결합하여 발암물질인 나이트로사민을 생성한다.

13 • 소고기 : 무구조충(민촌충)
• 돼지고기 : 선모충, 유구조충
• 채소 : 회충

14 쌀에 기생하는 곰팡이인 페니실륨(*Penicillium*)과 아스페르길루스(*Aspergillus*)의 작용으로 낟알이 변색되는 현상이 나타난다.

15 간헐살균은 가열살균법에 해당하며, 100℃에서 1일 1회 30~60분씩 연속 3일간 가열 살균하는 것이다.

16 • 독소형 식중독 : 클로스트리듐 보툴리눔, 포도 상구균, 세레우스균
• 감염형 식중독 : 살모넬라, 장염 비브리오, 장 출혈성 대장균

17 ① 운동성이 없다.
③ 발육 최적온도는 37~45℃이다.
④ 주로 단백질 식품에서 발생한다.

18 • 독맥(독보리) – 테뮬린(Temuline)
• 독미나리 – 시큐톡신(Cicutoxin)

19 감염원(병원소)
• 종국적인 감염원으로 병원체가 생활·증식하면서 다른 숙주에 전파될 수 있는 상태로 저장되는 장소
• 환자, 보균자, 접촉자, 매개동물이나 곤충, 토양, 오염식품, 오염 식기구, 생활용구 등

20 조리사(식품위생법 제51조제1항)
집단급식소 운영자와 대통령령으로 정하는 식품접객업자는 조리사를 두어야 한다. 다만, 다음의 어느 하나에 해당하는 경우에는 조리사를 두지 아니하여도 된다.
• 집단급식소 운영자 또는 식품접객영업자 자신이 조리사로서 직접 음식물을 조리하는 경우
• 1회 급식인원 100명 미만의 산업체인 경우
• 영양사가 조리사의 면허를 받은 경우. 다만, 총리령으로 정하는 규모 이하의 집단급식소에 한정한다.

21 집단급식소의 범위(식품위생법 시행령 제2조)
집단급식소는 1회 50명 이상에게 식사를 제공하는 급식소를 말한다.

22 영업의 종류(식품위생법 시행령 제21조제5호)
식품소분업 : 총리령으로 정하는 식품 또는 식품첨가물의 완제품을 나누어 유통할 목적으로 재포장·판매하는 영업

23 일반음식점영업은 영업신고를 하여야 하는 업종이다(식품위생법 시행령 제25조제1항).
허가를 받아야 하는 영업 및 허가관청(식품위생법 시행령 제23조)
• 식품조사처리업 : 식품의약품안전처장
• 단란주점영업과 유흥주점영업 : 특별자치시장·특별자치도지사 또는 시장·군수·구청장

24 표시사항별 세부표시기준(식품 등의 표시기준 [별지 1])
열량의 단위는 킬로칼로리(kcal)로 표시하되, 그 값을 그대로 표시하거나 그 값에 가장 가까운 5kcal 단위로 표시하여야 한다. 이 경우 5kcal 미만은 "0"으로 표시할 수 있다.

25 그리스(Grease) 트랩은 요리나 설거지 등을 하고 난 후 물이 흘러 내려가는 유출구 뒤에 접속한 것으로, 지방류가 배수관 내벽에 부착되어 막히는 것을 막기 위해 설치한다.

26 다수가 밀집해 있는 곳의 실내 공기는 화학적 조성이나 물리적 조성의 변화로 불쾌감, 비말감염 등의 이상현상이 발생한다. 비말감염은 재채기, 기침, 대화 등을 통해 공기 중에 분산된 물질이 다른 사람에게 흡입, 감염되는 것이다.

27 경화유는 액상 기름에 수소를 첨가하여 고체 상태로 만든 것이다.

28 마이오글로빈은 본래 어둡지만 산소와 결합하여 옥시마이오글로빈으로 되면서 선홍색으로 된다.

29 둘신은 백색 감미료로, 자당의 약 200배 이상의 감미를 가져 인공감미료로 널리 쓰였으나, 독성이 강하여 안전성 문제로 사용이 금지되었다.

30 부케가르니는 일반적으로 통후추, 월계수 잎, 타임, 파슬리 줄기와 마늘 등을 넣는 것을 의미한다. 이를 갈거나 다져서 사용하기보다는 스톡을 오랫동안 조리하면서 향을 추출하기 위하여 통째로 사용한다.

31 ③ 소스에 무치는 것은 식탁에 내기 직전에 한다.

32 ③ 구연산(Citric Acid) : 감귤류, 살구

33 ① 펩신(Pepsin) : 위에서 분비되는 소화효소
② 트립신(Trypsin) : 이자액에서 분비되는 소화효소
④ 레닌(Rennin) : 우유의 카세인(Casein)을 응고시키는 효소

34 카로티노이드(Carotinoid)는 공기 중의 산소나 산화효소에 의해 쉽게 산화되고, 자외선을 차단하는 항산화 물질이며, 물에 쉽게 녹지 않는다.

35 열량영양소란 체내에서 산화되어 열량을 내는 것으로, 탄수화물, 지방, 단백질을 말한다.

36 경비는 제품 제조를 위하여 소비되는 재료비, 노무비 이외의 가치를 말한다. 경비에 속하는 것은 수도비, 전력비, 전화사용료, 보험료, 교통비 등이고, 임금, 상여금은 노무비에 속한다.

37 호화란 전분에 물을 넣고 가열할 때 전분의 마이셀 구조가 파괴되어 점성이 있는 물질로 변화되는 현상을 말한다. 전분의 가열온도가 높을수록, 가열하기 전 수침시간이 길수록 호화되기 쉽다. 곡류는 서류보다 호화온도가 높다.

38 우유의 균질화란 우유에 함유된 지방 알갱이를 잘게 부수는 것으로, 우유를 균질화하면 지방의 소화흡수율이 높아지고, 전체적으로 부드러운 맛을 느낄 수 있다.

39 신선한 달걀은 난황이 봉긋하게 솟아 있으며, 난백의 높이가 높고 농후난백이 난황 주위에 모아져 있다. 깨뜨렸을 때 내용물이 껍질로부터 쉽게 분리되는 것이 좋고, 흔들어 보았을 때 진동 소리가 나지 않아야 한다.

40 혈합육이란 어류의 체측에 분포하는 근육으로 활동성이 큰 어류는 함량이 높다.

41 출고계수 = $\dfrac{100}{100 - \text{폐기율}}$

42 가루상태의 식품은 입자가 작고 다져지는 성질이 있기 때문에 덩어리가 없는 상태에서 누르지 말고 수북하게 담아 평평한 것으로 고르게 밀어 표면이 평면이 되도록 깎아서 계량한다.

43 식품을 유화시키기 위하여 사용하는 식품첨가물인 알긴산은 유화를 안정화시키는 효과가 있어 유화안정제라고 부른다.

44 술의 알코올은 어취 제거에 효과적이다.

45 갈변을 억제하기 위해서는 가열처리로 효소를 불활성화시키고, 아황산 등 효소저해제를 이용하여 효소 및 기질을 제거하고, 염류 또는 당을 첨가해야 한다.

46 비타민 C는 열이나 빛, 물과 산소 등에 쉽게 파괴된다.

47 5가지 기초식품군에서 같은 군끼리만 대체식품이 될 수 있다. 우유는 칼슘군, 버터는 지방군, 치즈는 단백질군으로 상호 간에 대체식품이 될 수 없다.

48 ①·②·④는 자유수의 특징이고, ③은 결합수의 특징이다.

49 • 다당류 : 전분, 글리코겐, 펙틴
• 단당류 : 포도당, 과당, 갈락토스

50 소고기 600g에 함유된 단백질 양은 600g × 20g = 12,000g이다. 12,000g의 단백질이 필요하므로, 12,000g ÷ 15g(돼지고기의 단백질 함량) = 800g이다.

51 녹색 채소의 클로로필 분자의 마그네슘이온을 구리양이온으로 치환하면 안정된 청록색이 될 수 있으며, 구리는 헤모글로빈 형성의 촉매작용과 체내 철의 이용에도 도움을 준다.

52 버터는 지방 함량이 80% 이상이다.

53 파인애플에 함유되어 있는 브로멜린은 단백질을 분해하는 효소로 아주 적은 양을 넣어도 뛰어난 연육효과가 있다.

54 조리의 목적
• 기호성 : 향미와 외관 등을 좋게 하여 기호성을 높인다.
• 안전성 : 유독성분 등의 위해요소를 제거하여 위생상 안전하게 한다.
• 영양성 : 소화를 도와 영양효율을 높인다.
• 저장성 : 음식의 저장성을 높인다.

55 전채 요리는 신맛과 짠맛이 침샘을 자극하여 식욕을 촉진시키는 요리이다.

56 전채 요리의 분류

명 칭	특 징	종 류
플레인 (Plain)	형태와 맛이 유지된 것	햄 카나페, 생굴, 캐비아, 올리브, 토마토, 렐리시, 살라미, 소시지, 새우 카나페, 안초비, 치즈, 과일, 거위 간, 연어 등
드레스드 (Dressed)	요리사의 아이디어와 기술로 가공되어 맛이 유지된 것	과일 주스, 칵테일, 육류 카나페, 게살 카나페, 소시지 말이, 구운 굴, 스터프트 에그 등

57 샌드위치의 구성요소 : 빵, 스프레드, 주재료로서의 속재료, 부재료로서의 가니시, 양념

58 발사믹(Balsamic) 식초는 단맛이 강한 포도즙을 나무통에 넣고 목질이 다른 통에 여러 번 옮겨 담아 숙성시킨 포도주 식초의 일종이다. '발사믹'이란 이름을 쓰려면 이탈리아의 북부 모데나 지방에서만 나온 포도 품종으로 그 지방의 전통적인 기법으로 만들어야 한다.

59 브라운 소스 : 진한 소스를 뽑기 위해 5일 이상의 시간이 필요하며, 길게는 일주일간 끓인 소스로 고급 소스라고 할 수 있다. 질 좋은 재료의 사용이 중요하며 색깔을 내기 위해 재료를 볶는 과정에 탄내가 나지 않게 볶아야 한다.

60 육류 조리방법
• 건열식 조리법 : 윗불구이(Broiling), 석쇠구이(Grilling), 로스팅(Roasting), 굽기(Baking), 볶기(Sautéing), 튀김(Frying), 그레티네이팅(Gratinating)
• 습열식 조리법 : 포칭(Poaching), 삶기/끓이기(Boiling), 시머링(Simmering), 스티밍(Steaming), 데치기(Blanching), 글레이징(Glazing)

🖑 모의고사 p.139

01	④	02	④	03	③	04	③	05	③	06	②	07	②	08	④	09	①	10	④
11	④	12	①	13	②	14	④	15	③	16	②	17	②	18	①	19	④	20	②
21	④	22	③	23	④	24	④	25	①	26	①	27	③	28	③	29	②	30	②
31	④	32	①	33	③	34	③	35	④	36	④	37	①	38	④	39	④	40	②
41	②	42	①	43	④	44	②	45	②	46	②	47	④	48	④	49	④	50	②
51	①	52	②	53	③	54	②	55	②	56	④	57	①	58	④	59	②	60	①

01
- 폐흡충 : 제1중간숙주 → 다슬기, 제2중간숙주 → 게, 가재
- 광절열두조충 : 제1중간숙주 → 물벼룩, 제2중간숙주 → 민물고기(송어, 연어 등)
- 간흡충 : 제1중간숙주 → 왜우렁이(쇠우렁이), 제2중간숙주 → 민물고기(붕어, 잉어 등)

02 메틸알코올(메탄올)은 정제가 불충분한 증류주에 남아 체내로 흡수될 수 있다. 축적되면 구토, 현기증, 두통이 생기고 심할 경우 실명, 사망에 이를 수 있다.

03 푸른곰팡이
- 자낭균류 진정자낭균목 페니실륨속 곰팡이를 통틀어 이르는 말이다.
- 몸은 실 모양의 균사로 되어 있고, 홀씨는 공 모양이며 청록색이거나 회갈색이다.
- 부패작용 또는 독에 의한 유해균이 많으며, 페니실린과 같은 유익한 것도 있다.
- 빵, 떡과 같은 유기물이 많은 곳에 잘 생긴다.

04 미생물의 크기 : 곰팡이 > 효모 > 스피로헤타 > 세균 > 리케차 > 바이러스

05 요충은 집단감염, 항문소양증을 유발한다.

06 석탄산 : 3% 수용액으로 의류, 용기, 실험대, 배설물 등의 소독에 이용되며, 안정성이 높고 유기물의 영향을 크게 받지 않으므로 각종 소독약의 살균력을 나타내는 기준이 된다.

07 계량 전, 체로 쳐야 하는 것은 밀가루이다. 흑설탕은 용기에 꾹꾹 눌러 담은 후 위를 수평으로 깎아서 계량한다.

08 역성비누
- 과일, 채소, 식기 소독(0.01~0.1%)
- 손 소독(10% 원액)
- 일반비누와 함께 사용하면 살균효과가 떨어짐

09 자외선의 살균효과는 260~280nm의 범위 내의 파장에서 가장 크다.

10 곡류는 장시간 부서지지 않게 은근히 익혀야 하므로 시머링(Simmering)이 가장 적합하다.

11 식품위생법은 식품으로 인하여 생기는 위생상의 위해를 방지하고 식품영양의 질적 향상을 도모하며 식품에 관한 올바른 정보를 제공함으로써 국민 건강의 보호·증진에 이바지함을 목적으로 한다(식품위생법 제1조).

12 결격사유(식품위생법 제54조)
- 정신질환자. 다만, 전문의가 조리사로서 적합하다고 인정하는 자는 그러하지 아니하다.
- 감염병환자(B형간염환자는 제외)
- 마약이나 그 밖의 약물중독자
- 조리사 면허의 취소처분을 받고 그 취소된 날부터 1년이 지나지 아니한 자

13 기록관리(식품 및 축산물 안전관리인증기준 제8조)
「식품위생법」 및 「건강기능식품에 관한 법률」, 「축산물 위생관리법」에 따른 안전관리인증기준(HACCP) 적용업소는 관계 법령에 특별히 규정된 것을 제외하고는 이 기준에 따라 관리되는 사항에 대한 기록을 2년간 보관하여야 한다.

14 모범업소의 지정 등(식품위생법 제47조제1항)
특별자치시장·특별자치도지사·시장·군수·구청장은 총리령으로 정하는 위생등급 기준에 따라 위생관리 상태 등이 우수한 식품접객업소(공유주방에서 조리·판매하는 업소를 포함) 또는 집단급식소를 모범업소로 지정할 수 있다.

15 WHO가 정의한 건강이란 육체적, 정신적, 사회적으로 모두 완전한 상태를 말한다.

16 Sr-90은 화학적으로 칼슘과 비슷하여 칼슘과 대체되어 체내에 축적된다.

17 비타민 B_{12}
- 체내에서 조효소로 전환되어 적혈구 합성에 관여한다.
- 동물의 간, 조개류, 달걀노른자, 어육 등에 함유되어 있다.
- 결핍 시 악성빈혈을 유발한다.

18 비타민 K_1의 대표적인 공급원은 지용성 클로로필이다. 클로로필은 녹색 색소로서 식물세포의 엽록체 부분에서 찾을 수 있다.

19 공기의 자정작용
- 산화작용 : 산소, 오존, 과산화수소 등
- 희석작용 : 공기의 대류현상
- 세정작용 : 눈, 비에 의해 공기 중의 가스나 부유분진 제거
- 살균작용 : 자외선
- 교환작용 : 식물의 탄소동화 작용

20 조명 불량에 의한 직업병으로 안구진탕증, 안정피로, 가성근시 등이 있다.
② 열중증(열경련, 열허탈증, 열사병, 열쇠약증)은 고온 환경에서 장시간 작업할 때 발생하는 직업병이다.

21 침 속에 있는 효소인 프티알린은 전분을 덱스트린과 맥아당으로 분해한다.

22 우유단백질의 카세인은 열에 의해서는 잘 응고하지 않으나 산과 레닌에 의하여 응고하는데 이 원리를 이용하여 치즈를 만든다.

23 쿠쿠르비타신 : 참외나 오이 꼭지 부분의 쓴맛

24
- 자연능동면역 : 감염병에 감염된 후 형성되는 면역이다.
- 인공능동면역 : 인위적으로 생균백신, 사균백신 등 예방접종으로 감염을 일으켜 얻어지는 면역이다.
- 자연수동면역 : 신생아가 모체로부터 태반, 수유를 통해 어머니로부터 얻는 면역이다.
- 인공수동면역 : 인공제제를 주사하여 항체를 얻는 방법이다.

25 트랜스지방은 식물성 기름에 산패를 억제하기 위해 수소를 첨가하는 과정에서 발생하는 지방이다.

26 맛의 변화
- 대비현상 : 주된 맛을 내는 물질에 다른 맛을 혼합할 경우 원래의 맛이 강해지는 현상
- 변조현상 : 한 가지 맛을 본 직후에 다른 맛을 정상적으로 느끼지 못하는 현상
- 상쇄현상 : 두 종류의 맛이 혼합될 경우에 각각의 맛을 알지 못하고 조화된 맛만 느끼는 현상
- 피로현상 : 같은 맛을 계속 봤을 때 미각이 둔해져 맛을 알 수 없게 되거나 그 맛이 변하는 현상

27 국이나 스튜 등의 지미성분이 우러나오도록 처음에는 센 불에서, 끓기 시작하면 중간 불로 조정한다.

28 샐러드 재료를 드레싱에 미리 버무려 두면 물이 빠지므로 절대 금물이다.

29 총발주량 $= \dfrac{\text{정미중량} \times 100}{100 - \text{폐기율}} \times \text{인원수}$

$= \dfrac{20 \times 100}{100 - 8} \times 600$

$\fallingdotseq 13,043g$

30 침수 : 쓴맛, 떫은맛, 아린 맛 등의 불미성분을 제거하는 데 이용되며, 침수시간, 흡수속도, 흡수량은 각 식품에 따라 차이가 있고, 흡수속도는 침수하는 수온이 높을수록 빠르다.

31 직접원가는 직접재료비, 직접노무비, 직접경비로 분류한다.

32
② 스몰 다이스(Small Dice) : 다이스의 반 정도의 정육면체 크기(사방 0.6cm)로 식재료를 써는 방법이다.
③ 시포나드(Chiffonnade) : 채소를 실처럼 얇게 썬 형태를 말하며, 무와 당근 등은 슬라이서에 먼저 얇게 썬 다음 다시 썰어 사용하고, 푸른 잎채소 또는 허브 등은 말아서 최대한 얇게 써는 것이다.
④ 샤또(Chateau) : 길이 5~6cm 정도의 끝은 뭉뚝하고 배가 나온 원통 형태의 모양으로 깎는 것을 말한다. 당근이나 감자 등 메인 요리에 사이드 야채에 많이 쓰인다.

33 스테인리스 스틸제의 작업대는 스펀지를 사용하여 중성세제로 닦는다.

34
① 곡류는 유기체이므로 호흡작용을 한다.
② 곡물을 저장할 때 병해충, 쥐 및 새의 피해를 받기 쉽다.
④ 곡물은 자체 수분과 기타 여건 변화에 따라 중량이 변화한다.

35 훈연 시 발생하는 연기성분으로 개미산, 페놀, 폼알데하이드가 있으며, 이는 산화방지제 역할을 한다.

36 가공치즈는 자연치즈를 원료로 하여, 식품 또는 식품첨가물 등을 더해 유화시켜 만든다.

37 장비, 용기 및 도구는 청소하기 쉽게 디자인되어야 한다. 재질은 표면이 비독성이고 청소 세제와 소독약품에 잘 견뎌야 하고, 녹슬지 않아야 한다.

38 소금은 물에 대한 용해성이 높아 온도에 따른 큰 차이는 없다.

39 안전교육은 불의의 사고가 발생하지 않도록 사전에 예방하는 것이다.

40 급속해동이 필요한 경우에는 전자레인지로 해동하는 것이 올바른 식중독 예방법이다. 상온에서 해동할 경우 식품의 온도가 천천히 상승하면서 상온에 도달하기 때문에 식중독균의 증식 가능 온도인 50~60℃에서 장시간 노출된다.

41 황 함유 아미노산은 메티오닌과 시스테인이 대표적이다. 메티오닌은 콩, 달걀, 생선, 마늘, 육류, 양파, 요구르트 등에 많이 포함되어 있다.

42 레토르트 식품은 플라스틱 필름의 파우치에 식품을 넣어 밀봉한 후 고압가열 살균솥(Retort)에서 살균 처리한 가공 저장식품으로 통조림 가공과는 구별된다.

43 가열 조리의 방법
- 습열에 의한 조리 : 삶기, 끓이기, 찌기 등
- 건열에 의한 조리 : 굽기(구이), 석쇠구이, 볶기, 튀기기 등
- 전자레인지에 의한 조리 : 초단파 이용

44 알코올
- 사용 농도 : 70% 에탄올, 살균력이 강하다.
- 소독 : 손, 피부, 기구

45 브로일링(Broiling)은 고기, 생선 등을 직접 불에 가까이 굽는 조리법이다.

46 전분입자를 분리시키는 원인에는 설탕, 버터(지방), 냉수 등이 있다.

47 육류의 연화 효소
- 무화과 : 피신
- 파인애플 : 브로멜린
- 파파야 : 파파인
- 생강 또는 배즙 : 프로테이스

48 아스파탐은 식품첨가물로, 설탕의 180~200배 단맛을 내는 감미료이다.

49 노화는 수분 30~60%, 온도 0℃일 때 가장 잘 일어난다.

50 쿠키 제조 시 밀가루에 유지를 첨가하면 유지의 연화효과(바삭한 맛)를 낼 수 있다.

51 글레이징(Glazing)은 습열 조리방법이다.

52 튀기기를 할 때에는 식품에 따라 기름의 온도를 적절하게 조절해야 하는데, 알맞은 온도까지 올라간 후 식품을 넣고 튀겨야 맛있게 조리할 수 있다. 기름의 온도가 너무 높으면 겉은 진한 갈색이 되고 속은 익지 않으며, 반대로 온도가 낮으면 튀기는 시간이 오래 걸리고 식품에 기름이 많이 흡수되어 맛과 질감이 좋지 않게 된다.

53 ① 조개나 해산물을 이용한 육수는 요리의 향과 맛을 살리기 위함이 주된 목적이므로 센 불에 오랫동안 끓이지 않는 것이 중요하다.
② 토마토는 칼로 다지는 것보다 손으로 으깨는 것이 좋다.
④ 화이트 크림을 넣은 파스타를 완성하는 과정에서 고루 저어야 눌거나 타는 것을 방지할 수 있다.

54 머랭은 난백에 거품을 일으킨 후, 설탕을 혼합해서 만든다. 과자나 디저트 제조에 많이 이용된다.

55 분리된 마요네즈를 재생시키려면 새로운 난황에 분리된 것을 조금씩 넣으면서 한 방향으로 저어주어야 한다.

56 듀럼밀(마카로니밀, 경질)은 글루텐 함량이 높은 강력분으로 마카로니, 스파게티 등을 만드는 데 사용된다.

57 오레가노(Oregano)는 토마토와 잘 어울리는 허브 향신료로 이탈리아와 멕시코 요리에 이용되며 살균, 소독, 해독, 소화촉진, 위 보호에 좋다.

58 잉글리시 머핀(English Muffin)은 영국에서 아침 식사에 먹는 달지 않은 납작한 빵으로, 샌드위치용으로도 많이 사용한다.

59 수프 농도를 조절하는 농후제를 리에종(Liaison)이라고도 한다. 리에종은 주재료의 맛을 최대한 보존하면서 농도를 조절할 수 있는 것이 가장 이상적이다.

60 마리네이드(Marinade, 밑간)는 고기를 조리하기 전에 간을 배이게 하거나, 육류의 누린내를 제거하고 맛을 내게 하는 것이다. 육류에 마리네이드를 하면 향미와 수분을 주어 맛이 좋아지며, 마리네이드는 액체 또는 마른 재료로 할 수 있다.

◌ 모의고사 p.151

01	③	02	②	03	③	04	④	05	④	06	④	07	②	08	①	09	③	10	③
11	①	12	①	13	③	14	④	15	②	16	②	17	①	18	④	19	①	20	④
21	③	22	①	23	②	24	①	25	④	26	②	27	③	28	②	29	④	30	④
31	④	32	②	33	③	34	②	35	①	36	④	37	②	38	③	39	②	40	③
41	①	42	②	43	④	44	②	45	④	46	②	47	④	48	②	49	④	50	②
51	①	52	③	53	②	54	④	55	④	56	①	57	①	58	①	59	①	60	③

01 소화기는 습기가 적고 건조하며 서늘한 곳에 설치한다.

02 ② 사상충은 모기에 의해 감염되는 기생충이다.

03 복어의 가식 부위
- 식용 가능한 부위 : 복어살, 복어뼈, 입, 껍질, 지느러미, 고니(이리)
- 식용 불가능한 부위 : 간장, 난소, 알, 안구, 아가미, 쓸개, 비장, 신장, 심장 등

04 광절열두조충(긴촌충)
- 제1중간숙주는 물벼룩, 제2중간숙주는 송어와 연어이다.
- 소장에 붙어 기생하며, 6~20년간 생존한다.

05 표고버섯은 건조시키면 감칠맛이 강해진다. 건조 표고버섯을 물에 불릴 때 감칠맛이나 에리타데닌(Eritadenine) 성분이 물에 녹아 나오므로 표고버섯 자체를 이용하려면 단시간에 불려야 한다. 설탕을 조금 넣어두면 빨리 불릴 수 있고 감칠맛 성분도 쉽게 달아나지 않는다.

06 ① 소포제 : 식품의 제조공정 중에 발생하는 거품을 제거하기 위해 사용되는 첨가물
② 발색제 : 식품의 색을 고정하거나 선명하게 하기 위한 첨가물
③ 살균제 : 식품의 부패 원인균 또는 감염병 병원균을 사멸시키기 위하여 사용되는 첨가물

07 ① 도라지는 뿌리가 곧고 굵으며 잔뿌리가 거의 없이 매끄러워야 하며, 색깔은 하얗고 촉감이 꼬들꼬들한 것이 좋다.
③ 소고기는 썰었을 때 육면에서 수분이 많이 나올수록 맛이 없다.
④ 미나리는 줄기가 굵고 마디 사이가 길고 잎은 농녹색으로 윤기가 뛰어나며 줄기에 붉은색이 없는 것이 좋다.

08 ② 식품의 관능을 만족시키기 위한 것 : 조미료
③ 식품의 변질이나 변패를 방지하기 위한 것 : 보존료, 살균제, 산화방지제
④ 식품의 품질을 개량 또는 유지하기 위한 것 : 품질개량제, 밀가루 개량제, 호료, 유화제, 이형제, 피막제, 추출제, 용제, 습윤제

09 맥각 중독을 일으키는 것은 보리, 밀, 호밀에 기생하는 독소로 에르고톡신, 에르고타민 등이다.

10 군집독의 예방방법으로는 환기가 가장 좋다.

11 식중독에 관한 조사 보고 등(식품위생법 제86조 제1항)

다음의 어느 하나에 해당하는 자는 지체 없이 관할 특별자치시장·시장·군수·구청장에게 보고하여야 한다. 이 경우 의사나 한의사는 대통령령으로 정하는 바에 따라 식중독 환자나 식중독이 의심되는 자의 혈액 또는 배설물을 보관하는 데에 필요한 조치를 하여야 한다.
- 식중독 환자나 식중독이 의심되는 자를 진단하였거나 그 사체를 검안한 의사 또는 한의사
- 집단급식소에서 제공한 식품 등으로 인하여 식중독 환자나 식중독으로 의심되는 증세를 보이는 자를 발견한 집단급식소의 설치·운영자

12 위해식품 등의 판매 등 금지(식품위생법 제4조)

누구든지 다음 어느 하나에 해당하는 식품 등을 판매하거나 판매할 목적으로 채취·제조·수입·가공·사용·조리·저장·소분·운반 또는 진열하여서는 아니 된다.
- 썩거나 상하거나 설익어서 인체의 건강을 해칠 우려가 있는 것
- 유독·유해물질이 들어 있거나 묻어 있는 것 또는 그러할 염려가 있는 것. 다만, 식품의약품안전처장이 인체의 건강을 해칠 우려가 없다고 인정하는 것은 제외한다.
- 병을 일으키는 미생물에 오염되었거나 그 염려가 있어 인체의 건강을 해칠 우려가 있는 것
- 불결하거나 다른 물질이 섞이거나 첨가된 것 또는 그 밖의 사유로 인체의 건강을 해칠 우려가 있는 것
- 안전성 심사 대상인 농·축·수산물 등 가운데 안전성 심사를 받지 아니하였거나 안전성 심사에서 식용으로 부적합하다고 인정된 것
- 수입이 금지된 것 또는 「수입식품안전관리 특별법」에 따른 수입신고를 하지 아니하고 수입한 것
- 영업자가 아닌 자가 제조·가공·소분한 것

13 교육(식품위생법 제56조제1항)

식품의약품안전처장은 식품위생 수준 및 자질의 향상을 위하여 필요한 경우 조리사와 영양사에게 교육을 받을 것을 명할 수 있다. 다만, 집단급식소에 종사하는 조리사와 영양사는 1년마다 교육을 받아야 한다.

14 자가품질검사 의무(식품위생법 제31조제1항)

식품 등을 제조·가공하는 영업자는 총리령으로 정하는 바에 따라 제조·가공하는 식품 등이 규정에 따른 기준과 규격에 맞는지를 검사하여야 한다.

15 화학적 합성품이란 화학적 수단으로 원소 또는 화합물에 분해반응 외의 화학반응을 일으켜서 얻은 물질을 말한다(식품위생법 제2조제3호).

16 행정처분기준(식품위생법 시행규칙 [별표 23])

식중독이나 그 밖에 위생과 관련한 중대한 사고 발생에 직무상의 책임이 있는 경우
- 1차 위반 : 업무정지 1개월
- 2차 위반 : 업무정지 2개월
- 3차 위반 : 면허취소

17 연질밀은 글루텐 단백질의 함량이 10% 이하인 밀가루로 주로 제과용으로 사용되는 박력분의 원료이다. 케이크, 과자류, 튀김용 등에 사용된다.

18 COD는 화학적 산소요구량을 말하며 COD가 높을수록 오염된 물이다. 해양오염의 지표 및 공장폐수를 측정하는 데 사용된다.

19 카드뮴 중독 시 이타이이타이병이 유발되며, 주 증상으로는 폐기종, 신장장애, 단백뇨, 골연화 증 등이 있다.

20 ① 물매는 100분의 1 이상이어야 한다.
② 산이나 알칼리에 강할 뿐만 아니라 충분한 내구력을 갖추어야 한다.
③ 드라이 시스템화는 조리장의 바닥을 항상 건조한 상태로 유지하는 시스템을 말한다.

21 필수지방산
불포화지방산 중 체내에서 합성되지 못하여 식품으로 섭취해야 하는 지방산으로, 대두유, 옥수수유, 땅콩(햇땅콩) 등 식물성 기름, 콩기름에 많이 함유되어 있다.

22 ② 쇼트닝 : 제과·제빵 등의 식품가공용 원료로 사용되는 반고체 상태의 가소성 유지제품
③ 젤라틴 : 동물의 가죽·힘줄·연골 등의 천연 단백질인 콜라겐에서 얻는 유도 단백질
④ 헤드치즈 : 돼지머리를 사용하여 만든 젤리 모양으로 압축시킨 고기

23 당질의 감미도 : 과당 > 전화당 > 서당(설탕) > 포도당 > 맥아당 > 갈락토스 > 유당

24 난백의 기포는 묵은 달걀일수록, 난백이 응고하지 않을 정도의 온도에서 거품이 잘 난다. 기름을 넣고 저으면 거품이 나는 것을 현저히 저하시키며 소량의 소금, 산의 첨가는 기포현상을 돕는다. 거품을 완전히 낸 후 마지막 단계에서 설탕을 넣어 주면 거품이 안정된다.

25 질소계수 = 100/질소 함량 = 100/14 ≒ 7.14

26 탄수화물, 지방, 단백질은 열량(칼로리)을 발생시키는 에너지원과 신체조직의 구성물로 사용된다. 무기질, 비타민, 물은 에너지원으로 쓰이지 않고 신진대사를 도와주며 조직의 구성물로 사용된다.

27 출고계수 $= \dfrac{100}{100 - 폐기율}$

28 생선의 판정
• 색이 선명하고 껍질에 광택이 있는지를 살펴본다.
• 비늘이 고르게 밀착되어 있는지를 살펴본다.
• 살이 단단하고 탄력성이 있는지를 살펴본다.
• 눈은 투명하고 튀어나온 것이 신선하며 아가미의 색은 선홍색인지 살펴본다.
• 신선한 것은 물에 가라앉고, 부패된 것은 물 위로 떠오르는 특성을 알고 생선의 선도를 살펴본다.

29 어패류의 선도평가에 적절한 지표성분은 트라이메틸아민으로, 저장시간이 길수록 함량이 증가한다.

30 식혜는 겉보리의 싹을 틔워 말린 엿기름(맥아)을 우린 물에 밥을 삭혀서 만든 발효 음식이다.

31 • 가당연유 : 우유에 설탕을 가해 1/3로 농축시킨 것
• 무당연유 : 우유를 1/3로 농축시킨 것
• 전지분유 : 우유의 수분을 제거하여 분말화시킨 것

32　매운맛
- 생리적인 통각으로 식욕 증진과 살균·살충작용을 돕는다.
- 대표적인 매운맛 : 알리신(마늘), 캡사이신(고추), 시니그린(겨자), 시나몬알데하이드(계피), 진저롤·쇼가올(생강) 등

33　③ 아이오딘 : 결핍 시 갑상선종, 크레틴병이 발생한다.
① 인 : 결핍 시 골격과 치아의 발육 불량 등이 나타난다.
② 칼슘 : 결핍 시 골다공증, 골격과 치아의 발육 불량 등이 나타난다.
④ 마그네슘 : 결핍 시 근육경련, 얼굴경련, 수면 질 저하 등이 나타난다.

34
- 수용성 비타민 : 비타민 B_1(티아민), 비타민 B_2(리보플라빈), 비타민 B_6(피리독신), 비타민 C(아스코브산)
- 지용성 비타민 : 비타민 A(레티놀), 비타민 D(칼시페롤), 비타민 E(토코페롤), 비타민 K_1(필로퀴논)

35　버터, 마가린, 쇼트닝 같은 지방제품은 온도에 따라 변화가 일어나므로 냉장보다는 실온일 때 계량도구에 담아 직선으로 된 칼이나 스패츌러로 깎아 계량한다.

36　아일랜드형 작업대는 개수대와 가열대(보통 인덕션), 후드, 홈바의 역할을 모두 소화한다. 조리대 배치형태 중 환풍기와 후드의 수를 최소화할 수 있다.

37
- 미생물에 의한 변질 : 곰팡이, 효모, 세균 등
- 물리적 작용에 의한 변질 : 광선, 온도, 수분, 금속, 열 등
- 화학적 작용에 의한 변질 : 갈변현상, 사후경직 등

38　연 유
- 유당연유 : 우유를 3분의 1로 농축한 후 설탕 또는 포도당을 40~45% 첨가한 유제품으로 설탕의 방부력을 이용해 따로 살균하지 않고 저장할 수 있다.
- 무당연유 : 전유 중의 수분 60%를 제거하고 농축한 것이다. → 방부력이 없으므로 통조림하여 살균하여야 하고, 뚜껑을 열었을 때는 신속히 사용하거나 냉장을 해야 한다.

39　치즈는 우유의 유단백질인 카세인에 칼슘이온과 결합시킨 응고물과 염분을 가해 숙성시킨 것이다.

40　과일류의 보관
바구니 등을 이용하여 과일류는 따로 보관하는 것이 좋다. 사과같이 색이 잘 변하는 과일은 껍질을 벗기거나 남은 경우 레몬을 설탕물에 담가 갈변을 방지한다. 바나나는 상온에 보관하고 수박이나 멜론 등은 랩을 사용하여 표면이 마르지 않도록 하며, 딸기 등은 쉽게 뭉그러지고 상하기 쉬우므로 눌리지 않게 보관한다.

41　토마토 페이스트는 토마토 퓌레를 농축하여 만든 것으로 주로 샌드위치나 카나페 등에 바르거나 소스로 사용한다.

42　청과물 저장법 : 상온저장, 저온저장, ICF저장, 냉동저장, 가스저장 및 플라스틱 필름저장, 피막제의 이용, 방사선저장, 건조저장, 절임저장

43　달걀의 조리 특성
- 열응고성 : 달걀찜, 커스터드, 푸딩 등
- 유화성 : 마요네즈, 아이스크림 등
- 기포성 : 스펀지케이크, 엔젤케이크 등

44　튀김기름의 점도가 높을수록, 즉 여러 번 사용한 기름일수록 기름의 흡수가 많아진다.

45 노화는 수분 30~60%, 온도 0℃일 때 가장 잘 일어난다.

46 냉동저장 시에는 갈변현상, 단백질 용해도 감소, pH 변화 그리고 영양소의 손실 등이 일어날 수 있으므로 관리에 세심한 주의가 요구된다.

47 재해의 4가지 기본 원인(4M)은 인간(Man), 기계(Machine), 매체(Media), 관리(Management)이다.

48 교차오염을 방지하려면 상온창고의 바닥은 항상 건조 상태를 유지하는 것이 좋다.

49 기름을 일정한 온도 이상으로 가열하면 기름에 함유된 지방이 분해되어 표면에서 연기가 나기 시작하는데, 이때의 온도를 발연점이라고 한다.

50 문어나 오징어 먹물의 주성분은 검은색의 멜라닌 색소이다.

51 ② 탄성 : 외부의 힘에 의한 변형으로부터 본래의 상태로 되돌아가려는 성질
③ 가소성 : 원래의 상태로 돌아가지 않는 성질
④ 기포성 : 액체(분산매)에 공기와 같은 기체가 (분산질) 분산된 것

52 이스트는 당분을 발효시키고 탄산가스를 발생시켜 빵을 부풀리는 작용을 한다.

53 플라보노이드(Flavonoid) 색소는 콩, 밀, 쌀, 감자 등의 색소로, 약산성에서는 무색이지만 알칼리에서는 황색을 나타낸다.

54 젤리화의 3요소 : 펙틴, 유기산, 당분(60~65%)

55 보존 인스턴트 식품의 제조 시에 냉동건조법을 사용하면 원래의 식품의 원형이나 향, 맛 등을 보존할 수 있다.

56 ② 카빙 칼(Carving Knife) : 햄이나 두꺼운 육류를 얇게 썰기 위한 칼
③ 차이나 캡(China Cap) : 야채나 수프를 거를 때 사용
④ 콜랜더(Colander) : 야채 등의 물기를 거를 때 사용

57 드레싱은 샐러드의 향과 풍미를 충분하게 제공하며, 상큼한 맛으로 식욕을 촉진시킨다.

58 수프의 구성요소로 육수, 농후제, 곁들임(Gar-nish), 허브 및 향신료 등이 있다. 야채, 향신료, 뼈, 물은 스톡을 끓이는 데 필요한 구성요소이다.

59 로메인 상추(Romaine Lettuce) : 로마시대 때 로마인이 즐겨 먹던 상추라고 하여 붙여진 이름이다. 성질이 차고 쌉쌀한 맛이 있다.

60 숫돌에 칼날을 연마할 때에는 칼날의 전체를 갈아야 한다.

↻ 모의고사 p.163

01	④	02	①	03	①	04	③	05	②	06	①	07	③	08	③	09	③	10	③
11	②	12	④	13	①	14	①	15	①	16	④	17	④	18	②	19	①	20	②
21	②	22	③	23	①	24	③	25	②	26	④	27	①	28	②	29	④	30	②
31	③	32	④	33	④	34	②	35	③	36	①	37	③	38	②	39	①	40	②
41	③	42	③	43	②	44	③	45	①	46	①	47	②	48	①	49	④	50	②
51	①	52	②	53	②	54	②	55	③	56	①	57	①	58	④	59	②	60	②

01 **우유의 가열살균법**
- 저온살균법 : 62~65℃에서 30분간 가열처리하는 방법
- 고온단시간살균법 : 72~75℃에서 15~20초간 가열처리하는 방법
- 초고온살균법 : 130~150℃에서 1~2초간 가열처리하는 방법

02 **영양강화제**
식품의 영양을 강화하기 위한 식품첨가물로, 비타민류와 아미노산류, 무기염류(칼슘·철분)가 첨가되며, 그 종류로는 구연산철·구연산칼슘 등이 있다.

03 **식품첨가물의 분류**
- 식품의 변질·변패를 방지하는 첨가물 : 보존료, 살균제, 산화방지제, 피막제
- 식품의 기호성과 관능 만족에 사용되는 첨가물 : 조미료, 산미료, 감미료, 착색료, 착향료, 발색제, 표백제
- 식품의 품질 개량·유지에 사용되는 첨가물 : 밀가루 개량제, 품질개량제, 호료, 유화제, 이형제, 용제
- 식품의 영양 강화를 위해 사용되는 첨가물 : 영양강화제

- 식품 제조에 필요한 첨가물 : 팽창제, 소포제, 추출제, 껌 기초제

04 공중보건학이란 조직화된 지역사회의 공동노력을 통하여 질병 예방과 생명 연장 그리고 신체적 및 정신적 효율을 증진시키는 기술이며 과학이다.

05 수분활성도의 값은 1 미만으로 곰팡이 0.80, 효모 0.88, 세균 0.91 정도이다.

06 자외선은 일광(자외선, 가시광선, 적외선) 중 파장이 가장 짧으며 2,600~2,800Å의 파장에서 강한 살균작용을 한다. 적당한 자외선은 성장과 신진대사, 적혈구 생성을 촉진시키고 비타민 D를 형성한다.

07 ③ 이타이이타이병 : 일본에서 발생한 이타이이타이병은 카드뮴 오염에 의한 것으로, 뼈의 주성분인 칼슘대사에 장애를 가져와 뼈를 연화시킨다.
② 잠함병 : 이상 고압 환경에서의 작업으로 질소 성분이 체외로 배출되지 않고 체내에 용해되어 있다가 감압 시 질소기포를 형성, 신체 각 부위에 공기 전색증을 일으킨다.

08 나이트로사민은 발색제인 아질산염과 아민류가 반응하여 생성되는 물질로 발암성을 갖는다.

09 아플라톡신은 열에 안정하기 때문에 가열조리를 한 후에도 그대로 남아 있을 수 있다. 수분 16% 이상, 상대습도 80~85% 이상, 온도 25~30℃인 환경에서 잘 생성된다.

10 식품위생감시원의 직무(식품위생법 시행령 제17조)
- 식품 등의 위생적인 취급에 관한 기준의 이행 지도
- 수입·판매 또는 사용 등이 금지된 식품 등의 취급 여부에 관한 단속
- 「식품 등의 표시·광고에 관한 법률」에 따른 표시 또는 광고기준의 위반 여부에 관한 단속
- 출입·검사 및 검사에 필요한 식품 등의 수거
- 시설기준의 적합 여부의 확인·검사
- 영업자 및 종업원의 건강진단 및 위생교육의 이행 여부의 확인·지도
- 조리사 및 영양사의 법령 준수사항 이행 여부의 확인·지도
- 행정처분의 이행 여부 확인
- 식품 등의 압류·폐기 등
- 영업소의 폐쇄를 위한 간판 제거 등의 조치
- 그 밖에 영업자의 법령 이행 여부에 관한 확인·지도

11 교육시간(식품위생법 시행규칙 제52조제2항)
- 식품제조·가공업, 식품첨가물제조업, 공유주방 운영업을 하려는 자 : 8시간
- 식품운반업, 식품소분·판매업, 식품보존업, 용기·포장류제조업을 하려는 자 : 4시간
- 즉석판매제조·가공업 및 식품접객업을 하려는 자 : 6시간
- 집단급식소를 설치·운영하려는 자 : 6시간

12 식품위생이란 식품, 식품첨가물, 기구 또는 용기·포장을 대상으로 하는 음식에 관한 위생을 말한다(식품위생법 제2조제11호).

13 행정처분기준(식품위생법 시행규칙 [별표 23])
업무정지기간 중에 조리사의 업무를 한 경우
- 1차 위반 : 면허취소

14 ② 불포화지방산을 많이 함유하고 있는 지방은 아이오딘값이 높다.
③ 일반적으로 어류의 지방은 불포화지방산의 함량이 커서 상온에서 액체상태로 존재한다.
④ 복합지질은 친수기와 친유기가 있어 지방을 유화시키려는 성질이 있다.

15 노폐물을 체외로 배출하고 체온을 조절하는 것은 물이다.
5대 영양소 : 탄수화물, 단백질, 지방, 비타민, 무기질

16 당류를 고온(160~180℃)으로 가열하면 설탕은 캐러멜화하여 갈색으로 변한다.

17 수분활성도란 임의의 온도에 있어서 용액의 수증기압(P)에 대한 그 온도에 있어서의 순수한 물의 수증기압(P_0)의 비로 정의된다(Aw = P / P_0 = 식품의 수증기압 / 순수한 물의 수증기압).

18 마늘의 매운맛은 알리신으로, 가열하면 휘발하여 매운맛이 약해진다.

19 **필수지방산의 종류** : 리놀레산, 리놀렌산, 아라키돈산

20 고등어는 눈이 툭 튀어나오면서 밝고 투명해야 하며, 고등어 특유의 냄새(트라이메틸아민)가 나야 한다. 그러나 비린내가 강한 것은 신선하지 못한 것이다.

21 급식재료비는 조리 완제품, 반제품, 급식 원재료 또는 조미료 등 급식에 소요된 모든 재료에 대한 비용을 말한다. 조리제 식품비는 급식재료의 구입에 소비된 비용이다.

22 선입선출법은 먼저 구입한 재료를 먼저 소비한다는 전제 아래 재료의 소비가격을 산출하는 방식이다. 따라서 기말재고로 남는 것은 가장 나중에 구입한 것이다.
즉 재고량 20캔은 2월 18일에 구입한 5개와 2월 23일에 구입한 15개이다.
5개 × 1,200원 = 6,000원(2월 18일)
15개 × 1,300원 = 19,500원(2월 23일)
∴ 6,000원 + 19,500원 = 25,500원

23 믹서(Mixer) : 과실, 곡물, 채소 등의 재료를 갈거나 이겨 가루 또는 즙을 내는 기구

24 비타민 A(Retinol, 레티놀)
 • 생리작용 : 상피세포를 보호하고 눈의 작용을 좋게 한다.
 • 특징 : 식물성 식품에는 카로틴이라는 물질이 포함되어 있어서 동물의 몸에 들어오면 비타민 A로서의 효력을 갖는다.
 • 결핍증 : 야맹증, 안구건조증 등
 • 급원식품 : 간, 난황, 버터, 시금치, 당근 등

25 딸기에 있는 유기산은 구연산이다.

26 출고계수는 100 / (100 − 폐기율)이므로
100 / (100 − 30) ≒ 1.43이다.

27 ② 아민류가 많이 생성된다.
③ 어육이 약알칼리성이다.
④ 생선의 근육과 뼈가 밀착되어 있으면 신선한 것이고, 신선도가 떨어지면 그렇지 않다.

28 대장균의 존재 여부는 분변에 의한 오염 유무의 지표가 되며, 수질검사 등에 종종 응용되는 수단으로 위생학상 중요하다.

29 건강한 사람의 가청음역은 20~20,000Hz이며, 직업성 난청을 조기에 발견할 수 있는 주파수는 약 4,000Hz이다.
난청의 원인
 • 소음의 특성
 • 음압(dB)의 수준
 • 개인의 감수성
 • 노출시간의 분포

30 ② 산화제는 갈변반응을 촉진한다.
효소적 갈변 억제법
 • 산소 및 기질 제거(pH나 온도조건 조절)
 • 효소의 불활성화(열처리 등)
 • 아황산염, 아황산가스 이용
 • 철분이나 구리 등 금속이온의 제거

31 ① 원형 접시 : 기본적인 접시로 완전함, 부드럽고 친밀감으로 인해 진부한 느낌을 받을 수 있다. 테두리나 무늬의 색상에 따라 다양함을 연출할 수 있다.
② 삼각형 접시 : 날카롭고 빠른 이미지를 가지고 있으며, 코믹한 분위기의 요리에 사용하기도 한다.
④ 타원형 접시 : 타원형 접시는 여성적인 기품과 우아함, 원만한 느낌을 준다.

32 스톡을 조리할 때 소금은 사용하지 않는다. 스톡은 용도가 매우 다양하고 때에 따라서는 소량이 될 때까지 졸여서 사용해야 하므로 소금기가 남아 있으면 짠맛이 심하게 날 수 있다.

33 밀가루의 단백질과 혼합되어 글루텐을 형성하는 물은 굽기과정 중 전분의 호화를 도와주며, 반죽의 되기를 조절하고 온도조절의 역할도 한다.

34 신선도가 떨어지면 흰자의 점성이 감소한다.

35 후드의 역할 : 환기, 탈취, 먼지 제거 등

36 조리장은 통풍, 채광 및 급배수가 용이하고 소음, 악취, 가스, 공해가 없는 곳에 위치해야 한다.

37 열응고성 : 단백질이 열에 의해 굳는 성질로 가열 속도, 온도, 재료배합에 따라 응고 상태가 바뀐다. 설탕은 응고온도를 높여 준다.

38 ② 육류가 도살되면 글리코겐이 혐기적 상태에서 젖산을 생성하여 pH가 저하된다.
③ 사후경직 시기에는 보수성이 저하되고 육즙이 많이 유출된다.
④ 사후경직은 근섬유가 액토마이오신을 형성하여 근육이 수축되는 상태이다.

39 양갱은 붉은 팥을 삶아 앙금을 낸 다음 설탕과 한천을 넣고 조려서 굳힌 것이다.

40 밀가루 반죽에 지방을 넣으면 글루텐 표면을 둘러싸서 음식이 부드럽고 연해지는데, 이를 연화(쇼트닝화)라고 한다.

41 냉동건조 : 식품을 동결시킨 다음 승화에 의해 수분을 제거하는 방법

42 흰색 채소를 데칠 때 식초나 밀가루를 조금씩 넣으면 색이 하얗게 유지될 수 있다.

43 ① 열을 가하여 튀김을 한 기름은 산패가 진행된다. 우선 산소 차단이 중요하기 때문에 넓은 팬보다는 밀폐된 곳에 보관한다.
③ 이물질을 거른 다음 광선의 접촉을 피해 보관한다.
④ 철제 팬에 튀긴 기름은 다른 그릇에 옮겨서 보관한다.

44 설탕은 빵에 단맛을 줄 뿐 아니라 효모의 영양원이 되어 발효를 돕고, 빛깔과 향기를 좋게 하는 작용을 한다. 또한 설탕은 전분의 노화와 단백질의 변성을 지연시키므로 빵의 텍스처(Texture)를 부드럽고 연하게 한다.

45 어묵은 생선의 살을 으깨어 소금 등을 넣고 반죽하여 응고시킨 식품으로 단백질 마이오신이 소금에 녹는 성질을 이용한다.

46 타닌(Tannin)은 주로 식물의 잎이나 줄기, 뿌리, 열매 등에 널리 분포되어 있다. 특히 감이나 밤, 녹차, 덜 익은 과일류에 많이 함유되어 있어 수렴성이 강하고 떫은맛이 난다.

47 식품원가율 $= \dfrac{\text{식품단가}}{\text{식단가격}} \times 100$ 이므로,

식단가격 $= \dfrac{\text{식품단가}}{\text{식품원가율}} \times 100$

$= \dfrac{1,000}{40} \times 100 = 2,500$원

48 안토사이아닌 색소
꽃, 채소(가지), 과일(사과, 딸기, 포도) 등의 색소로 산성에서는 선명한 적색, 중성에서는 보라색(자색), 알칼리에서는 청색으로 변색된다.

49 노화 억제방법
- 호화한 전분을 80℃ 이상에서 급속히 건조시키거나 0℃ 이하에서 급속 냉동하여 수분 함량을 15% 이하로 한다.
- 설탕이나 유화제를 첨가한다.
- 무기염류는 노화를 억제한다(황산염 제외).

50 무에 풍부하게 들어 있는 디아스타제는 소화를 촉진하고 해독작용이 뛰어나 밀가루 음식과 먹으면 좋다. 리그닌이라는 식물성 섬유는 변비를 개선하며 장 내의 노폐물을 청소해 주기 때문에 혈액이 깨끗해져 세포에 탄력을 준다.

51 승홍은 금속부식성이 강하여 비금속기구 소독에 이용하며, 온도 상승에 따라 살균력도 비례하여 증가한다. 승홍수는 0.1%의 수용액을 사용한다.

52 사람은 음식물에서 비타민 D를 섭취할 뿐만 아니라 체내에서 프로비타민 D가 자외선에 의해 비타민 D로 전환되기도 한다.

53 조미 순서는 설탕 → 소금 → 식초이다.

54 필수아미노산의 종류
- 성인(9가지) : 페닐알라닌, 트립토판, 발린, 류신, 아이소류신, 메티오닌, 트레오닌, 라이신, 히스티딘
  ※ 8가지로 보는 경우 히스티딘은 제외된다.
- 영아(10가지) : 성인 9가지 + 아르기닌

55 크림은 우유를 장시간 방치하여 생긴 황백색의 지방층을 거두어 만든 것으로, 지방 함량에 따라 커피크림(지방분 18%)과 휘핑크림(지방분 36% 이상)으로 구분한다.

56 수비드(Sous Vide) : 완전 밀폐와 가열 처리가 가능한 위생 플라스틱 비닐 속에 재료와 조미료나 양념을 넣은 상태로 진공 포장한 후 일반적인 조리 온도보다 상대적으로 낮은 온도(55~65℃)에서 장시간 조리하여 맛과 향, 수분, 질감, 영양소를 보존하며 조리하는 방법이다.

57 비스크 수프 : 바닷가재나 새우 등의 갑각류 껍질을 으깨어 채소와 함께 완전히 우러나올 수 있도록 끓이는 수프이다. 마무리로 크림을 넣어 주는데, 재료를 너무 많이 첨가하여 맛이 변화하지 않게 주의해야 한다.

58 크루아상(Croissant)은 버터를 켜켜이 넣어 만든 페이스트리 반죽을 초승달 모양으로 만든 프랑스의 대표적인 페이스트리이다.

59 오트밀(Oatmeal)은 귀리를 볶은 다음 거칠게 부수거나 납작하게 누른 식품으로 육수나 우유를 넣고 죽처럼 조리해서 먹는다.

60 복합 샐러드 조리 시 주의사항
- 식재료 간 궁합이 잘 맞아야 한다.
- 반복되는 맛과 색은 지양한다.
- 식재료 간 맛의 상승작용을 고려해서 만든다.
- 접시에 플레이팅할 때는 음식의 질감과 색감을 잘 맞혀서 배열한다.

↻ 모의고사 p.175

01	④	02	④	03	③	04	②	05	②	06	③	07	④	08	③	09	②	10	①
11	④	12	④	13	③	14	②	15	①	16	④	17	②	18	④	19	③	20	③
21	①	22	②	23	③	24	④	25	③	26	④	27	①	28	②	29	③	30	②
31	②	32	②	33	④	34	④	35	①	36	②	37	②	38	④	39	①	40	④
41	②	42	②	43	①	44	①	45	③	46	②	47	②	48	②	49	①	50	②
51	③	52	①	53	②	54	④	55	①	56	③	57	①	58	②	59	④	60	③

01
① 무스카린 : 독버섯
② 고시폴 : 목화씨
③ 시큐톡신 : 독미나리

02
웰치균 : 열에 강해서 아포는 100℃에서 4시간 가열하여도 살아남는다. 공기가 있으면 발육할 수 없는 혐기성균이며, 여러 사람의 식사를 함께 조리하는 집단급식소에서 잘 발생한다.

03
소포제는 식품의 제조 공정에서 생기는 거품이 품질이나 작업에 지장을 주는 경우에 거품을 소멸 또는 억제시키기 위해 사용되는 첨가물이다.

04
생강의 진저롤은 매운맛 성분의 향신료로 쓰인다.

05
채소류의 구분
• 엽채류 : 잎 부분을 식용으로 하는 채소(배추, 시금치 등)
• 근채류 : 뿌리 부분을 식용으로 하는 채소(비트, 우엉, 연근, 당근, 무 등)
• 과채류 : 열매를 식용으로 하는 채소(토마토, 가지, 호박 등)
• 경채류 : 줄기를 식용으로 하는 채소(아스파라거스, 죽순 등)

06
행정처분기준(식품위생법 시행규칙 [별표 23])
면허를 타인에게 대여하여 사용하게 한 경우
• 1차 위반 : 업무정지 2개월
• 2차 위반 : 업무정지 3개월
• 3차 위반 : 면허취소

07
식품 등의 위생적인 취급에 관한 기준(식품위생법 시행규칙 [별표 1])
식품 등의 제조·가공·조리에 직접 사용되는 기계·기구 및 음식기는 사용 후에 세척·살균하는 등 항상 청결하게 유지·관리하여야 하며, 어류·육류·채소류를 취급하는 칼·도마는 각각 구분하여 사용하여야 한다.

08
원산지 표시대상별 표시방법(농수산물의 원산지 표시 등에 관한 법률 시행규칙 [별표 4])
축산물의 원산지 표시방법 : 쇠고기는 국내산(국산)의 경우 '국산'이나 '국내산'으로 표시하고 식육의 종류를 한우, 젖소, 육우로 구분하여 표시한다. 다만, 수입한 소를 국내에서 6개월 이상 사육한 후 국내산(국산)으로 유통하는 경우에는 '국산'이나 '국내산'으로 표시하되, 괄호 안에 식육의 종류 및 출생국가명을 함께 표시한다.

09 ①은 제4급 감염병, ③·④는 제2급 감염병이다.

10 위생교육의 내용, 교육비 및 교육 실시기관 등에 관하여 필요한 사항은 총리령으로 정한다(식품위생법 제41조제8항).
② 식품위생법 제41조제4항
③ 식품위생법 제41조제1항
④ 식품위생법 제41조제2항

11 효소적 갈변은 과실과 채소류 등을 파쇄하거나 껍질을 벗길 때 일어나는 현상이다. 과실과 채소류의 상처받은 조직이 공기 중에 노출되면 페놀 화합물이 갈색색소인 멜라닌으로 전환하기 때문이다. 홍차, 녹차 등은 카테킨(Catechin)이라는 효소에 의해 갈변현상을 일으켜 검은색을 띤다.

12 조리식품의 경우 5℃ 이하의 저온에 보관하여 포도상구균의 증식을 억제하여야 한다.

13 비타민 B_2 결핍 시 구순염, 구각염, 설염, 안질 등이 나타나며, 비타민 B_{12} 결핍 시 악성빈혈 등이 나타난다.

14 키틴은 무미, 무취의 천연 고분자 다당류로 물에 녹지 않고 반응성이 약하다. 절지동물의 딱딱한 표피나 껍데기의 골격을 만들 뿐만 아니라 곰팡이 세포벽의 중요한 구성요소이다.

15 녹색 채소의 클로로필은 산에 의해 갈변하므로 변색을 억제하기 위해서는 물이 끓을 때 녹색 채소를 넣고 뚜껑을 열어 휘발성 산을 신속히 증발시키고 고온에서 단시간 동안 가열하는 것이 좋다.

16 전분은 물에 녹지 않고 비중이 1.62~1.65로 물보다 무거우므로, 전분가루를 물에 풀어두면 금방 가라앉는다.

17 생선을 프라이팬이나 석쇠로 조리할 때 붙는 현상을 열응착성이라고 하며, 약 50℃에서부터 일어나서 온도가 높아질수록 강해진다.

18 안구가 돌출되어 있고, 아가미가 선홍색이며, 악취가 없는 생선이 신선한 것이다.

19 셀룰로스에서 수화된 젤인 펙틴은 갈락토스의 산화물인 갈락투론산이 주성분인 다당류이다. 또, 혈관에 쌓이는 콜레스테롤을 없애 혈관과 혈액을 깨끗하게 유지시키기 때문에 혈압과 혈관계 질환을 막는다.

20 ① 유지의 불포화도가 높을수록 산패가 활발하게 일어난다.
② 광선 및 자외선에 가까운 파장의 광선은 유지의 산패를 강하게 촉진시킨다.
④ 저장 온도를 아무리 낮추어도 산패를 완전히 차단할 수는 없다.

21 안토사이아닌은 산성에서는 붉은색, 중성에서는 보라색, 알칼리성에서는 푸른색을 나타낸다.

22 가루(밀가루, 백설탕 등)는 누르거나 흔들지 말고 수북하게 담아 윗부분을 수평으로 깎아 계량한다.

23 물은 체조직 구성요소로서, 보통 성인 체중의 3분의 2를 차지하고 있다.

24 나중에 구입한 재료를 먼저 사용하는 방법은 후입선출법(Last-In, First-Out)이다.

25 2,700kcal의 24%는 648kcal이다. 지방은 1g당 9kcal를 내므로 648kcal를 내기 위해서는 지방 72g이 필요하다.

26 식품의 동결 중에는 변색, 단백질의 변성, 지방의 산화, 비타민의 손실, 건조에 따른 감량, 드립(Drip) 등이 일어나 품질이 저하된다.

27 검정콩은 단백질 함유량이 높은 식품이기 때문에 쌀에 검정콩을 섞어 섭취하면 단백질을 보충할 수 있다.

28 시금치를 저온에서 오래 삶으면 비타민 C의 손실이 많다.

29 **녹변현상** : 달걀을 오래(12~15분 이상) 삶으면 난백과 난황 사이에 검푸른색이 생긴다. 이는 난백의 황화수소가 난황의 철분과 결합하여 황화제일철을 만들기 때문이다. 녹변현상을 방지하기 위해서는 너무 오래 삶지 말아야 하고, 삶은 후 바로 찬물에 담근다.

30 ② 쑥은 소금물에 데친다.

31 ② 큐브(Cube) : 사방 2cm 크기의 정육면체 모양으로 써는 방법
③ 스몰 다이스(Small Dice) : 사방 0.6cm 크기의 정육면체 모양으로 써는 방법
④ 슬라이스(Slice) : 한식 조리의 편 썰기와 같은 형태

32 카나페(Canape)는 빵을 얇게 썰어서 여러 가지 모양으로 잘라 구워서 사용한다. 빵 위에 버터를 바르고 그 위에 여러 가지 재료를 올려 만들며, 빵 대신 크래커(Cracker)를 사용하기도 한다.

33 ④는 품질유지기한이다.
소비기한이라 함은 식품 등에 표시된 보관방법을 준수할 경우 섭취하여도 안전에 이상이 없는 기한을 말한다(소비기한 영문명 및 약자 예시 : Use by date, Expiration date, EXP, E).

34 소독은 병원체만을 죽이는 것이고, 살균은 모든 미생물, 즉 병원균과 비병원체를 죽이는 것이다.

35 카로틴은 녹황색 채소에 많이 함유되어 있고, 체내에 흡수되면 비타민 A로 작용한다.

36 건강진단 대상자(식품위생법 시행규칙 제49조 제1항)
건강진단을 받아야 하는 사람은 식품 또는 식품첨가물(화학적 합성품 또는 기구 등의 살균·소독제는 제외)을 채취·제조·가공·조리·저장·운반 또는 판매하는 일에 직접 종사하는 영업자 및 종업원으로 한다. 다만, 완전 포장된 식품 또는 식품첨가물을 운반하거나 판매하는 일에 종사하는 사람은 제외한다.

37 ①은 병실, ②는 음료수, ③은 화장실 및 하수구 소독에 사용된다.

38 생균수 10^7~10^8일 때 초기부패로 판정한다.

39 과일의 저장온도는 사과 -1~$0°C$, 바나나 13.5~$22°C$, 수박 10~$15°C$, 복숭아 0~$5°C$이다.

40 ② 반건성유 : 아이오딘값이 100~130인 것으로, 참기름, 채종유, 면실유, 콩기름 등이 해당한다.
① 건성유 : 아이오딘값이 130 이상인 것으로, 아마인유, 호두기름, 들기름 등이 해당한다.
③ 불건성유 : 아이오딘값이 100 이하인 것으로, 동백기름, 올리브유, 피마자유, 땅콩기름 등이 해당한다.
④ 경화유 : 액상기름에 수소를 첨가하여 만드는 백색 고형의 인조지방으로, 마가린, 쇼트닝 등이 해당한다.

41 생선을 조릴 때 비린내를 제거하기 위해 생강, 술, 후추, 파, 마늘 등의 양념을 사용하는데, 특히 생강과 술이 탈취효과가 높다. 생강은 끓고 난 후 나중에 넣는 것이 효과적이다.

42 컨벡션 오븐은 대류열을 이용하므로 열전달 방식의 오븐에 비해 음식이 골고루 잘 익지만 식품이 건조해지는 현상이 발생할 수 있다.

43 머랭은 흰자에 거품을 일으킨 후, 설탕을 혼합해서 만든다. 설탕은 흰자의 거품 생성을 방해하므로 충분히 거품이 생겼을 때 넣어야 한다.

44 채끝은 등심과 이어지는 부위의 안심을 에워싸고 있으며, 육질이 연하고 지방이 적당히 섞여 있는 것이 특징이다. 스테이크, 로스구이, 샤브샤브, 불고기 등에 쓰인다.

45 페놀화합물을 함유하고 있는 식물계 식품은 산소와 결합하여 폴리페놀 옥시데이스(Polyphe-nol Oxidase)로 변하고, 이에 의해 갈색 색소인 멜라닌으로 전환되어 변색된다.

46 육류 및 어패류, 채소류는 매일매일 구입하고, 건물류와 조미료 등 장기간 보관이 가능한 식품은 자주 구매하지 않아도 된다.

47 전분에 물을 가하지 않고 160~180℃ 이상으로 가열하면 가용성 전분을 거쳐 다양한 길이의 덱스트린이 되는데, 이러한 변화를 호정화라고 한다. 그 예로 쌀이나 옥수수를 튀겨 뻥튀기를 만들 때, 쌀 등 곡류를 볶아 미숫가루를 만들 때 등이 있다.

48 천연 산화방지제(항산화제)
비타민 E(토코페롤), 세사몰, 비타민 C(아스코브산), 케르세틴, 고시폴 등

49 음식재료를 전처리할 때는 일반적으로 염소 농도를 50~100ppm로 하여 살균작용을 통해 미생물 사멸과 제품의 갈변을 억제한다.

50 CA(Controlled Atmosphere) 냉장은 냉장실의 온도와 공기조성을 함께 제어하여 냉장하는 방법으로, 사과 등의 청과물 저장에 많이 사용된다. 냉장실 내 공기 중의 CO_2 분압을 높이고, O_2 분압을 낮춤으로써 호흡을 억제하는 방법이 사용된다.

51 • 재료 소비량의 계산 : 계속기록법, 재고조사법, 역계산법
• 재료 소비가격의 계산 : 개별법, 선입선출법, 후입선출법, 단순평균법, 이동평균법

52 다시마는 감칠맛을 내는 물질인 글루탐산나트륨, 알긴산, 만니톨 등을 다량 함유하고 있어 맛을 돋워 준다. 물에 담가 두거나 끓여서 맛있는 국물로 우려내어 국이나 전골 등의 국물로 사용한다.

53 아이소싸이오사이아네이트(Isothiocyanate)는 겨자, 고추냉이, 순무 등에 많이 포함되어 있으며, 항암·항균·살충작용 등을 한다.

54 젤라틴은 입안에서 쉽게 녹고 매끄러운 탄력이 있는 응고제로 젤리, 무스, 족편 등을 만든다.
① 양갱 : 한천
② 도토리묵 : 전분
③ 과일잼 : 펙틴

55 미르포아는 스톡에 향과 향기를 강화하기 위한 양파, 당근과 셀러리의 혼합물이다. 보통 양파 50%, 당근 25%, 셀러리 25%의 비율로 사용한다.

56 스프레드의 역할
- 빵이 눅눅해지는 것을 방지하는 코팅제 역할
- 재료들이 흩어지지 않게 하는 접착제 역할
- 샌드위치에 사용한 스프레드에 따라 개성 있는 맛을 냄
- 빵과 속재료, 가니시의 맛이 잘 어울리게 함

57 ② 스크램블 에그(Scrambled Egg) : 달걀을 깨서 팬에 버터나 식용유를 두르고 넣어 빠르게 휘저어 만든 달걀 요리이다.
③ 오믈렛(Omelet) : 달걀을 깨서 스크램블 에그로 만들다 프라이팬을 이용하여 럭비공 모양으로 만든 달걀 요리이다.
④ 서니 사이드 업(Sunny Side Up) : 달걀의 한쪽 면만 익힌 것을 의미하는데, 달걀노른자 위가 마치 떠오르는 태양과 같다고 해서 붙여진 이름이다.

58 ① 화이트 스톡(White Stock)과 브라운 스톡(Brown Stock)의 가장 큰 차이점은 조리과정 중에 뼈를 오븐에 넣어 갈색으로 구워 사용했는지 여부이다.
③ 메인 코스의 주재료가 흰색이면 화이트 스톡을 사용하고, 갈색이면 브라운 스톡을 쓴다.
④ 스톡의 종류가 달라도 스톡의 기본 재료는 뼈와 맛을 돋우기 위한 야채, 즉 미르포아, 향신료, 물 등으로 구성된다.

59 포칭(Poaching)은 비등점 이하 65~92℃의 온도에서 물, 스톡, 와인 등의 액체 등에 육류, 가금류, 달걀, 야채 등을 잠깐 넣어 익히는 것으로, 습열식 조리방법이다.

60 소스를 용도에 맞게 제공하는 방법
- 소스는 사용하는 재료의 맛을 끌어 올릴 수 있어야 한다.
- 소스의 향이 너무 강하여 원재료의 맛을 저하시키면 안 된다.
- 연회장에서 사용하는 소스는 많은 양의 접시를 제공해야 하므로 약간 되직한 게 좋다.
- 색감을 자극하여 모양을 내기 위해 곁들여 주는 소스는 색이 변질되면 안 된다.
- 튀김 종류의 소스는 바삭함에 방해되지 않도록 제공 직전 뿌려주어야 한다.
- 현대 양식에서 스테이크에 곁들여 주는 소스는 질 좋은 고기의 맛을 오히려 방해할 수 있으므로 많은 양을 제공하지 않는다.
- 주재료의 맛에 개성이 부족한 요리의 경우에는 개성이 강한 소스가 필요하며, 주재료의 맛에 개성이 충분할 때에 그 맛을 상승시킬 수 있는 소스가 필요하다.

교육은 우리 자신의 무지를 점차 발견해 가는 과정이다.

– 윌 듀란트 –

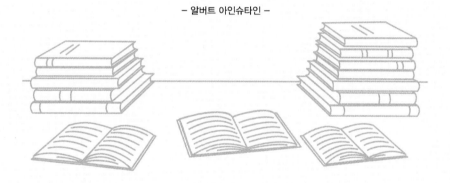

교육이란 사람이 학교에서 배운 것을 잊어버린 후에 남은 것을 말한다.

– 알버트 아인슈타인 –

참 / 고 / 문 / 헌

• 교육부(2018). NCS 학습모듈(세분류 : 양식조리). 한국직업능력개발원.

• 정상열·김옥선(2025). 한식조리산업기사·조리기능장 필기 한권으로 끝내기. 시대고시기획.

좋은 책을 만드는 길, 독자님과 함께하겠습니다.

답만 외우는 양식조리기능사 필기 CBT기출문제 + 모의고사 14회

개정5판1쇄 발행	2025년 02월 05일 (인쇄 2024년 12월 06일)
초 판 발 행	2020년 09월 03일 (인쇄 2020년 07월 22일)
발 행 인	박영일
책 임 편 집	이해욱
편 저	한은숙
편 집 진 행	윤진영 · 김미애
표지디자인	권은경 · 길전홍선
편집디자인	정경일 · 박동진
발 행 처	(주)시대고시기획
출 판 등 록	제10-1521호
주 소	서울시 마포구 큰우물로 75 [도화동 538 성지 B/D] 9F
전 화	1600-3600
팩 스	02-701-8823
홈 페 이 지	www.sdedu.co.kr
I S B N	979-11-383-8454-4(13590)
정 가	17,000원

Craftsman COOK

조리기능사 합격은 시대에듀가 답이다!

한식조리기능사 실기
한권합격

▶ 조리기능장의 합격 팁 수록
▶ 생생한 컬러화보로 담은 상세한 조리과정
▶ 저자 직강 무료 동영상 강의
▶ 210×260 / 20,000원

조리기능사 필기
초단기합격
(한식·양식·중식·일식 통합서)

▶ NCS 기반 최신 출제기준 반영
▶ 시험에 꼭 나오는 핵심이론+빈출예제
▶ 4종목 최근 기출복원문제 수록
▶ 190×260 / 21,000원

한식조리기능사 CBT 필기
가장 빠른 합격

▶ NCS 기반 최신 출제기준 반영
▶ 진통제(진짜 통째로 외워온 문제) 수록
▶ 상시복원문제 10회 수록
▶ 210×260 / 20,000원

'답'만 외우는
양식조리기능사 필기
기출문제+모의고사 14회

▶ 핵심요약집 빨리보는 간단한 키워드 수록
▶ 정답이 한눈에 보이는 기출복원문제 7회
▶ 실전처럼 풀어보는 모의고사 7회
▶ 190×260 / 17,000원

'답'만 외우는
한식조리기능사 필기
기출문제+모의고사 14회

▶ 핵심요약집 빨리보는 간단한 키워드 수록
▶ 정답이 한눈에 보이는 기출복원문제 7회
▶ 실전처럼 풀어보는 모의고사 7회
▶ 190×260 / 17,000원

도서의 구성 및 이미지와
가격은 변경될 수 있습니다.

답만 외우는 지게차운전기능사

190×260 | 14,000원

답만 외우는 기중기운전기능사

190×260 | 14,000원

답만 외우는 천공기운전기능사

190×260 | 15,000원

답만 외우는 로더운전기능사

190×260 | 14,000원

답만 외우는 롤러운전기능사

190×260 | 14,000원

답만 외우는 굴착기운전기능사

190×260 | 14,000원

※ 도서의 이미지와 가격은 변경될 수 있습니다.